卓越工程技术人才培养特色教材

U0726981

高等数学及其应用

（理工类）

下册

主　编　吴健荣　　吴建成

副主编　张国昌　　王顺凤　　郭进峰

编委会　（按姓氏笔画为序）

王顺凤　　卢殿臣　　吴建成　　吴健荣

宋晓平　　张有德　　张国昌　　郭进峰

江苏大学出版社
JIANGSU UNIVERSITY PRESS

镇江

图书在版编目(CIP)数据

高等数学及其应用：理工类. 下册 / 吴健荣,吴建
成主编. — 镇江：江苏大学出版社,2012.12(2022.1 重印)
　ISBN 978-7-81130-415-2

　Ⅰ. ①高… Ⅱ. ①吴… ②吴… Ⅲ. ①高等数学－高
等学校－教材 Ⅳ. ①O13

中国版本图书馆 CIP 数据核字(2012)第 285232 号

高等数学及其应用：理工类　下册

主　　编/吴健荣　吴建成
责任编辑/吴昌兴
出版发行/江苏大学出版社
地　　址/江苏省镇江市梦溪园巷 30 号(邮编：212003)
电　　话/0511-84446464(传真)
网　　址/http：//press. ujs. edu. cn
排　　版/镇江文苑制版印刷有限责任公司
印　　刷/广东虎彩云印刷有限公司
开　　本/718 mm×1 000 mm　1/16
印　　张/14.5
字　　数/284 千字
版　　次/2012 年 12 月第 1 版
印　　次/2022 年 1 月第 11 次印刷
书　　号/ISBN 978-7-81130-415-2
定　　价/34.00 元

如有印装质量问题请与本社营销部联系(电话：0511-84440882)

目　录

第七章　向量代数与空间解析几何初步

在平面解析几何中,通过建立平面直角坐标系使得平面上的点与二元有序实数组之间建立了一一对应关系,这样平面上的图形与代数方程便对应了起来,从而可以利用代数方法研究平面几何问题.空间解析几何也可按照类似的方法建立空间中的点与三元有序实数组、空间图形与代数方程之间的对应关系,即可利用代数方法研究空间几何问题.

本章首先建立空间坐标系,介绍向量的概念及运算,然后以向量为工具讨论平面与空间的直线,接着介绍简单的空间曲面与曲线.正如平面解析几何的知识对于学习一元函数微积分是不可缺少的一样,本章的内容对于学习多元函数的微积分将起到重要作用.

第一节　空间坐标系

解析几何的基本思想是用代数方法研究几何问题.代数和几何中最基本的概念分别是数和点.于是,首先需要找到一种特定的数学结构建立数与点的联系,这种结构就是坐标系.通过坐标系,建立起数与点的一一对应关系,就可以把数学研究的两个基本对象——数和形结合起来、统一起来,使得人们既可以用代数方法解决几何问题,也可以用几何方法解决代数问题.

一、空间直角坐标系

在空间过定点 O 作三条相互垂直且具有相同长度单位的数轴 Ox, Oy 和 Oz,分别称为 x 轴、y 轴和 z 轴,也称为横轴、纵轴和竖轴,统称为坐标轴(见图7-1).习惯上,将 x 轴、y 轴放置在水平面上,它们的正方向按右手螺旋法则确定(见图7-2),点 O 称为坐标原点.这样便建立了空间直角坐标系 $Oxyz$.

在空间直角坐标系中,任意两个坐标轴确定一个平面,称为坐标面,它们分别是 xOy, yOz 和 zOx 坐标面.三个两两相互垂直的坐标面把空间分成八个部分,每一部分称为一个卦限,八个卦限分别用 Ⅰ, Ⅱ, $\cdots$, Ⅷ表示,如图7-3所示.

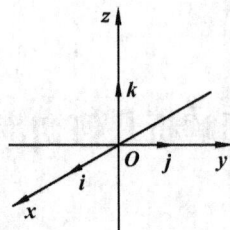

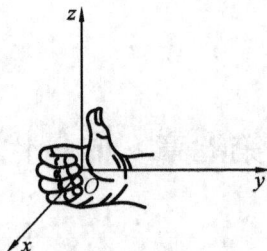

图 7-1   图 7-2

    定义了空间直角坐标系后,就可以用一个有序实数组确定空间点的位置. 在空间直角坐标系 $Oxyz$ 中,设 M 为空间中的任一点(如图 7-4 所示),过点 M 分别作垂直于 x 轴、y 轴和 z 轴的平面,与坐标轴的交点分别为 P,Q,R,这三个点在 x 轴、y 轴和 z 轴上的坐标分别为 x,y,z,这样,空间的一点 M 就唯一确定了一个三元有序实数组 (x,y,z);反之,任意给定一个三元有序实数组 (x,y,z),就可以分别在 x 轴、y 轴、z 轴找到坐标分别为 x,y,z 的三点 P,Q,R,过这三点分别作垂直于 x 轴、y 轴、z 轴的平面,这三个平面的交点 M 就是由三元有序实数组 (x,y,z) 所确定的唯一的点. 于是,空间中任意一点 M 和一个三元有序实数组 (x,y,z) 之间建立了一一对应关系,我们把这个三元有序实数组称为点 M 的直角坐标,并依次称 x,y 和 z 为点 M 的横坐标、纵坐标和竖坐标. 点 M 的坐标记作 $M(x,y,z)$.

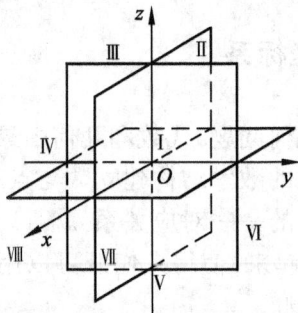

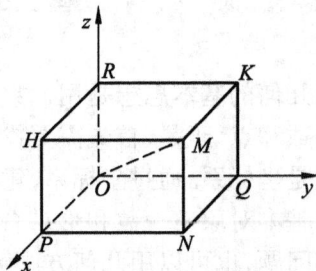

图 7-3   图 7-4

    坐标轴和坐标面上的点的坐标各有其特征. 例如,x 轴、y 轴和 z 轴上任意一点的坐标分别是 $(x,0,0),(0,y,0)$ 和 $(0,0,z)$;xOy 面、yOz 面和 zOx 面上任意一点的坐标分别为 $(x,y,0),(0,y,z)$ 和 $(x,0,z)$;坐标原点 O 的坐标为 $(0,0,0)$.

    设点 $M(x,y,z)$ 为空间中的一点,则点 M 关于坐标面 xOy 的对称点为 $A(x,y,-z)$;关于 x 轴的对称点为 $B(x,-y,-z)$;关于原点的对称点为 $C(-x,-y,-z)$.

二、空间两点间的距离

设 $M_1(x_1,y_1,z_1),M_2(x_2,y_2,z_2)$ 为空间任意两点,如图 7-5 所示. 过 M_1,M_2 各

作三个平面分别垂直于三条坐标轴,在 x 轴、y 轴、z 轴上的交点依次为 $P_i,Q_i,R_i(i=1,2)$,六个平面围成一个长方体,线段 M_1P,M_1Q,M_1R 是它的三条棱,设它的对角线 M_1M_2 的长为 d,则

$$d^2=|M_1M_2|^2=|M_1P|^2+|M_1Q|^2+|M_1R|^2$$
$$=|P_1P_2|^2+|Q_1Q_2|^2+|R_1R_2|^2$$
$$=(x_2-x_1)^2+(y_2-y_1)^2+(z_2-z_1)^2,$$

从而

$$d=\sqrt{(x_2-x_1)^2+(y_2-y_1)^2+(z_2-z_1)^2}.$$

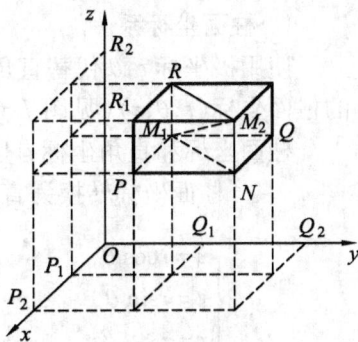

$$(1)$$

图 7-5

特别地,空间任一点 $M(x,y,z)$ 与坐标原点 $O(0,0,0)$ 的距离为

$$d=|OM|=\sqrt{x^2+y^2+z^2}.\qquad(2)$$

例1 设点 P 在 x 轴上,它到点 $P_1(0,2,3)$ 的距离为到点 $P_2(0,1,-1)$ 的距离的两倍,求点 P 的坐标.

解 因为点 P 在 x 轴上,故可设 P 点的坐标为 $(x,0,0)$.

依题意有

$$|PP_1|=2|PP_2|,$$

由式(1),得

$$\sqrt{x^2+(-2)^2+(-3)^2}=2\sqrt{x^2+(-1)^2+1^2},$$

从而解得 $x=\pm\dfrac{\sqrt{15}}{3}$,故所求点 P 的坐标为 $\left(\dfrac{\sqrt{15}}{3},0,0\right)$ 或 $\left(-\dfrac{\sqrt{15}}{3},0,0\right)$.

三、柱面坐标系和球面坐标系

给定一个点的直角坐标 (x,y,z) 以指定它的空间位置,这只是确定点位置的方法之一,还有两种坐标表示在微积分中起着重要作用,它们分别是柱面坐标和球面坐标.

对于空间一点 P 的三种坐标表示法见图 7-6.

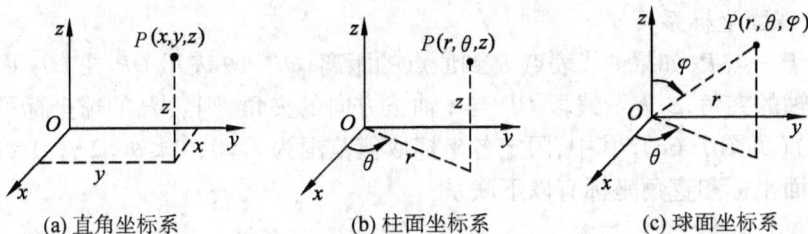

(a) 直角坐标系　　　　(b) 柱面坐标系　　　　(c) 球面坐标系

图 7-6

1. 柱面坐标系

使用极坐标 r,θ 代替直角坐标系中的 x,y 值,z 坐标保留不变,就得到一个点的柱面坐标 (r,θ,z)(见图7-6b).其中,限定 r 为非负实数,θ 的范围是 $[0,2\pi)$.

柱面坐标和直角坐标有以下联系:

柱面坐标转换为直角坐标   直角坐标转换为柱面坐标

$$\begin{cases} x = r\cos\theta, \\ y = r\sin\theta, \\ z = z. \end{cases} \qquad \begin{cases} r = \sqrt{x^2 + y^2}, \\ \tan\theta = \dfrac{y}{x}, \\ z = z. \end{cases}$$

例2 求:(1) 柱面坐标为 $\left(4,\dfrac{2\pi}{3},5\right)$ 的点的直角坐标;(2) 直角坐标为 $(-5,-5,2)$ 的点的柱面坐标.

解 (1) 由柱面坐标转换为直角坐标的关系得

$$\begin{cases} x = 4\cos\dfrac{2\pi}{3} = 4 \times \left(-\dfrac{1}{2}\right) = -2, \\ y = 4\sin\dfrac{2\pi}{3} = 4 \times \dfrac{\sqrt{3}}{2} = 2\sqrt{3}, \\ z = 5. \end{cases}$$

所以点 $\left(4,\dfrac{2\pi}{3},5\right)$ 的直角坐标是 $(-2,2\sqrt{3},5)$.

(2) 由直角坐标转换为柱面坐标的关系得

$$\begin{cases} r = \sqrt{(-5)^2 + (-5)^2} = 5\sqrt{2}, \\ \tan\theta = \dfrac{-5}{-5} = 1, \\ z = 2. \end{cases}$$

因为 θ 在第三象限,由 $\tan\theta = 1$ 得 $\theta = \dfrac{5\pi}{4}$.故点 $(-5,-5,2)$ 的柱面坐标是 $\left(5\sqrt{2},\dfrac{5\pi}{4},2\right)$.

2. 球面坐标系

对于一点 P,如果 r 代表点 P 到原点的距离 $|OP|$,θ 表示 OP 在 xOy 面上的投影与 x 轴的夹角,φ 表示线段 OP 与 z 轴正方向的夹角,则点 P 的球坐标可表示为 (r,θ,φ)(见图7-6c).其中,限定各坐标取值范围为 $r \geqslant 0$,$0 \leqslant \theta < 2\pi$,$0 \leqslant \varphi \leqslant \pi$.

球面坐标和直角坐标有以下联系:

球面坐标转换为直角坐标　　　直角坐标转换为球面坐标

$$\begin{cases} x = r\sin\varphi\cos\theta, \\ y = r\sin\varphi\sin\theta, \\ z = r\cos\varphi. \end{cases} \qquad \begin{cases} r = \sqrt{x^2 + y^2 + z^2}, \\ \tan\theta = \dfrac{y}{x}, \\ \cos\varphi = \dfrac{z}{\sqrt{x^2 + y^2 + z^2}}. \end{cases}$$

例3　求出在球面坐标中点 $P\left(8, \dfrac{\pi}{3}, \dfrac{2\pi}{3}\right)$ 的直角坐标.

解　由球面坐标与直角坐标的关系得

$$\begin{cases} x = 8\sin\dfrac{2\pi}{3}\cos\dfrac{\pi}{3} = 8 \times \dfrac{\sqrt{3}}{2} \times \dfrac{1}{2} = 2\sqrt{3}, \\ y = 8\sin\dfrac{2\pi}{3}\sin\dfrac{\pi}{3} = 8 \times \dfrac{\sqrt{3}}{2} \times \dfrac{\sqrt{3}}{2} = 6, \\ z = 8\cos\dfrac{2\pi}{3} = 8 \times \left(\dfrac{-1}{2}\right) = -4. \end{cases}$$

所以,点 P 的直角坐标为 $(2\sqrt{3},\ 6,\ -4)$.

习　题　7–1

1. 在坐标面上和坐标轴上的点的坐标各有什么特征? 指出下列各点的位置:
$$A(2,3,0);\ B(0,3,2);\ C(2,0,0);\ D(0,-2,0).$$

2. 求点 $(a,\ b,\ c)$ 关于各坐标面、各坐标轴、坐标原点的对称点的坐标.

3. 求点 $A(4,-3,5)$ 到坐标原点和各坐标轴的距离.

4. 证明点 $(4,5,3),(1,7,4)$ 和 $(2,4,6)$ 是等边三角形的三个顶点.

5. 写出柱面坐标和球面坐标的联系.

6. 将下面的柱面坐标转换为直角坐标:
$$A\left(6,\frac{\pi}{6},-2\right);\ B\left(4,\frac{4\pi}{3},-8\right).$$

7. 将下面的球面坐标转换为直角坐标:
$$A\left(8,\frac{\pi}{4},\frac{\pi}{6}\right);\ B\left(4,\frac{\pi}{3},\frac{3\pi}{4}\right).$$

8. 将下面的直角坐标转换为球面坐标:
$$A(2,-2\sqrt{3},4);\ B(-\sqrt{2},\sqrt{2},2\sqrt{3}).$$

第二节　向量及其运算

一、向量的概念

自然科学中,许多物理量(如长度、质量、体积和电流等)都可以用一个简单的数字将其具体化,这种只有大小没有方向的量称为数量(标量);而还有一些物理量(如速度、位移、力和力矩等)既有大小又有方向,这种既有大小又有方向的量称为向量(矢量).

如何表示向量呢? 在几何上,可用空间中的一个带有方向的线段,即有向线段表示向量. 在选定长度单位后,有向线段的长度表示向量的大小,方向表示向量的方向. 如图 7-7 所示,以 A 为起点、B 为终点的向量记作 $\overrightarrow{AB}$. 为简便起见,常用一个黑体字母表示向量,如 $\overrightarrow{AB}$ 可记作 $\boldsymbol{a}$(也记作 $\vec{a}$).

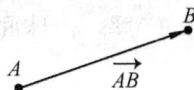

图 7-7

向量的大小称为向量的模,记作 $|\overrightarrow{AB}|$ 或 $|\boldsymbol{a}|$. 模等于 1 的向量称为单位向量;模等于 0 的向量称为零向量,记作 $\boldsymbol{0}$. 零向量的方向不确定,或者说它的方向是任意的.

对于两个向量 $\boldsymbol{a}$ 与 $\boldsymbol{b}$,如果它们的方向相同且模相等,则称这两个向量相等,记作 $\boldsymbol{a} = \boldsymbol{b}$. 根据该规定,一个向量和由它经过平行移动(方向不变,起点和终点位置改变)所得的向量是相等的,这种向量称为自由向量. 以后如无特别说明,所讨论的向量都是自由向量. 由于自由向量只考虑其大小和方向,因此,可以把一个向量自由平移,而使它的起点位置为任意点. 这样,如有必要就可以把几个向量移到同一个起点.

记两个向量 $\boldsymbol{a}$ 与 $\boldsymbol{b}$ 之间的夹角为 θ,也记作 $(\widehat{\boldsymbol{a},\boldsymbol{b}})$(如图 7-8 所示),规定 $0 \leqslant \theta \leqslant \pi$. 特别地,当 $\boldsymbol{a}$ 与 $\boldsymbol{b}$ 同向时,$\theta = 0$;当 $\boldsymbol{a}$ 与 $\boldsymbol{b}$ 反向时,$\theta = \pi$.

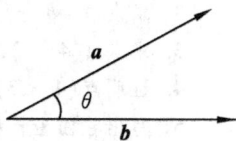

图 7-8

如果两个非零向量 $\boldsymbol{a}$ 与 $\boldsymbol{b}$ 的方向相同或相反,则称这两个向量平行,记作 $\boldsymbol{a} /\!/ \boldsymbol{b}$. 由于零向量的方向是任意的,因此可以认为零向量平行于任何向量.

当两个平行向量的起点放在同一点时,它们的终点和公共起点应在同一条直线上. 因此,两向量平行,又称为两向量共线.

类似地,还可引入向量共面的概念. 设有 $k(k \geqslant 3)$ 个向量,如果把它们的起点放在同一点时,k 个终点和该公共起点在同一个平面上,则称这 k 个向量共面.

二、向量的线性运算

1. 向量的加减法

定义 1　设有两个向量 $\boldsymbol{a}$ 与 $\boldsymbol{b}$,任取一点 A,作 $\overrightarrow{AB} = \boldsymbol{a}$,再以 B 为起点,作 $\overrightarrow{BC} =$

b,连接 AC(如图7-9所示),则向量 $\overrightarrow{AC} = c$ 称为向量 a 与 b 的和,记作 $a + b$,即 $c = a + b$.

上述作出两向量之和的方法称为向量相加的三角形法则.

力学中有作用在一质点上的两力合力的平行四边形法则. 类似地,也可按如下方式定义两向量相加的平行四边形法则:当向量 a 与 b 不平行时,作 $\overrightarrow{AB} = a$,$\overrightarrow{AD} = b$,以 AB, AD 为边作平行四边形 $ABCD$,连接对角线 AC(如图7-10所示),显然,向量 $\overrightarrow{AC}$ 等于向量 a 与 b 的和 $a + b$.

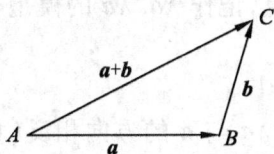
图 7-9

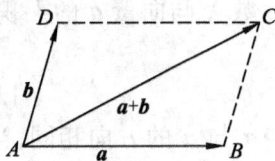
图 7-10

向量的加法满足下列运算规律:

(1)交换律 $a + b = b + a$;

(2)结合律 $(a + b) + c = a + (b + c)$.

由于向量的加法满足交换律与结合律,所以 n 个向量 $a_1, a_2, \cdots, a_n (n \geqslant 3)$ 相加可写成

$$a_1 + a_2 + \cdots + a_n,$$

并可按三角形法则相加的方法如下:使前一个向量的终点作为后一个向量的起点,相继作向量 $a_1, a_2, \cdots, a_n$,再以第一个向量的起点为起点,最后一个向量的终点为终点作一向量,该向量即为所求的和. 如图7-11所示,有

$$s = a_1 + a_2 + a_3 + a_4 + a_5.$$

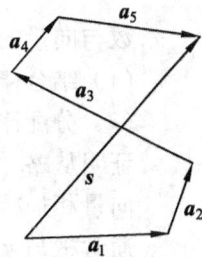
图 7-11

设有向量 a,称与 a 的模相等而方向相反的向量为 a 的负向量,记作 $-a$. 由此,规定两个向量 b 与 a 的差

$$b - a = b + (-a).$$

上式表明,向量 b 与 a 的差就是向量 b 与 $-a$ 的和(如图7-12所示). 特别地,当 $b = a$ 时,有

$$a - a = a + (-a) = \mathbf{0}.$$

显然,对任意向量 $\overrightarrow{AB}$ 及点 O,有

$$\overrightarrow{AB} = \overrightarrow{AO} + \overrightarrow{OB} = \overrightarrow{OB} - \overrightarrow{OA}.$$

因此,若把向量 a 与 b 移到同一起点 O,则从 a 的终点 A 向 b 的终点 B 所引向量 $\overrightarrow{AB}$ 便是向量 b 与 a 的差 $b - a$,如图7-13所示.

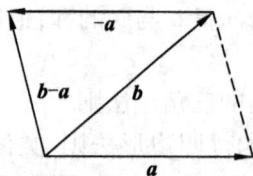
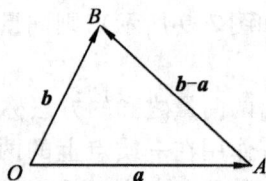

图 7-12   图 7-13

2. 向量与数的乘法

定义 2   数 λ 与向量 $\boldsymbol{a}$ 的乘积是一个向量,记作 $\lambda\boldsymbol{a}$. $\lambda\boldsymbol{a}$ 的模是 $\boldsymbol{a}$ 的模的 $|\lambda|$ 倍,即

$$|\lambda\boldsymbol{a}| = |\lambda||\boldsymbol{a}|.$$

当 $\lambda > 0$ 时,$\lambda\boldsymbol{a}$ 与 $\boldsymbol{a}$ 的方向相同;当 $\lambda < 0$ 时,$\lambda\boldsymbol{a}$ 与 $\boldsymbol{a}$ 的方向相反(如图 7-14 所示);当 $\lambda = 0$ 时,$\lambda\boldsymbol{a} = \boldsymbol{0}$,它的方向可以是任意的.

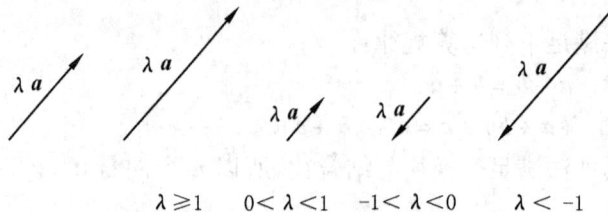

图 7-14

数与向量的乘积满足下列运算规律:

(1)结合律 $\lambda(\mu\boldsymbol{a}) = (\lambda\mu)\boldsymbol{a}$;

(2)分配律 $(\lambda + \mu)\boldsymbol{a} = \lambda\boldsymbol{a} + \mu\boldsymbol{a}$, $\lambda(\boldsymbol{a} + \boldsymbol{b}) = \lambda\boldsymbol{a} + \lambda\boldsymbol{b}$.

证明从略.

向量相加减以及数乘向量统称为向量的线性运算.

通常把与 $\boldsymbol{a}$ 同方向的单位向量称为 $\boldsymbol{a}$ 的单位向量,记作 $\boldsymbol{a}^\circ$(如图 7-15 所示).由数与向量乘积的定义,有

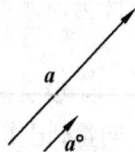

$$\boldsymbol{a} = |\boldsymbol{a}|\boldsymbol{a}^\circ, \quad \boldsymbol{a}^\circ = \frac{\boldsymbol{a}}{|\boldsymbol{a}|}.$$

图 7-15

例 1   在 $\Box ABCD$ 中,设 $\overrightarrow{AB} = \boldsymbol{a}$,$\overrightarrow{AD} = \boldsymbol{b}$,试用 $\boldsymbol{a}$,$\boldsymbol{b}$ 表示向量 $\overrightarrow{MA}$,$\overrightarrow{MB}$,$\overrightarrow{MC}$ 和 $\overrightarrow{MD}$,其中 M 是平行四边形对角线的交点,如图 7-16 所示.

解   因为平行四边形的对角线相互平分,所以

$$\boldsymbol{a} + \boldsymbol{b} = \overrightarrow{AC} = 2\overrightarrow{AM},$$

即

$$-(\boldsymbol{a} + \boldsymbol{b}) = 2\overrightarrow{MA},$$

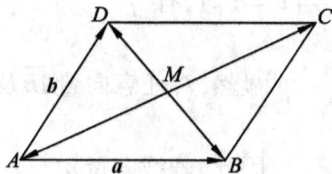

图 7-16

故
$$\overrightarrow{MA} = -\frac{1}{2}(a+b),$$

$$\overrightarrow{MC} = -\overrightarrow{MA} = \frac{1}{2}(a+b).$$

同理可得
$$\overrightarrow{MD} = \frac{1}{2}\overrightarrow{BD} = \frac{1}{2}(-a+b),$$

$$\overrightarrow{MB} = -\overrightarrow{MD} = \frac{1}{2}(a-b).$$

根据数与向量的乘积的定义，λa 与 a 平行，因此，常用数与向量的乘积说明两个向量的平行关系.

设 a 为一非零向量，则与 a 共线（平行）的向量 b 均可表示为
$$b = \lambda a,$$

其中，$\lambda = \pm\dfrac{|b|}{|a|}$，当 b 与 a 同向时取正号；反向时取负号. 此外，表达式 $b = \lambda a$ 中的数 λ 是唯一的. 由此得到如下定理.

定理　设向量 $a \neq 0$，则向量 b 平行于 a 的充分必要条件是：存在唯一的实数 λ，使得 $b = \lambda a$.

三、向量的坐标表示

前面讨论的向量的各种运算称为几何运算，只能在图形上表示，计算不方便. 现引入向量的坐标表示，以便将向量的几何运算转化为代数运算.

1. 向量的坐标

任意给定空间一向量 a，将向量 a 平行移动，使其起点与坐标原点重合，终点记为 $M(x,y,z)$. 过点 M 分别作与三坐标轴垂直的平面，与 x 轴、y 轴、z 轴分别交于点 P,Q,R，如图 7-17 所示. 根据向量的加法法则，有

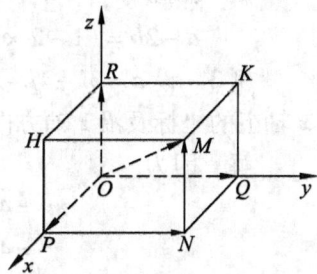

图 7-17

$$a = \overrightarrow{OM} = \overrightarrow{OP} + \overrightarrow{PN} + \overrightarrow{NM} = \overrightarrow{OP} + \overrightarrow{OQ} + \overrightarrow{OR},$$

以 i,j,k 分别表示沿 x,y,z 轴正向的单位向量，则有

$$\overrightarrow{OP} = xi, \quad \overrightarrow{OQ} = yj, \quad \overrightarrow{OR} = zk,$$

从而
$$a = \overrightarrow{OM} = xi + yj + zk.$$

上式称为向量 a 的坐标分解式，xi, yj, zk 分别称为向量 a 沿三个坐标轴方向的分向量.

显然,给定向量 a,就确定了点 M 及 $\overrightarrow{OP},\overrightarrow{OQ},\overrightarrow{OR}$ 三个分向量,进而确定了 x,y,z 三个有序数;反之,给定三个有序数 x,y,z,也就确定了向量 a 与点 M. 于是,点 M、向量 a 与三个有序数 x,y,z 之间存在一一对应关系,并称有序数 x,y,z 为向量 a 的坐标,记作 $a = (x, y, z)$.

向量 $a = \overrightarrow{OM}$ 称为点 M 关于原点 O 的向径.

如果在空间直角坐标系 $Oxyz$ 中任意给定两点 $M_1(x_1,y_1,z_1)$,$M_2(x_2,y_2,z_2)$,则有

$$
\begin{aligned}
\overrightarrow{M_1M_2} &= \overrightarrow{OM_2} - \overrightarrow{OM_1} \\
&= (x_2 i + y_2 j + z_2 k) - (x_1 i + y_1 j + z_1 k) \\
&= (x_2 - x_1)i + (y_2 - y_1)j + (z_2 - z_1)k \\
&= (x_2 - x_1, y_2 - y_1, z_2 - z_1).
\end{aligned}
$$

2. 向量的代数运算

向量的加(减)法、向量与数的乘法、向量的相等和平行等都可以用向量的坐标表示.

设向量 $a = (a_x, a_y, a_z)$,向量 $b = (b_x, b_y, b_z)$,λ 为常数,则容易得到:

$$a \pm b = (a_x \pm b_x, a_y \pm b_y, a_z \pm b_z);$$

$$\lambda a = (\lambda a_x, \lambda a_y, \lambda a_z);$$

$$a = b \Leftrightarrow a_x = b_x, a_y = b_y, a_z = b_z;$$

$$\text{当 } b \neq 0 \text{ 时,} a // b \Leftrightarrow \frac{a_x}{b_x} = \frac{a_y}{b_y} = \frac{a_z}{b_z}. \quad ①$$

例 2 设 $a = (1,1,2)$,$b = (0,-1,2)$,求 $a + b, a - 2b$.

解 $a + b = (1+0, 1+(-1), 2+2) = (1, 0, 4)$,

$a - 2b = (1 - 2 \times 0, 1 - 2 \times (-1), 2 - 2 \times 2) = (1, 3, -2)$.

例 3 设 $a = 3i + 4j + 5k$,$b = 2i - 4j - 6k$,$c = 4i - 3j + 2k$,求 $m = 4a - 3b + c$ 在 x 轴上的坐标及沿 z 轴方向的分向量.

解 因为

$$
\begin{aligned}
m &= 4a - 3b + c \\
&= 4(3i + 4j + 5k) - 3(2i - 4j - 6k) + 4i - 3j + 2k \\
&= 10i + 25j + 40k,
\end{aligned}
$$

---

① 当 b_x, b_y, b_z 有一个为零,如 $b_x = 0, b_y, b_z \neq 0$ 时,该式应理解为 $\begin{cases} a_x = 0, \\ \dfrac{a_y}{b_y} = \dfrac{a_z}{b_z}; \end{cases}$ 当 b_x, b_y, b_z 有两个为零,如 $b_x = b_y = 0, b_z \neq 0$ 时,该式应理解为 $\begin{cases} a_x = 0, \\ a_y = 0. \end{cases}$

所以, 向量 m 在 x 轴上的坐标为 10, 沿 z 轴方向的分向量为 $40k$.

3. 向量的模与方向余弦

设向量 $a = (x, y, z)$, 作 $\overrightarrow{OM} = a$, 如图 7-17 所示. 根据两点间的距离公式可得向量 a 的模

$$|a| = |\overrightarrow{OM}| = \sqrt{x^2 + y^2 + z^2}.$$

为了表示向量 a 的方向, 我们把向量 a 与 x 轴、y 轴、z 轴正向的夹角分别记作 α, β, γ, 称为向量 a 的方向角 (如图 7-18 所示). 同时, 称 $\cos \alpha, \cos \beta, \cos \gamma$ 为向量 a 的方向余弦.

由图 7-18 可得

$$\cos \alpha = \frac{x}{|a|} = \frac{x}{\sqrt{x^2 + y^2 + z^2}},$$

$$\cos \beta = \frac{y}{|a|} = \frac{y}{\sqrt{x^2 + y^2 + z^2}},$$

$$\cos \gamma = \frac{z}{|a|} = \frac{z}{\sqrt{x^2 + y^2 + z^2}}.$$

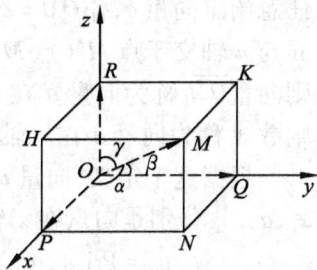

图 7-18

显然, $\cos \alpha, \cos \beta, \cos \gamma$ 满足如下关系式

$$\cos^2 \alpha + \cos^2 \beta + \cos^2 \gamma = 1.$$

此外, 还有

$$(\cos \alpha, \cos \beta, \cos \gamma) = \frac{1}{|a|}(x, y, z) = \frac{a}{|a|} = a^\circ.$$

即向量 $(\cos \alpha, \cos \beta, \cos \gamma)$ 是与非零向量 a 同方向的单位向量.

例 4 已知两点 $A(0, 1, 2)$ 和 $B(3, -2, 4)$, 求与向量 $\overrightarrow{AB}$ 平行的单位向量 c.

解 所求向量有两个, 一个与 $\overrightarrow{AB}$ 同向, 一个与 $\overrightarrow{AB}$ 反向. 因为

$$\overrightarrow{AB} = (3 - 0, -2 - 1, 4 - 2) = (3, -3, 2),$$

所以

$$|\overrightarrow{AB}| = \sqrt{3^2 + (-3)^2 + 2^2} = \sqrt{22}.$$

故所求向量为

$$c = \pm \frac{\overrightarrow{AB}}{|\overrightarrow{AB}|} = \pm \frac{1}{\sqrt{22}}(3, -3, 2).$$

例 5 已知两点 $M_1(2, 2, \sqrt{2})$ 和 $M_2(1, 3, 0)$, 求向量 $\overrightarrow{M_1 M_2}$ 的模、方向余弦和方向角.

解 因为

$$\overrightarrow{M_1 M_2} = (1 - 2, 3 - 2, 0 - \sqrt{2}) = (-1, 1, -\sqrt{2}),$$

所以

$$|\overrightarrow{M_1M_2}| = \sqrt{(-1)^2 + 1^2 + (-\sqrt{2})^2} = \sqrt{4} = 2,$$

$$\cos\alpha = -\frac{1}{2}, \ \cos\beta = \frac{1}{2}, \ \cos\gamma = -\frac{\sqrt{2}}{2}.$$

从而

$$\alpha = \frac{2\pi}{3}, \ \beta = \frac{\pi}{3}, \ \gamma = \frac{3\pi}{4}.$$

4. 向量在轴上的投影

设点 O 及单位向量 e 确定 u 轴(如图 7-19 所示).任意给定向量 a,作 $\overrightarrow{OM} = a$,再过点 M 作与 u 轴垂直的平面与 u 轴交于点 M'(点 M' 称为点 M 在 u 轴上的投影),则向量 $\overrightarrow{OM'}$ 称为向量 a 在 u 轴上的分向量.设 $\overrightarrow{OM'} = \lambda e$,则数 λ 称为向量 a 在 u 轴上的投影,记作 $\mathrm{Prj}_u a$ 或 a_u.

根据这个定义,向量 a 在直角坐标系 $Oxyz$ 中的坐标 a_x, a_y, a_z 分别是向量在 x 轴、y 轴、z 轴上的投影,即

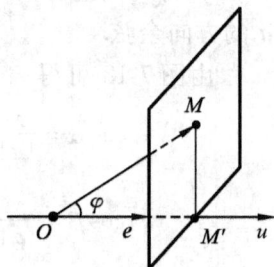

图 7-19

$$a_x = \mathrm{Prj}_x a, \ a_y = \mathrm{Prj}_y a, \ a_z = \mathrm{Prj}_z a.$$

容易证明,向量的投影具有与坐标相同的如下性质:

性质 1 $\mathrm{Prj}_u a = |a|\cos\varphi$($\varphi$ 为向量 a 与轴 u 的正向的夹角);

性质 2 $\mathrm{Prj}_u(a+b) = \mathrm{Prj}_u a + \mathrm{Prj}_u b$;

性质 3 $\mathrm{Prj}_u\lambda a = \lambda\mathrm{Prj}_u a$($\lambda$ 为实数).

证明从略.

例 6 设立方体的一条对角线为 OM,一条棱为 OA,且 $|\overrightarrow{OA}| = a$,求 $\overrightarrow{OA}$ 在 $\overrightarrow{OM}$ 方向上的投影 $\mathrm{Prj}_{\overrightarrow{OM}}\overrightarrow{OA}$.

解 如图 7-20 所示,记 $\angle MOA = \varphi$,有

$$\cos\varphi = \frac{|\overrightarrow{OA}|}{|\overrightarrow{OM}|} = \frac{\sqrt{3}}{3},$$

于是

$$\mathrm{Prj}_{\overrightarrow{OM}}\overrightarrow{OA} = |\overrightarrow{OA}|\cos\varphi = \frac{\sqrt{3}}{3}a.$$

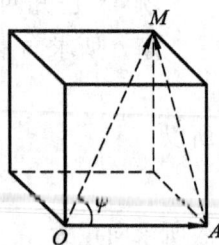

图 7-20

5. 向量的数量积

(1) 数量积的定义及性质

在中学物理中,我们已经知道,如果物体沿着某一直线移动,其位移为 s,则作用在物体上的常力 F 所做的功 W 等于力 F 在位移方向上的分力 $|F|\cos\theta$(θ 为作用力方向与位移方向之间的夹角)乘以位移的大小 $|s|$,即

$$W = |F||s|\cos\theta.$$

由此可见,功的数量是由 F 与 s 这两个向量确定的.在物理学的其他问题中,也常

常会遇到此类情况. 为此,在数学中,我们把这种运算抽象成两个向量的数量积的概念.

定义 3　设有向量 a, b,它们的夹角为 θ,则量 $|a||b|\cos\theta$ 称为向量 a 与 b 的数量积(也称为内积、点积),记作 $a \cdot b$,即 $a \cdot b = |a||b|\cos\theta$.

这样,上述常力所做的功就是力 F 与位移 s 的数量积,即 $W = F \cdot s$.

由定义 3,对任意向量 a,有 $a \cdot a = |a|^2$. 若记 $a \cdot a = a^2$,根据数量积的定义,可得

$$i^2 = j^2 = k^2 = 1,\ i \cdot j = j \cdot k = k \cdot i = 0;$$
$$a \cdot b = |a|\,\mathrm{Prj}_a b = |b|\,\mathrm{Prj}_b a.$$

设 a,b 为两非零向量,则 $a \perp b$ 的充分必要条件是

$$a \cdot b = 0.$$

数量积还满足下列运算规律:

① 交换律　$a \cdot b = b \cdot a$;

② 分配律　$(a + b) \cdot c = a \cdot c + b \cdot c$;

③ 结合律　$\lambda(a \cdot b) = (\lambda a) \cdot b = a \cdot (\lambda b)$($\lambda$ 为实数).

证明从略.

(2) 数量积的坐标表示

设 $a = a_x i + a_y j + a_z k,\ b = b_x i + b_y j + b_z k$,则

$$\begin{aligned}
a \cdot b &= (a_x i + a_y j + a_z k) \cdot (b_x i + b_y j + b_z k) \\
&= a_x b_x i \cdot i + a_x b_y i \cdot j + a_x b_z i \cdot k + a_y b_x j \cdot i + a_y b_y j \cdot j + a_y b_z j \cdot k + \\
&\quad a_z b_x k \cdot i + a_z b_y k \cdot j + a_z b_z k \cdot k \\
&= a_x b_x + a_y b_y + a_z b_z.
\end{aligned}$$

即两个向量的数量积等于它们对应坐标的乘积之和.

(3) 两个向量的夹角

因为 $a \cdot b = |a||b|\cos\theta$,所以当 a, b 为两个非零向量时,可以得到这两个向量的夹角的关系

$$\cos\theta = \cos(\widehat{a,b}) = \frac{a \cdot b}{|a||b|} = \frac{a_x b_x + a_y b_y + a_z b_z}{\sqrt{a_x^2 + a_y^2 + a_z^2}\,\sqrt{b_x^2 + b_y^2 + b_z^2}}.$$

由此可进一步得到,$a \perp b$ 的充分必要条件是

$$a_x b_x + a_y b_y + a_z b_z = 0.$$

例 7　求解下列各小题:

(1) 求与向量 $a = (2,1,2)$ 共线且满足 $a \cdot b = 18$ 的向量 b;

(2) 设向量 $a = (3,4,-2),b = (2,1,k)$,若 $a \perp b$,求 k 值;

(3) 设 $|a| = 1,a \perp b$,求 $a \cdot (a + b)$.

解　(1) 由向量 b 与向量 a 共线知,所求向量可设为

$$b = \lambda a = (2\lambda,\lambda,2\lambda).$$

而 $$\boldsymbol{a} \cdot \boldsymbol{b} = 2 \times 2\lambda + 1 \times \lambda + 2 \times 2\lambda = 9\lambda = 18,$$

解得 $\lambda = 2$. 故 $\boldsymbol{b} = (4, 2, 4)$.

（2）由 $\boldsymbol{a} \perp \boldsymbol{b}$ 得

$$\boldsymbol{a} \cdot \boldsymbol{b} = 3 \times 2 + 4 \times 1 + (-2) \times k = 0,$$

解得 $k = 5$.

（3）因为 $\boldsymbol{a} \cdot \boldsymbol{a} = \boldsymbol{a}^2 = |\boldsymbol{a}|^2 = 1$，且由 $\boldsymbol{a} \perp \boldsymbol{b}$ 得 $\boldsymbol{a} \cdot \boldsymbol{b} = 0$，所以

$$\boldsymbol{a} \cdot (\boldsymbol{a} + \boldsymbol{b}) = \boldsymbol{a} \cdot \boldsymbol{a} + \boldsymbol{a} \cdot \boldsymbol{b} = 1 + 0 = 1.$$

例 8 已知 $\boldsymbol{a} = (1, 1, -4)$，$\boldsymbol{b} = (1, -2, 2)$，求：

（1）$\boldsymbol{a}$ 与 $\boldsymbol{b}$ 的夹角；（2）$\boldsymbol{a}$ 在 $\boldsymbol{b}$ 上的投影.

解 （1）因为

$$\cos \theta = \frac{a_x b_x + a_y b_y + a_z b_z}{\sqrt{a_x{}^2 + a_y{}^2 + a_z{}^2} \sqrt{b_x{}^2 + b_y{}^2 + b_z{}^2}}$$

$$= \frac{1 \times 1 + 1 \times (-2) + (-4) \times 2}{\sqrt{1^2 + 1^2 + (-4)^2} \sqrt{1^2 + (-2)^2 + 2^2}}$$

$$= \frac{-9}{9\sqrt{2}} = -\frac{\sqrt{2}}{2},$$

所以 $\theta = \dfrac{3\pi}{4}$.

（2）由 $\boldsymbol{a} \cdot \boldsymbol{b} = |\boldsymbol{b}| \operatorname{Prj}_b \boldsymbol{a}$，得 $\operatorname{Prj}_b \boldsymbol{a} = \dfrac{\boldsymbol{a} \cdot \boldsymbol{b}}{|\boldsymbol{b}|} = \dfrac{-9}{3} = -3$.

6. 向量的向量积

（1）向量积的定义及性质

在研究物体的转动问题时,不但要考虑此物体所受的力,还要分析这些力所产生的力矩. 设 O 为一根杠杆 L 的支点,有一力 $\boldsymbol{F}$ 作用于该杠杆上点 P 处. 力 $\boldsymbol{F}$ 与 $\overrightarrow{OP}$ 的夹角为 θ,力 $\boldsymbol{F}$ 对支点 O 的力矩是一向量 $\boldsymbol{M}$,它的大小为

$$|\boldsymbol{M}| = |OQ| |\boldsymbol{F}| = |\overrightarrow{OP}| |\boldsymbol{F}| \sin \theta,$$

而力矩的方向垂直于 $\overrightarrow{OP}$ 与 $\boldsymbol{F}$ 所决定的平面,指向符合右手系(如图 7-21 所示).

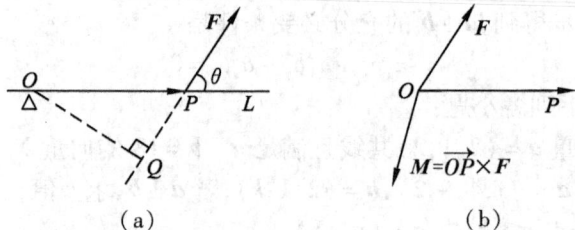

（a）　　　　　　（b）

图 7-21

由此,根据这种运算可抽象出两向量的向量积的概念.

定义 4　若由向量 a 与 b 所确定的一个向量 c 满足下列条件：

① c 的模 $|c| = |a||b|\sin\theta$（其中，θ 为向量 a 与 b 的夹角）；

② c 的方向既垂直于 a 又垂直于 b，c 的指向按右手规则从 a 转向 b 确定，则称向量 c 为向量 a 与 b 的向量积（也称为外积、叉积），记作 $c = a \times b$.

由向量积的定义可得向量积的模 $|a \times b| = |a||b|\sin\theta$ 的几何意义是以向量 a,b 为邻边的平行四边形的面积，且有

（ⅰ）$a \times a = 0$（a 为任一向量）；

（ⅱ）$i \times j = k$，$j \times k = i$，$k \times i = j$，$j \times i = -k$，$k \times j = -i$，$i \times k = -j$.

（ⅲ）设 a，b 为两非零向量，则 $a /\!/ b$ 的充分必要条件是 $a \times b = 0$.

向量积满足下列运算律：

（ⅳ）反交换律　$a \times b = -b \times a$；

（ⅴ）分配律　$(a + b) \times c = a \times c + b \times c$；

（ⅵ）结合律　$\lambda(a \times b) = (\lambda a) \times b = a \times (\lambda b)$（$\lambda$ 为实数）.

（2）向量积的坐标表示

设 $a = a_x i + a_y j + a_z k$，$b = b_x i + b_y j + b_z k$，则

$$
\begin{aligned}
a \times b &= (a_x i + a_y j + a_z k) \times (b_x i + b_y j + b_z k) \\
&= a_x b_x i \times i + a_x b_y i \times j + a_x b_z i \times k + a_y b_x j \times i + a_y b_y j \times j + a_y b_z j \times k + \\
&\quad a_z b_x k \times i + a_z b_y k \times j + a_z b_z k \times k \\
&= (a_y b_z - a_z b_y) i + (a_z b_x - a_x b_z) j + (a_x b_y - a_y b_x) k.
\end{aligned}
$$

利用三阶行列式可将上式表示成方便记忆的形式：

$$
\begin{aligned}
a \times b &= \begin{vmatrix} a_y & a_z \\ b_y & b_z \end{vmatrix} i + \begin{vmatrix} a_z & a_x \\ b_z & b_x \end{vmatrix} j + \begin{vmatrix} a_x & a_y \\ b_x & b_y \end{vmatrix} k \\
&= \begin{vmatrix} i & j & k \\ a_x & a_y & a_z \\ b_x & b_y & b_z \end{vmatrix}.
\end{aligned}
$$

由此可进一步得到，$a /\!/ b$ 的充分必要条件是

$$
\frac{a_x}{b_x} = \frac{a_y}{b_y} = \frac{a_z}{b_z}, \quad ①
$$

其中 b_x，b_y，b_z 不能同时为零.

例 9　求解下列各题：

（1）已知 a,b 均为单位向量，且 $a \cdot b = \dfrac{1}{2}$，求以向量 a,b 为邻边的平行四边形的面积；

---

① 　当 b_x，b_y，b_z 中有一个或两个为零时参见第 10 页脚注①.

（2）设 $\boldsymbol{a}=(2,1,m)$，$\boldsymbol{b}=(n,-2,3)$，且 $\boldsymbol{a}/\!/\boldsymbol{b}$，求 m,n 的值；

（3）求同时垂直于 $\boldsymbol{a}=(2,2,1)$ 和 $\boldsymbol{b}=(4,5,3)$ 的单位向量 $\boldsymbol{e}$.

解 （1）以向量 $\boldsymbol{a},\boldsymbol{b}$ 为邻边的平行四边形的面积

$$S=|\boldsymbol{a}\times\boldsymbol{b}|=|\boldsymbol{a}||\boldsymbol{b}|\sin\theta,$$

而由已知条件得

$$|\boldsymbol{a}|=|\boldsymbol{b}|=1,\ \cos\theta=\frac{\boldsymbol{a}\cdot\boldsymbol{b}}{|\boldsymbol{a}||\boldsymbol{b}|}=\frac{1}{2},$$

所以 $\sin\theta=\dfrac{\sqrt{3}}{2}$. 故

$$S=1\times1\times\frac{\sqrt{3}}{2}=\frac{\sqrt{3}}{2}.$$

（2）由 $\boldsymbol{a}/\!/\boldsymbol{b}$ 得

$$\frac{2}{n}=\frac{1}{-2}=\frac{m}{3},$$

解得

$$m=-\frac{3}{2},\ n=-4.$$

（3）由向量积的定义可知，$\boldsymbol{a}\times\boldsymbol{b}$ 同时垂直于 $\boldsymbol{a}$ 和 $\boldsymbol{b}$.

$$\boldsymbol{a}\times\boldsymbol{b}=\begin{vmatrix} \boldsymbol{i} & \boldsymbol{j} & \boldsymbol{k} \\ 2 & 2 & 1 \\ 4 & 5 & 3 \end{vmatrix}=\boldsymbol{i}-2\boldsymbol{j}+2\boldsymbol{k}=(1,-2,2),$$

故所求向量 $\boldsymbol{e}$ 有两个，即

$$\boldsymbol{e}=\pm\frac{\boldsymbol{a}\times\boldsymbol{b}}{|\boldsymbol{a}\times\boldsymbol{b}|}=\pm\frac{1}{3}(\boldsymbol{i}-2\boldsymbol{j}+2\boldsymbol{k})=\pm\left(\frac{1}{3},-\frac{2}{3},\frac{2}{3}\right).$$

例 10 已知三点 $A(1,0,1)$，$B(-1,1,0)$，$C(2,-1,1)$，求 $\triangle ABC$ 的面积.

解 设 $\triangle ABC$ 的面积为 S，由 $|\overrightarrow{AB}\times\overrightarrow{AC}|$ 的几何意义，得

$$S=\frac{1}{2}|\overrightarrow{AB}\times\overrightarrow{AC}|.$$

而

$$\overrightarrow{AB}=(-1-1,1-0,0-1)=(-2,1,-1),$$
$$\overrightarrow{AC}=(2-1,-1-0,1-1)=(1,-1,0),$$

所以

$$\overrightarrow{AB}\times\overrightarrow{AC}=\begin{vmatrix} \boldsymbol{i} & \boldsymbol{j} & \boldsymbol{k} \\ -2 & 1 & -1 \\ 1 & -1 & 0 \end{vmatrix}=-\boldsymbol{i}-\boldsymbol{j}+\boldsymbol{k},$$

故

$$S = \frac{1}{2}\sqrt{(-1)^2 + (-1)^2 + 1^2} = \frac{\sqrt{3}}{2}.$$

习 题 7-2

1. 填空题：

（1）向量不同于标量，因为向量不仅具有_____，而且具有_____.

（2）要使 $|a+b| = |a-b|$ 成立，向量 a, b 应满足_____.

（3）要使 $|a+b| = |a| + |b|$ 成立，向量 a, b 应满足_____.

（4）设向量 $a = (1, 0, -1)$，$b = (1, -2, 1)$，则 $a+b$ 与 a 的夹角为_____.

（5）设向量 $a = (1, 2, 3)$，$b = (2, 4, k)$，若 $a \perp b$，则 $k =$_____；若 $a /\!/ b$，则 $k =$_____.

2. 已知向量 $a = (3, 5, 1)$，$b = (1, 2, 3)$，求 $2a - 3b$，$ma + nb$（m, n 常数）.

3. 已知点 $A(2, -1, 3)$，$B(2, 2, -1)$，求与向量 $\overrightarrow{AB}$ 平行的单位向量及向量 $\overrightarrow{AB}$ 的方向余弦.

4. 设向量 $a = 3i - j - 2k$，$b = i + 2j - k$，求 $\cos(\widehat{a, b})$ 及 $(-2a) \cdot 3b$.

5. 设向量 $a = i - 2j + 2k$，$b = -i + j$，求 $(\widehat{a, b})$ 及 $\mathrm{Prj}_a b$.

6. 求同时垂直于 $a = (2, 4, -1)$ 和 $b = (0, -2, 2)$ 的单位向量.

7. 已知三角形的顶点 $A(1, -1, 2)$，$B(3, 3, 1)$，$C(3, 1, 3)$，求 $\triangle ABC$ 的面积.

8. 设 $|a| = 13$，$|b| = 19$，$|a+b| = 24$，求 $|a-b|$.

9. 设向量 $m = 2a + b$，$n = ka + b$，其中 $|a| = 1$，$|b| = 2$，且 $a \perp b$.

（1）k 为何值时，$m \perp n$？

（2）k 为何值时，以 m 与 n 为邻边的平行四边形的面积为6？

10. 设 $a + 3b$ 与 $7a - 5b$ 垂直，$a - 4b$ 与 $7a - 2b$ 垂直，求 a 与 b 夹角 θ.

第三节　平面、空间直线的方程

平面和直线是空间中最简单、最重要的曲面和曲线. 本节以向量为工具，在空间直角坐标系中建立它们的方程，并进一步讨论有关平面和直线的一些性质.

一、平面

1. 平面的点法式方程

平面在空间中的位置是由一定的几何条件决定的. 例如，通过某定点的平面有无穷多个，但若再限定平面与一已知非零向量垂直，则这个平面就被完全确定.

一般地，如果一非零向量垂直于一平面，则称此向量为该平面的法向量，简称法向量. 显然，平面的法向量有无穷多个，而且平面上的任一向量都与该平面的法向量垂直.

设平面 π 过点 $M_0(x_0,y_0,z_0)$,且以 $\boldsymbol{n}=(A,B,C)$ 为法向量,如图 7-22 所示. 在平面 π 上任取一点 $M(x,y,z)$,则向量 $\overrightarrow{M_0M}$ 与法向量 $\boldsymbol{n}$ 垂直,从而 $\overrightarrow{M_0M}\cdot\boldsymbol{n}=0$. 因为

$$\overrightarrow{M_0M}=(x-x_0,y-y_0,z-z_0),$$

所以,点 $M(x,y,z)$ 的坐标满足如下方程

$$A(x-x_0)+B(y-y_0)+C(z-z_0)=0. \tag{1}$$

由点 M 的任意性知,平面 π 上任一点的坐标都满足方程(1). 反之,满足方程(1)的 x,y,z 确定的点 $M(x,y,z)$,一定满足 $\overrightarrow{M_0M}\cdot\boldsymbol{n}=0$. 因此,$\overrightarrow{M_0M}$ 与 $\boldsymbol{n}$ 垂直,故点 M 在平面 π 内. 由此,我们把方程(1)称为平面 π 的方程,而平面 π 就称为方程(1)的图形. 由于这个方程是由平面上的一个点 $M_0(x_0,y_0,z_0)$ 和它的法向量 $\boldsymbol{n}=(A,B,C)$ 确定的,故方程(1)又称为平面 π 的点法式方程.

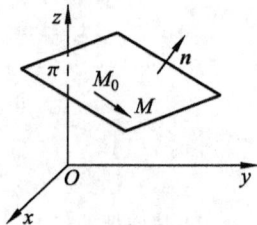

例1 求过已知点 $A(2,3,0)$,$B(-2,-3,4)$ 和 $C(0,6,0)$ 的平面方程.

解 由题意可知

$$\overrightarrow{AB}=(-4,-6,4),\quad \overrightarrow{AC}=(-2,3,0).$$

由于平面的法向量 $\boldsymbol{n}$ 与向量 $\overrightarrow{AB},\overrightarrow{AC}$ 都垂直,所以可取它们的向量积为 $\boldsymbol{n}$,即

$$\boldsymbol{n}=\overrightarrow{AB}\times\overrightarrow{AC}=\begin{vmatrix} \boldsymbol{i} & \boldsymbol{j} & \boldsymbol{k} \\ -4 & -6 & 4 \\ -2 & 3 & 0 \end{vmatrix}=-12\boldsymbol{i}-8\boldsymbol{j}-24\boldsymbol{k}.$$

根据平面的点法式方程,得所求平面的方程为

$$-12(x-2)-8(y-3)-24z=0,$$

即

$$3x+2y+6z-12=0.$$

2. 平面的一般式方程

平面的点法式方程是关于 x,y,z 的一次方程,而任一平面都可以通过它上面的一点及其法向量确定,所以任一平面都可以用三元一次方程来表示.

反之,设有三元一次方程

$$Ax+By+Cz+D=0, \tag{2}$$

任取满足该方程的一组数 x_0,y_0,z_0,即

$$Ax_0+By_0+Cz_0+D=0, \tag{3}$$

将上述两式相减,得

$$A(x-x_0)+B(y-y_0)+C(z-z_0)=0. \tag{4}$$

由此可见,方程(4)就是过点 $M_0(x_0,y_0,z_0)$,且以 $\boldsymbol{n}=(A,B,C)$ 为法向量的平面方程. 因为方程(4)与方程(2)是同解方程,所以,任一三元一次方程(2)的图形总是一个平面. 方程(2)称为平面的一般式方程.

平面的一般式方程有如下几种特殊情形：

（1）若 $D=0$，则方程为 $Ax+By+Cz=0$，这说明该平面通过坐标原点.

（2）若 $C=0$，则方程为 $Ax+By+D=0$，法向量 $\boldsymbol{n}=(A,B,0)$ 垂直于 z 轴，故该方程表示一个平行于 z 轴的平面.

同理，方程 $Ax+Cz+D=0$ 和 $By+Cz+D=0$ 分别表示一个平行于 y 轴和平行于 x 轴的平面.

（3）若 $B=C=0$，则方程为 $Ax+D=0$，法向量 $\boldsymbol{n}=(A,0,0)$ 同时垂直于 y 轴和 z 轴，方程表示一个平行于 yOz 面的平面或垂直于 x 轴的平面.

同理，方程 $By+D=0$ 和 $Cz+D=0$ 分别表示一个平行于 zOx 面和 xOy 面的平面.

例 2　求过 x 轴和点 $(-1,1,3)$ 的平面方程.

解　因为所求平面通过 x 轴，从而方程可设为
$$By+Cz=0.$$

又平面过点 $(-1,1,3)$，因此有
$$B+3C=0,$$
即
$$B=-3C.$$

代入式 $By+Cz=0$，再除以 $C(C\neq0)$，便得所求方程为
$$3y-z=0.$$

例 3　求过点 $A(a,0,0)$，$B(0,b,0)$ 和 $C(0,0,c)$ 的平面方程（其中 $abc\neq0$）.

解　设所求平面方程为
$$Ax+By+Cz+D=0,$$
根据题意得 $D\neq0$. 将点的坐标代入方程得
$$\begin{cases} Aa+D=0, \\ Bb+D=0, \\ Cc+D=0. \end{cases}$$

解得
$$A=-\frac{D}{a},\ B=-\frac{D}{b},\ C=-\frac{D}{c}.$$

将其代入方程得

$$\frac{x}{a}+\frac{y}{b}+\frac{z}{c}=1. \tag{5}$$

方程（5）称为平面的截距式方程，其中 a,b,c 分别为平面在 x 轴、y 轴、z 轴上的截距，如图 7-23 所示.

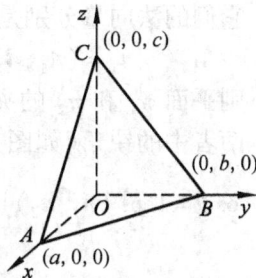

图 7-23

3. 点到平面的距离

设平面 π 的方程为 $Ax+By+Cz+D=0$，$P_0(x_0,y_0,z_0)$ 是平面 π 外一点，下面

介绍如何求点 P_0 到平面 π 的距离.

如图 7-24 所示,过点 P_0 作平面 π 的垂线,垂足为 N,则 P_0 到平面 π 的距离 $d = |\overrightarrow{NP_0}|$.

平面 π 的法向量为 $\boldsymbol{n} = (A, B, C)$,在平面 π 上任取一点 $P_1(x_1, y_1, z_1)$,则向量 $\overrightarrow{P_1P_0} = (x_0 - x_1, y_0 - y_1, z_0 - z_1)$. 由向量数量积的定义及投影定理得

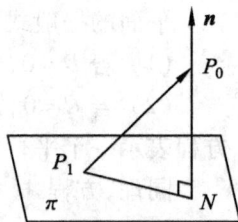

图 7-24

$$\overrightarrow{P_1P_0} \cdot \boldsymbol{n} = |\overrightarrow{P_1P_0}| |\boldsymbol{n}| \cos(\widehat{\overrightarrow{P_1P_0}, \boldsymbol{n}}) = |\boldsymbol{n}| \mathrm{Prj}_n \overrightarrow{P_1P_0},$$

因此

$$d = \mathrm{Prj}_n \overrightarrow{P_1P_0} = \frac{|\overrightarrow{P_1P_0} \cdot \boldsymbol{n}|}{|\boldsymbol{n}|} = \frac{|A(x_0 - x_1) + B(y_0 - y_1) + C(z_0 - z_1)|}{\sqrt{A^2 + B^2 + C^2}}.$$

因为

$$Ax_1 + By_1 + Cz_1 + D = 0,$$

所以

$$d = \frac{|Ax_0 + By_0 + Cz_0 + D|}{\sqrt{A^2 + B^2 + C^2}}. \tag{6}$$

式(6)即为点 $P_0(x_0, y_0, z_0)$ 到平面 $\pi: Ax + By + Cz + D = 0$ 的距离公式.

例 4 求点 $(1, -1, 2)$ 到平面 $2x + y - 2z + 1 = 0$ 的距离.

解 由距离公式(6)得

$$d = \frac{|2 \times 1 + 1 \times (-1) - 2 \times 2 + 1|}{\sqrt{2^2 + 1^2 + (-2)^2}} = \frac{2}{3}.$$

4. 两平面的夹角

两平面法向量的夹角(通常取锐角)称为两平面的夹角. 设有两平面方程

$$\pi_1: A_1 x + B_1 y + C_1 z + D_1 = 0,$$
$$\pi_2: A_2 x + B_2 y + C_2 z + D_2 = 0,$$

它们的法向量分别是

$$\boldsymbol{n}_1 = (A_1, B_1, C_1), \ \boldsymbol{n}_2 = (A_2, B_2, C_2),$$

则平面 π_1 和 π_2 的夹角 θ 应是 $(\widehat{\boldsymbol{n}_1, \boldsymbol{n}_2})$ 和 $\pi - (\widehat{\boldsymbol{n}_1, \boldsymbol{n}_2})$ 两者中的锐角(如图 7-25 所示). 因此,

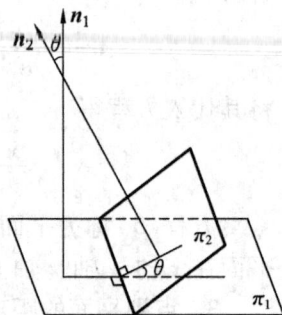

$$\cos\theta = |\cos(\widehat{\boldsymbol{n}_1, \boldsymbol{n}_2})| = \frac{|A_1 A_2 + B_1 B_2 + C_1 C_2|}{\sqrt{A_1^2 + B_1^2 + C_1^2} \cdot \sqrt{A_2^2 + B_2^2 + C_2^2}}. \tag{7}$$

由两向量垂直和平行的充要条件,即可推出:

(1) $\pi_1 \perp \pi_2$ 相当于

$$A_1 A_2 + B_1 B_2 + C_1 C_2 = 0.$$

图 7-25

(2) π_1 与 π_2 平行或重合相当于

$$\frac{A_1}{A_2} = \frac{B_1}{B_2} = \frac{C_1}{C_2}. \quad ①$$

例5 研究下列各组中两平面的位置关系:

(1) $\pi_1: -x + 2y - z + 1 = 0$, $\pi_2: y + 3z - 1 = 0$;

(2) $\pi_1: 2x - y + z - 1 = 0$, $\pi_2: -4x + 2y - 2z - 1 = 0$.

解 (1) 两平面的法向量分别为 $\boldsymbol{n}_1 = (-1, 2, -1)$, $\boldsymbol{n}_2 = (0, 1, 3)$. 因为

$$\cos\theta = \frac{|-1 \times 0 + 2 \times 1 + (-1) \times 3|}{\sqrt{(-1)^2 + 2^2 + (-1)^2} \cdot \sqrt{1^2 + 3^2}} = \frac{\sqrt{15}}{30},$$

所以,这两平面相交,且夹角为 $\theta = \arccos\dfrac{\sqrt{15}}{30}$.

(2) 两平面的法向量分别为 $\boldsymbol{n}_1 = (2, -1, 1)$, $\boldsymbol{n}_2 = (-4, 2, -2)$. 因为

$$\frac{2}{-4} = \frac{-1}{2} = \frac{1}{-2} \neq \frac{-1}{-1},$$

所以 $\pi_1 /\!/ \pi_2$(不重合).

二、空间直线

1. 空间直线的一般式方程

空间直线可以看作两个相交平面的交线. 设两个相交平面的方程分别为

$$\pi_1: A_1 x + B_1 y + C_1 z + D_1 = 0,$$

$$\pi_2: A_2 x + B_2 y + C_2 z + D_2 = 0.$$

记它们的交线为 L(见图 7-26),则 L 上任一点的坐标应同时满足这两个平面的方程,即应满足方程组

$$\begin{cases} A_1 x + B_1 y + C_1 z + D_1 = 0, \\ A_2 x + B_2 y + C_2 z + D_2 = 0. \end{cases} \quad (8)$$

反之,如果有一个点不在直线 L 上,则它不可能同时在平面 π_1 和 π_2 上,其坐标也就不可能满足方程组(8). 我们把方程组(8)称为直线 L 方程,直线 L 就是方程组(8)的图形. 方程组(8)也称为空间直线的一般式方程.

图 7-26

2. 空间直线的对称式方程与参数方程

空间直线的位置可由其上一点及它的方向完全确定. 我们称平行于已知直线的非零向量为该直线的方向向量. 这样直线上的任一非零向量都可以取为直线的方向向量.

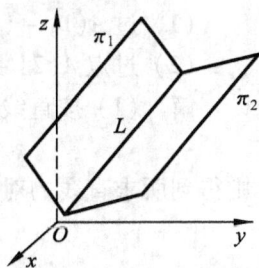

———————————

① 参见第 10 页脚注①.

设直线 L 通过点 $M_0(x_0, y_0, z_0)$，直线 L 的一个方向向量 $\boldsymbol{s} = (m, n, p)$，下面求这条直线的方程. 如图 7-27 所示，在 L 上任取一点 $M(x, y, z)$，作向量

$$\overrightarrow{M_0M} = (x - x_0, y - y_0, z - z_0),$$

则有 $\overrightarrow{M_0M} /\!/ \boldsymbol{s}$，由此得

$$\frac{x - x_0}{m} = \frac{y - y_0}{n} = \frac{z - z_0}{p}. \ ① \qquad (9)$$

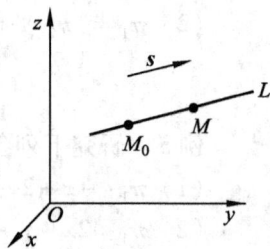

图 7-27

反之，如果点 M_1 不在直线 L 上，$\overrightarrow{M_0M_1}$ 就不可能与 $\boldsymbol{s}$ 平行，M_1 的坐标就不可能满足方程(9)，所以方程(9)就是直线 L 的方程，并称之为直线 L 的对称式方程(或点向式方程).

由直线的对称式方程容易导出直线的参数方程. 设

$$\frac{x - x_0}{m} = \frac{y - y_0}{n} = \frac{z - z_0}{p} = t,$$

则有

$$\begin{cases} x = x_0 + mt, \\ y = y_0 + nt, \\ z = z_0 + pt, \end{cases} \qquad (10)$$

该方程组就称为直线的参数方程.

例 6 求下列直线的对称式方程：

(1) 过 $A(1, -1, 2)$ 和 $B(2, 1, 0)$ 两点；

(2) 过点 $A(2, -3, 4)$，且与 y 轴垂直相交.

解 (1) 按直线方程的对称式，可取经过的点为 $A(1, -1, 2)$，方向向量

$$\boldsymbol{s} = \overrightarrow{AB} = (1, 2, -2),$$

则得到所求直线的对称式方程为

$$\frac{x - 1}{1} = \frac{y + 1}{2} = \frac{z - 2}{-2}.$$

(2) 因为直线和 y 轴垂直相交，所以在 y 轴上的交点为 $B(0, -3, 0)$，取

$$\boldsymbol{s} = \overrightarrow{BA} = (2, 0, 4),$$

则得到所求直线的对称式方程为

$$\frac{x - 2}{2} = \frac{y + 3}{0} = \frac{z - 4}{4}$$

或

$$\frac{x - 2}{2} = \frac{z - 4}{4}, \ y = -3.$$

---

① 因为 $\boldsymbol{s}$ 是非零向量，它的方向数 m, n, p 不会同时为零，但可能有其中一个或两个为零的情形，这时应理解为相应的分子也为零. 参见第 10 页脚注①.

例7 求直线 $L:\dfrac{x-2}{1}=\dfrac{y-3}{1}=\dfrac{z-4}{2}$ 与平面 $\pi:2x+y+z-6=0$ 的交点坐标.

解 将直线 L 化为参数方程

$$\begin{cases} x=2+t, \\ y=3+t, \\ z=4+2t, \end{cases}$$

并代入平面 π 的方程得

$$2(2+t)+(3+t)+(4+2t)-6=0,$$

解得 $t=-1$. 从而

$$x=1,\ y=2,\ z=2,$$

故所求交点的坐标为 $(1,2,2)$.

例8 将直线 $L:\begin{cases} x+y-2z-1=0, \\ x+2y-z+1=0 \end{cases}$ 化为对称式方程.

解 在直线 L 上取一点,可令 $z=0$ 代入 L 的方程组得

$$\begin{cases} x+y=1, \\ x+2y=-1, \end{cases}$$

解得 $x=3,y=-2$, 即直线 L 上一点为 $(3,-2,0)$.

因为直线 L 是两已知平面的交线,所以直线 L 的方向向量 s 与两已知平面的法向量都垂直,故取

$$s=n_1\times n_2=\begin{vmatrix} i & j & k \\ 1 & 1 & -2 \\ 1 & 2 & -1 \end{vmatrix}=3i-j+k,$$

因此,直线 L 的对称式方程为

$$\frac{x-3}{3}=\frac{y+2}{-1}=\frac{z}{1}.$$

3. 两直线的夹角

两直线的方向向量的夹角(通常指锐角)称为两直线的夹角.

设 $s_1=(m_1,n_1,p_1)$, $s_2=(m_2,n_2,p_2)$ 分别是直线 L_1,L_2 的方向向量,则 L_1,L_2 的夹角 φ 应是 $(\widehat{s_1,s_2})$ 和 $\pi-(\widehat{s_1,s_2})$ 两者中的锐角. 因此

$$\cos\varphi=|\cos(\widehat{s_1,s_2})|=\frac{|m_1m_2+n_1n_2+p_1p_2|}{\sqrt{m_1^2+n_1^2+p_1^2}\cdot\sqrt{m_2^2+n_2^2+p_2^2}}. \tag{11}$$

根据两向量垂直和平行的充要条件,即可推出:

(1) $L_1\perp L_2$ 的充要条件是

$$m_1m_2+n_1n_2+p_1p_2=0;$$

(2) $L_1 /\!/ L_2$ 的充要条件是

$$\frac{m_1}{m_2} = \frac{n_1}{n_2} = \frac{p_1}{p_2}. \quad ①$$

4. 直线与平面的夹角

直线和它在平面上的投影直线的夹角(通常指锐角)称为直线与平面的夹角. 如图 7-28 所示,设直线的方向向量为 $s = (m, n, p)$,平面的法向量为 $n = (A, B, C)$,直线与平面的夹角 φ,则 $\varphi = \left| \frac{\pi}{2} - (\widehat{s, n}) \right|$,故可得到

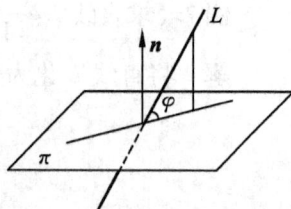

图 7-28

$$\sin \varphi = |\cos(\widehat{s, n})| = \frac{|Am + Bn + Cp|}{\sqrt{A^2 + B^2 + C^2} \cdot \sqrt{m^2 + n^2 + p^2}}. \quad (12)$$

根据两向量垂直和平行的充要条件,即可推出:

(1) $L \perp \pi$ 的充要条件是

$$\frac{A}{m} = \frac{B}{n} = \frac{C}{p};$$

(2) $L /\!/ \pi$ 的充要条件是

$$Am + Bn + Cp = 0.$$

例 9　设直线 $L: \dfrac{x-1}{2} = \dfrac{y}{-1} = \dfrac{z+1}{2}$,平面 $\pi: x - y + 2z = 3$,求直线与平面的夹角.

解　因为直线 L 的方向向量 $s = (2, -1, 2)$,平面 π 的法向量 $n = (1, -1, 2)$,所以

$$\begin{aligned}
\sin \varphi &= \frac{|Am + Bn + Cp|}{\sqrt{A^2 + B^2 + C^2} \cdot \sqrt{m^2 + n^2 + p^2}} \\
&= \frac{|1 \times 2 + (-1) \times (-1) + 2 \times 2|}{\sqrt{6} \cdot \sqrt{9}} = \frac{7\sqrt{6}}{18},
\end{aligned}$$

故所求夹角为

$$\varphi = \arcsin \frac{7\sqrt{6}}{18}.$$

习　题　7-3

1. 填空题:

(1) 过点 $(3, -2, -1)$ 且垂直于直线 $\dfrac{x-1}{4} = \dfrac{y}{-1} = \dfrac{z+1}{3}$ 的平面方程为_____.

---

① 参见第 10 页脚注①.

(2) 过点 $A(1,2,3),B(4,0,5)$ 的直线方程为_____.

(3) 过点 $(2,3,4)$ 且垂直于平面 $3x+y-z+1=0$ 的直线方程为_____.

(4) 点 $M(2,-3,4)$ 到平面 $3x+2y+z+3=0$ 的距离 $d=$_____.

(5) 直线 $\dfrac{x-1}{1}=\dfrac{y-2}{1}=\dfrac{z}{0}$ 与直线 $\dfrac{x}{1}=\dfrac{y}{0}=\dfrac{z}{1}$ 的夹角为_____.

2. 求满足下列条件的平面方程:

(1) 过点 $(3,1,-2)$,且通过直线 $\dfrac{x-4}{5}=\dfrac{y+3}{2}=\dfrac{z}{1}$;

(2) 过点 $(1,2,3)$,且垂直于直线 $\begin{cases} x+y+z+2=0, \\ 2x-y+z+1=0; \end{cases}$

(3) 通过直线 $\dfrac{x}{3}=\dfrac{y-1}{2}=\dfrac{z-2}{1}$ 且垂直于平面 $x+y+z+2=0$.

3. 求满足下列条件的直线方程:

(1) 过点 $(3,1,-2)$ 且与平面 $x-y+z-7=0$,$4x-3y+z-6=0$ 都平行;

(2) 过点 $(1,1,1)$,且与直线 $\begin{cases} x=2+t, \\ y=3+2t, \\ z=5+3t \end{cases}$ 垂直,又与平面 $2x-z-5=0$ 平行;

(3) 过点 $(-3,2,5)$ 且与平面 $\dfrac{x}{2}+\dfrac{y}{3}+\dfrac{z}{5}=1$ 垂直.

4. 用对称式及参数方程表示直线 $\begin{cases} 2x-y-3z+2=0, \\ x+2y-z-6=0. \end{cases}$

5. 确定 k 的值,使平面 $x+ky-2z=9$ 符合下列条件之一:

(1) 经过点 $(5,-4,-6)$;   (2) 与平面 $2x+4y+3z=3$ 垂直;

(3) 与平面 $3x-7y-6z-1=0$ 平行;   (4) 与平面 $2x-3y+z=0$ 成 $\dfrac{\pi}{4}$ 角;

(5) 与原点的距离等于 3;   (6) 在 y 轴上的截距为 -3.

6. 试确定下列各组中的直线与平面间的关系:

(1) $\dfrac{x+2}{-2}=\dfrac{y+4}{-7}=\dfrac{z}{3}$ 和 $4x-2y-2z=3$;

(2) $\dfrac{x}{3}=\dfrac{y}{-2}=\dfrac{z}{7}$ 和 $3x-2y+7z=8$;

(3) $\dfrac{x-2}{3}=\dfrac{y+2}{1}=\dfrac{z-3}{-4}$ 和 $x+y+z=3$.

7. 设平面 $\pi_1:2x+4y-6z+5=0$,$\pi_2:-(x-1)-2(y+1)+3(z-2)=0$,试判断 π_1 与 π_2 的位置关系. 若平行,求出两平面间的距离.

8. 求直线 $\dfrac{x-3}{2}=\dfrac{y-5}{3}=\dfrac{z+1}{4}$ 与平面 $2x-y+3z=1$ 的交点及夹角.

第四节　曲面、空间曲线的方程

平面解析几何中把平面曲线看作是动点的轨迹,在空间解析几何中,曲面与空间曲线也可看作是具有某种性质的动点的轨迹.

一、曲面及其方程

定义1 在空间直角坐标系中,若曲面 S 上任一点的坐标都满足方程 $F(x,y,z)=0$,而不在曲面 S 上的任何点的坐标都不满足该方程,则方程 $F(x,y,z)=0$ 称为曲面 S 的方程,而曲面 S 就称为方程 $F(x,y,z)=0$ 的图形(见图7-29).

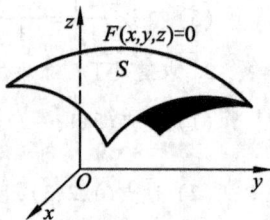

图 7-29

建立了空间曲面与其方程的联系后,就可以通过研究曲面方程研究曲面的几何性质.

空间曲面研究以下两个基本问题:

(1)已知曲面上的点所满足的几何条件,建立曲面的方程;

(2)已知曲面方程,研究曲面的几何形状.

1. 球面

设球的球心在点 $M_0(x_0,y_0,z_0)$、半径为 R,如图7-30所示. 在球面上任取一点 $M(x,y,z)$,由于 $|M_0M|=R$,所以

$$\sqrt{(x-x_0)^2+(y-y_0)^2+(z-z_0)^2}=R,$$

即

$$(x-x_0)^2+(y-y_0)^2+(z-z_0)^2=R^2. \qquad (1)$$

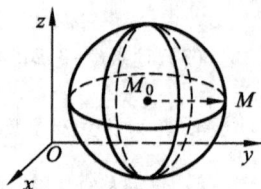

图 7-30

方程(1)即是球面上的点 M 满足的方程,而不在球面上的点都不满足该方程,所以方程(1)是球心在 $M_0(x_0,y_0,z_0)$、半径为 R 的球面方程.

特别地,当球心在坐标原点时,球面方程为

$$x^2+y^2+z^2=R^2. \qquad (2)$$

根据第一节球面坐标系与直角坐标系的关系可知,在球坐标中,球面方程(2)可以有非常简单的形式:

$$r=R.$$

例1 方程 $x^2+y^2+z^2-2x+4y=0$ 表示怎样的曲面?

解 将原方程配方,得

$$(x-1)^2+(y+2)^2+z^2=5,$$

所以,原方程表示球心在 $M_0(1,-2,0)$、半径 $R=\sqrt{5}$ 的球面.

2. 母线平行于坐标轴的柱面

定义2 动直线 L 沿定曲线 C 平行移动所成的轨迹称为柱面,定曲线 C 称为柱面的准线,动直线 L 称为柱面的母线,如图7-31所示.

现在建立母线 L 平行于 z 轴,准线 C 为 xOy 面上的定曲线 $f(x,y)=0$ 的柱面方程(如图 7-32 所示). 设 $P(x,y,z)$ 为柱面上的任意一点,过 P 作平行于 z 轴的直线交 xOy 面于点 $P_0(x,y,0)$,由柱面的定义可知,P_0 必在准线 C 上,即 P_0 的坐标满足方程 $f(x,y)=0$. 由于 $f(x,y)=0$ 中不含 z,所以点 P 的坐标也满足方程 $f(x,y)=0$. 而不在柱面上的点作平行于 z 轴的直线与 xOy 面的交点必不在曲线 C 上,也就是说不在柱面上的点的坐标不满足方程 $f(x,y)=0$. 所以,不含变量 z 的方程

$$f(x,y)=0 \qquad (3)$$

在空间中表示以 xOy 面上的曲线 C 为准线,母线平行于 z 轴的柱面.

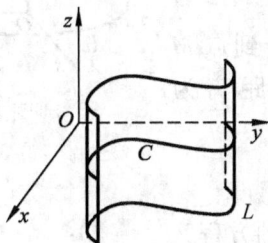

图 7-31

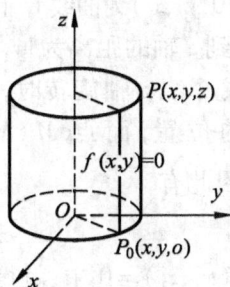

图 7-32

由式(3)可知,母线平行于 z 轴的柱面方程的特征是 z 坐标不出现. 例如,方程 $x^2+y^2=R^2$ 在空间中表示以 xOy 面上的圆 $x^2+y^2=R^2$ 为准线、母线平行于 z 轴的圆柱面,如图 7-33 所示;方程 $y^2=2x$ 在空间中表示以 xOy 面上的抛物线 $y^2=2x$ 为准线、母线平行于 z 轴的柱面,该柱面称为抛物柱面,如图 7-34 所示.

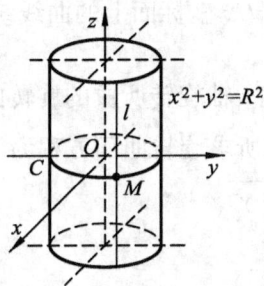

图 7-33

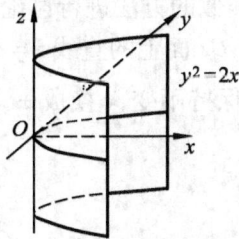

图 7-34

类似地,不含变量 x(或 y)的方程 $f(y,z)=0$(或 $f(z,x)=0$)在空间中表示以 yOz(或 zOx)面上的曲线 $f(y,z)=0$(或 $f(z,x)=0$)为准线、母线平行于 x(或 y)轴的柱面.

根据第一节柱面坐标系与直角坐标系的关系可知,在柱坐标中,圆柱面方程 $x^2+y^2=R^2$ 可以有非常简单的形式

$$r = R.$$

3. 以坐标轴为旋转轴的旋转曲面

定义 3 平面内一条曲线 C 绕其所在平面上的一条定直线 L 旋转一周所成的曲面称为旋转曲面,定直线 L 称为旋转曲面的轴.

下面建立以坐标轴为旋转轴的旋转曲面的方程.

设 yOz 面上有一条已知曲线 C,其方程为 $f(y,z)=0$,将这条曲线绕 z 轴旋转一周,就得到一个以 z 轴为轴的旋转曲面,如图 7-35 所示.

设 $M_1(0,y_1,z_1)$ 为曲线 C 上的任一点,则有 $f(y_1,z_1)=0$,且点 M_1 到 z 轴的距离为 $|y_1|$.

设曲线 C 绕 z 轴旋转时,点 M_1 随曲线旋转到点 $M(x,y,z)$ 的位置,而点 $M(x,y,z)$ 到 z 轴的距离为 $\sqrt{x^2+y^2}$,因此有

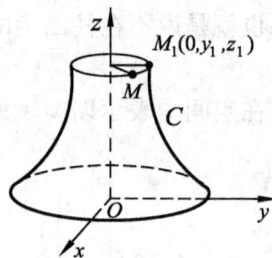

图 7-35

$$z=z_1, \quad \sqrt{x^2+y^2}=|y_1|.$$

将其代入 $f(y_1,z_1)=0$ 中,就得到所求旋转曲面的方程

$$f(\pm\sqrt{x^2+y^2},z)=0, \tag{4}$$

由式(4)可见,只要将 yOz 面上曲线 C:$f(y,z)=0$ 中的 y 换成 $\pm\sqrt{x^2+y^2}$ 即可得到曲线 C 绕 z 轴旋转所成的旋转曲面方程.

类似地,曲线 C 绕 y 轴旋转所成的旋转曲面方程为

$$f(y,\pm\sqrt{x^2+z^2})=0.$$

xOy 坐标面上的曲线绕 x 轴或 y 轴旋转,zOx 坐标面上的曲线绕 x 轴或 z 轴旋转,都可以用类似的方法进行讨论.

例 2 求 yOz 面上的直线 $z=ay(a\neq0)$ 绕 z 轴旋转所成的旋转曲面方程.

解 将 z 保持不变,y 换成 $\pm\sqrt{x^2+y^2}$,则所求旋转曲面方程为

$$z=\pm a\sqrt{x^2+y^2},$$

即

$$z^2=a^2(x^2+y^2). \tag{5}$$

该旋转曲面称为圆锥面,点 O 称为圆锥面的顶点.设半顶角为 α,则 $a=\cot\alpha$,如图 7-36 所示.

例 3 求 yOz 坐标面上的抛物线 $z=ay^2(a\neq0)$ 绕 z 轴旋转所得的旋转曲面方程.

解 将 z 保持不变,y 换成 $\pm\sqrt{x^2+y^2}$,则所求旋转曲面方程为

$$z=a(x^2+y^2).$$

该旋转曲面称为旋转抛物面,点 O 称为它的顶点,$a > 0$ 时的图形如图 7-37所示.

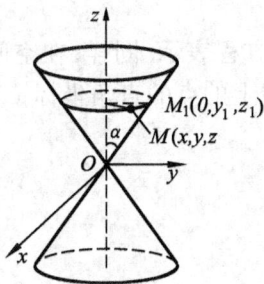

图 7-36

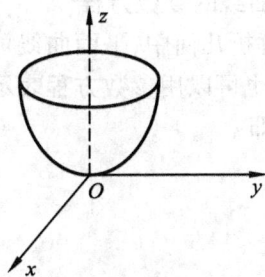

图 7-37

例 4 指出下列方程表示的曲面哪些是柱面,哪些是旋转曲面:

(1) $y^2 - z^2 = 1$;　　　　　　　(2) $x^2 + y^2 + z = 1$;

(3) $2x^2 + 2y^2 - z^2 = 0$;　　　　(4) $x^2 + y^2 + x = 2$.

解 (1) $y^2 - z^2 = 1$ 表示母线平行于 x 轴的双曲柱面;

(2) $x^2 + y^2 + z = 1$ 经变形得 $z = 1 - (x^2 + y^2)$,它表示以 z 为轴的旋转抛物面;

(3) $2x^2 + 2y^2 - z^2 = 0$ 经变形得 $z^2 = 2(x^2 + y^2)$,它表示以 z 为轴的圆锥面;

(4) $x^2 + y^2 + x = 2$ 表示母线平行于 z 轴的圆柱面.

二、空间曲线及其方程

1. 空间曲线的一般式方程

任何空间曲线总可以看作空间两曲面的交线. 设

$$F(x, y, z) = 0 \quad \text{和} \quad G(x, y, z) = 0$$

是两个曲面的方程,它们的交线为 C,如图 7-38 所示. 因为曲线 C 上的任一点都同时在这两个曲面上,所以曲线 C 上的所有点的坐标都满足这两个曲面方程. 反之,坐标同时满足这两个曲面方程的点一定在它们的交线上. 从而把这两个方程联立起来,所得到的方程组

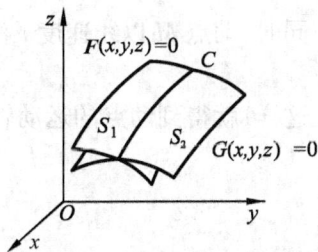

图 7-38

$$C: \begin{cases} F(x, y, z) = 0, \\ G(x, y, z) = 0 \end{cases} \tag{6}$$

就是空间曲线 C 的方程. 方程组(6)也称为空间曲线的一般式方程.

例 5 方程组 $\begin{cases} x^2 + y^2 + z^2 = 25, \\ z = 3 \end{cases}$ 表示什么曲线?

解 因为 $x^2 + y^2 + z^2 = 25$ 表示球心在原点,半径为 5 的球面,$z = 3$ 是过点 $(0,0,3)$ 平行于 xOy 面的平面,所以该方程组表示的曲线是平面 $z = 3$ 上的圆.

2. 空间曲线的参数方程

在平面解析几何中,平面曲线可以用参数方程表示. 同样,在空间直角坐标系中,空间曲线也可以用参数方程表示,即把曲线上的点的直角坐标 x,y,z 分别表示为 t 的函数,即

$$\begin{cases} x = x(t), \\ y = y(t), \\ z = z(t). \end{cases} \tag{7}$$

方程组(7)称为空间曲线的参数方程,t 称为参数. 当给定 $t = t_1$ 时,就得到曲线上的一个点 (x_1,y_1,z_1),随着参数 t 的变化即可得到曲线上全部的点.

例 6 若空间一点 M 在圆柱面 $x^2 + y^2 = R^2$ 上以匀角速度 ω 绕 z 轴旋转,同时又以线速度 v 沿平行于 z 轴的正方向上升(其中 ω,v 是常数),则点 M 构成的图形称为螺旋线(见图7-39). 试建立其参数方程.

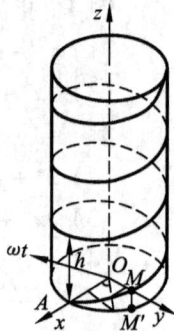

图 7-39

解 设动点 M 从点 $A(R,0,0)$ 开始运动,经过时间 t 后,动点到达 $M(x,y,z)$ 的位置. 记点 M 在 xOy 面上的投影为 M',则 M' 的坐标为 $(x,y,0)$. 因为动点在圆柱面上以匀角速度 ω 绕 z 轴旋转,所以经过时间 t 后,$\angle AOM' = \omega t$,从而

$$x = |OM'| \cos \omega t = R\cos \omega t,$$
$$y = |OM'| \sin \omega t = R\sin \omega t.$$

同时,动点 M 以线速度 v 沿平行于 z 轴的正方向上升,所以

$$z = |M'M| = vt.$$

这样,就得到动点的运动轨迹,即螺旋线的参数方程

$$\begin{cases} x = R\cos \omega t, \\ y = R\sin \omega t, \\ z = vt. \end{cases}$$

三、空间曲线在坐标面上的投影

设 Γ 为已知的空间曲线,以 Γ 为准线、母线平行于 z 轴的柱面 S 称为 Γ 关于 xOy 面的投影柱面;柱面 S 与 xOy 面的交线 C 称为 Γ 在 xOy 面上的投影,如图7-40 所示.

类似地,可以定义 Γ 关于 yOz(或 zOx)面的投影柱面和投影.

设曲面 S_1、S_2 的方程分别为

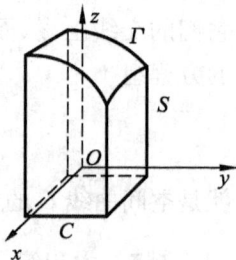

图 7-40

$$F(x,y,z)=0,\ G(x,y,z)=0,$$

Γ 为曲面 S_1 与 S_2 的交线,

曲线的一般方程(6)中消去 z,得

$$H(x,y)=0. \tag{8}$$

满足曲线 Γ 的方程(6)的 x,y,z 必定满足方程(8),所以 $H(x,y)=0$ 是 Γ 关于 xOy 面的投影柱面 S 的方程,从而

$$\begin{cases} H(x,y)=0, \\ z=0 \end{cases}$$

表示曲线 Γ 在 xOy 面上的投影曲线的方程.

同理,由式(6)消去 x 得 $R(y,z)=0$;消去 y 得 $S(z,x)=0$,则曲线 Γ 在 yOz 面上,zOx 面上的投影曲线的方程分别为

$$\begin{cases} R(y,z)=0, \\ x=0, \end{cases} \qquad \begin{cases} S(z,x)=0, \\ y=0. \end{cases}$$

例 7　设上半球面 $z=\sqrt{2-x^2-y^2}$ 和上半圆锥面 $z=\sqrt{x^2+y^2}$ 的交线为 Γ(如图 7-41 所示),求 Γ 在 xOy 面上的投影曲线的方程.

解　交线 Γ 的方程为

$$\begin{cases} z=\sqrt{2-x^2-y^2}, \\ z=\sqrt{x^2+y^2}. \end{cases}$$

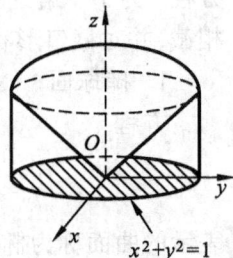

图 7-41

消去 z,得 Γ 关于 xOy 面的投影柱面方程为 $x^2+y^2=1$.

从而交线 Γ 在 xOy 面上的投影曲线 C 的方程为

$$\begin{cases} x^2+y^2=1, \\ z=0. \end{cases}$$

例 8　求曲线 $\Gamma:\begin{cases} x^2+y^2+z^2=1, \\ z=\dfrac{1}{2} \end{cases}$ 在三坐标面上的投影方程.

解　从题设方程组中消去 z 后,得

$$x^2+y^2=\frac{3}{4}.$$

于是,

$$\begin{cases} x^2+y^2=\dfrac{3}{4}, \\ z=0 \end{cases}$$

就是曲线 Γ 在 xOy 面上投影曲线的方程.

因为曲线 Γ 在平面 $z=\dfrac{1}{2}$ 上,故在 zOx 面上的投影为线段

$$\begin{cases} z=\dfrac{1}{2}, \\ y=0 \end{cases} \left(|x| \leqslant \dfrac{\sqrt{3}}{2} \right).$$

同理,在 yOz 面上的投影也为线段

$$\begin{cases} z=\dfrac{1}{2}, \\ x=0 \end{cases} \left(|y| \leqslant \dfrac{\sqrt{3}}{2} \right).$$

四、常见的二次曲面及其方程

前面已经介绍了球面、母线平行于坐标轴的柱面、以坐标轴为旋转轴的旋转曲面的方程.下面给出与平面解析几何中二次曲线相类似的几个常见二次曲面的方程.为了了解这些方程表示的曲面图形,这里采用平行于坐标面的平面与曲面相截,并对截口形状进行分析的方法(也称为截痕法),对曲面的形状进行分析.

1. 椭球面

方程

$$\frac{x^2}{a^2}+\frac{y^2}{b^2}+\frac{z^2}{c^2}=1 \ (a>0,\ b>0,\ c>0) \tag{9}$$

表示的曲面称为椭球面(见图 7-42).

由方程(9)知

$$\frac{x^2}{a^2}\leqslant 1,\ \frac{y^2}{b^2}\leqslant 1,\ \frac{z^2}{c^2}\leqslant 1\ ,$$

即

$$|x|\leqslant a,\ |y|\leqslant b,\ |z|\leqslant c.$$

这说明由方程(9)表示的椭球面完全包含在一个以原点为中心的长方体内,a,b,c 称为椭球面的半轴.当 $a=b=c$ 时,椭球面就成了球面.

椭球面与三个坐标面的交线分别为

$$\begin{cases} \dfrac{y^2}{b^2}+\dfrac{z^2}{c^2}=1, \\ x=0; \end{cases} \begin{cases} \dfrac{x^2}{a^2}+\dfrac{z^2}{c^2}=1, \\ y=0; \end{cases} \begin{cases} \dfrac{x^2}{a^2}+\dfrac{y^2}{b^2}=1, \\ z=0. \end{cases}$$

易见这些交线都是椭圆.

综合上述讨论,椭球面的形状见图 7-42.

2. 抛物面

(1) 椭圆抛物面

方程

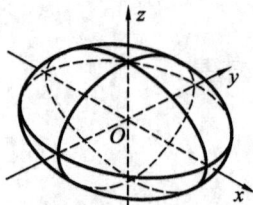

图 7-42

$$\frac{x^2}{2p} + \frac{y^2}{2q} = z \quad (p \text{ 与 } q \text{ 同号}) \tag{10}$$

表示的曲面称为椭圆抛物面.

　　与讨论椭球面相类似,可知 $p > 0, q > 0$ 时,椭圆抛物面的图形如图 7–43 所示,是一个顶点在原点,开口向上并无限伸展的曲面.曲面和平行于 xOy 面的平面 $z = h(h > 0)$ 的交线为一族椭圆,与 yOz 面、xOz 面的交线均为抛物线,故称其为椭圆抛物面.

　　特别地,当 $p = q > 0$ 时,方程(10)转化为

$$\frac{x^2 + y^2}{2p} = z. \tag{11}$$

它可视作 yOz 面上的抛物线 $z = \frac{y^2}{2p}$ 绕 z 轴旋转一周而成的旋转抛物面.

　　(2) 双曲抛物面

　　方程

$$\frac{x^2}{2p} - \frac{y^2}{2q} = z \quad (p \text{ 与 } q \text{ 同号}) \tag{12}$$

表示的曲面称为双曲抛物面.

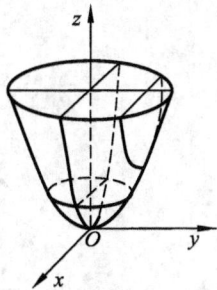

图 7–43

　　用平行于 yOz 面或 zOx 面的平面截式(12)表示的曲面的截痕为抛物线,用平行于 xOy 面的平面截式(12)表示的曲面的截痕为双曲线,因此式(12)表示的曲面称为双曲抛物面.

　　当 $p > 0, q > 0$ 时,双曲抛物面的图形如图 7–44 所示.因为该图形类似马鞍,故又称马鞍面.

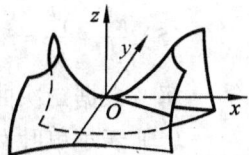

图 7–44

　　3. 双曲面

　　(1) 单叶双曲面

　　方程

$$\frac{x^2}{a^2} + \frac{y^2}{b^2} - \frac{z^2}{c^2} = 1 \quad (a > 0, b > 0, c > 0) \tag{13}$$

表示的曲面称为单叶双曲面(见图 7–45).

　　(2) 双叶双曲面

　　方程

$$\frac{x^2}{a^2} + \frac{y^2}{b^2} - \frac{z^2}{c^2} = -1 \quad (a > 0, b > 0, c > 0) \tag{14}$$

表示的曲面称为双叶双曲面(见图 7–46).

　　若 $a = b$,方程变成为

$$\frac{x^2+y^2}{a^2}-\frac{z^2}{c^2}=-1.$$

这是旋转双叶双曲面,可看作是 zOx 面上的双曲线 $\frac{x^2}{a^2}-\frac{z^2}{c^2}=-1$ 绕 z 轴旋转而成的曲面.

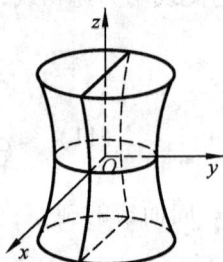
图 7-45

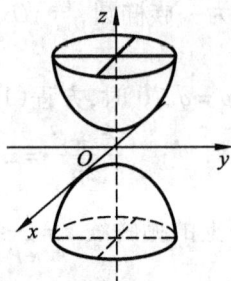
图 7-46

例 9 指出下列各方程在空间直角坐标系中所表示的曲面名称:

(1) $2x^2+3y^2-z^2=1$;　　　　(2) $-x^2-2y^2+3z^2=1$;

(3) $\frac{x^2}{4}-\frac{y^2}{9}=z$;　　　　(4) $\frac{x^2}{4}+\frac{y^2}{9}+\frac{z^2}{16}=1$;

(5) $\frac{x^2}{3}+\frac{y^2}{4}=z$.

解 根据二次曲面方程的形式可知:

(1) 表示单叶双曲面;(2) 表示双叶双曲面;(3) 表示双曲抛物面;(4) 表示椭球面;(5) 表示椭圆抛物面.

习　题　7-4

1. 填空题:

(1) 球心在点 $(1,0,-2)$,半径为 1 的球面方程为_____.

(2) 方程 $z^2=x^2+y^2$ 表示的曲面为_____.

(3) 方程 $z=x^2+y^2$ 表示的曲面为_____.

(4) 方程 $\frac{x^2}{9}+\frac{y^2}{16}=1$ 表示的曲面为_____.

(5) 方程 $\frac{x^2}{9}+\frac{y^2}{16}=1+\frac{z^2}{25}$ 表示的曲面为_____.

(6) 方程 $\frac{x^2}{9}+\frac{y^2}{16}=1-\frac{z^2}{25}$ 表示的曲面为_____.

(7) 方程 $\frac{x^2}{9}+\frac{y^2}{16}=z$ 表示的曲面为_____.

2. 指出下列曲面哪些是旋转曲面？如果是旋转曲面，说明它是如何产生的？

(1) $x^2 + y^2 + z^2 = 1$；

(2) $x^2 + 2y^2 + 3z^2 = 1$；

(3) $x^2 - \dfrac{y^2}{4} + z^2 = 1$；

(4) $x^2 - y^2 - z^2 = 1$.

3. 画出下列曲线的图形：

(1) $\begin{cases} x^2 + y^2 + z^2 = 25, \\ z = 3; \end{cases}$

(2) $\begin{cases} x^2 + y^2 = 1, \\ x = 1. \end{cases}$

4. 求曲线 $\begin{cases} x^2 + y^2 + z^2 = 9, \\ x + z = 1 \end{cases}$ 在 xOy 面上的投影方程.

5. 指出下列方程组在平面解析几何与空间解析几何中分别表示什么图形：

(1) $\begin{cases} y = 5x - 1, \\ y = x + 5; \end{cases}$

(2) $\begin{cases} \dfrac{x^2}{9} + \dfrac{y^2}{4} = 1, \\ x = 2. \end{cases}$

6. 画出下列方程表示的曲面的图形：

(1) $z = \sqrt{1 - x^2 - y^2}$；

(2) $z = \sqrt{x^2 + y^2}$；

(3) $z = x^2 + y^2$.

第八章　多元函数微分法及其应用

前面几章中,所讨论的函数都是只有一个变量的函数,但在自然科学与工程技术中经常会涉及一个变量与另外多个变量的相互依赖关系,即多元函数.本章将在一元函数微分学的基础上进一步讨论多元函数的微分学.本书讨论将以二元函数为主,而且这部分概念和方法大多能自然推广到二元以上的函数.

第一节　多元函数的基本概念

一、多元函数的概念

1. 区域

在讨论一元函数时,经常用到实数轴上邻域与区间的概念.与实数轴上邻域与区间概念类似,首先引入平面上邻域与区域的概念.

设 $P_0(x_0,y_0)$ 是 xOy 平面上的一个点,δ 是某一正数,点集

$$\{(x,y) \mid \sqrt{(x-x_0)^2+(y-y_0)^2}<\delta\}$$

称为点 P_0 的 δ 邻域,记为 $U(P_0,\delta)$. 在几何上,$U(P_0,\delta)$ 就是平面 xOy 上以点 $P_0(x_0,y_0)$ 为中心,$\delta>0$ 为半径的圆的内部所有点的集合(如图 8-1 所示).

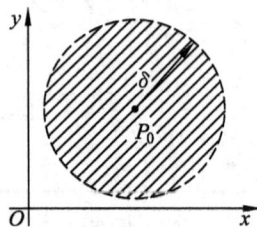

有时不需要强调邻域的半径是多少,这时常用 $U(P_0)$ 表示点 P_0 的邻域.点 P_0 的去心邻域即去掉中心点 P_0 的邻域,记为 $\overset{\circ}{U}(P_0,\delta)$ 或 $\overset{\circ}{U}(P_0)$.

设 D 是平面 xOy 上的一个点集,如果点 P 的任意邻域内有属于 D 的点,也有不属于 D 的点,则点 P 称为 D 的边界点,(如图 8-2 所示). 集合 D 的边界点可以属于 D,也可以不属于 D. 例如,点集 $D=\{(x,y)\mid x^2+y^2\leqslant1\}$ 的边界点都属于 D(如图 8-3 所示). D 的边界点的全体称

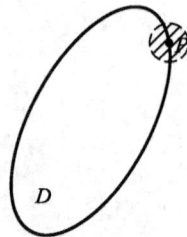

图 8-1

图 8-2

为 D 的边界. 图 8-3 中 D 的边界是 xOy 平面上圆周 $x^2 + y^2 = 1$ 上的所有点的全体.

设 D 是一点集. 如果对于 D 内任何两点, 都可用折线连接, 且此折线上的点都属于 D, 则点集 D 称为连通的. 连通的点集称为区域, 例如点集 $\{(x,y) \mid x^2 + y^2 \leqslant 1\}$ 和 $\{(x,y) \mid x + y > 0\}$ 都是区域 (如图 8-3, 8-4 所示). 如果区域 D 不含有它的任何一个边界点, 则区域 D 称为开区域; 如果区域 D 含有它的所有的边界点, 则区域 D 称为闭区域. 例如, 区域 $\{(x,y) \mid x + y > 0\}$ 是开区域; 区域 $\{(x,y) \mid x^2 + y^2 \leqslant 1\}$ 为闭区域, 区域 $\{(x,y) \mid 1 \leqslant x^2 + y^2 \leqslant 4\}$ 也是闭区域; 区域 $\{(x,y) \mid 1 < x^2 + y^2 \leqslant 4\}$ 既不是开区域也不是闭区域.

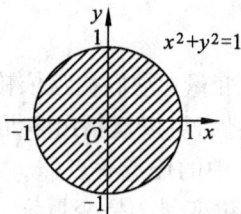

图 8-3

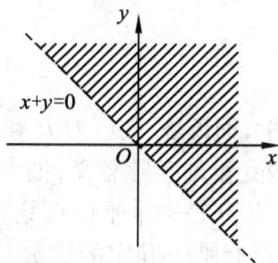

图 8-4

如果区域可以被包围在以原点为中心而半径适当大的圆内, 则称这样的区域为有界区域, 否则称为无界区域. 例如, $\{(x,y) \mid x^2 + y^2 \leqslant 1\}$ 是有界闭区域 (见图 8-3), $\{(x,y) \mid x + y > 0\}$ 是无界开区域 (见图 8-4).

上述平面邻域和区域的概念可进一步推广. 在引入空间直角坐标系后, 空间的点与有序三元数组 (x,y,z) 一一对应, 从而有序三元数组 (x,y,z) 全体表示空间一切点的集合, 记为 $\mathbf{R}^3$. 一般地, 设 n 为取定的一个自然数, 我们把有序 n 元数组 $(x_1, x_2, \cdots, x_n)$ 的全体称为 n 维空间, 记为 $\mathbf{R}^n$. 而每个有序 n 元数组 $(x_1, x_2, \cdots, x_n)$ 称为 n 维空间中的一个点, 数 x_i 称为该点的第 i 个坐标.

n 维空间中点 $P(x_1, x_2, \cdots, x_n)$ 和点 $Q(y_1, y_2, \cdots, y_n)$ 间的距离定义为

$$|PQ| = \sqrt{(y_1 - x_1)^2 + (y_2 - x_2)^2 + \cdots + (y_n - x_n)^2}.$$

当 $n = 1, 2, 3$ 时, 分别对应关于直线 (数轴) 上、平面内、空间中两点间的距离. 有了距离, 便可以定义邻域:

设 $P_0 \in \mathbf{R}^n$, δ 是某一正数, 则 n 维空间内的点集

$$U(P_0, \delta) = \{P \mid |PP_0| < \delta, P \in \mathbf{R}^n\}$$

称为点 P_0 的 δ 邻域.

同样, 可以定义 $\mathbf{R}^n$ 中的边界、区域等一系列概念, 这里不再赘述.

2. 多元函数的概念

以前所讨论的函数是一个自变量的函数, 但在实际问题中, 我们常常会遇到

多个变量相互依赖的情形,如:

直圆柱的侧面积 S 依赖于底半径 r 和高 h,它们之间的关系式为

$$S = 2\pi rh.$$

其中,r 和 h 都是变量,而侧面积 S 也是变量,并且随着变量 r, h 的变化而变化.

销售某种产品所得的利润 R 与该产品的价格 P、销量 Q、成本 C 的关系为

$$R = PQ - C.$$

它们都是变量,并且变量 R 随着变量 P, Q 和 C 的变化而变化.

密闭容器中描述气体的温度 T、压力 P 和体积 V 之间关系的理想气体状态方程为

$$\frac{PV}{T} = R.$$

其中,R 是常量,而温度 T、压力 P 和体积 V 都是变量,它们相互依赖.

撇开这些变量的实际意义,抽象出它们的共性,可以概括出多元函数的概念.

定义 1 设 D 是一个平面点集,如果对于 D 中的任意一点 (x, y),变量 z 按照一定的法则,总有唯一确定的实数与之对应,则称变量 z 是变量 x, y 的二元函数,记为

$$z = f(x, y) \text{ 或 } z = z(x, y).$$

其中,变量 x, y 称为自变量,变量 z 称为因变量或函数.自变量 x, y 的取值范围 D 称为函数的定义域,数集 $\{z \mid z = f(x, y), (x, y) \in D\}$ 称为函数的值域.

类似地,可以定义三元及三元以上的函数.当 $n \geq 2$ 时,n 元函数统称多元函数.

根据上述定义,直圆柱侧面积 S 是半径 r 和高 h 的二元函数,可记作

$$S = f(r, h) = 2\pi rh.$$

其定义域 D 是 $r > 0, h > 0$.

注 关于函数的定义域,若函数的自变量具有某种实际意义,则应该根据它的实际意义决定其取值范围,如直圆柱的底半径 r 和高 h 必须大于零. 对于单纯由数学式子表示的函数,我们仍做如下约定:使表达式有意义的自变量取值范围,就是函数的定义域.

例 1 求函数 $z = \dfrac{1}{\sqrt{x + y}}$ 的定义域.

解 函数的定义域为 $\{(x, y) \mid x + y > 0\}$,它是一个无界开区域(见图8-4).

例 2 求函数 $z = \dfrac{\arcsin(3 - x^2 - y^2)}{\sqrt{x - y^2}}$ 的定义域.

解 由已给函数的表达式可以看出,函数的定义域必须满足

$$\begin{cases} |3-x^2-y^2| \leqslant 1, \\ x-y^2 > 0. \end{cases}$$

即
$$\begin{cases} 2 \leqslant x^2+y^2 \leqslant 4, \\ x > y^2. \end{cases}$$

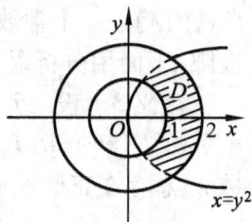

图 8-5

故所求定义域为 $D = \{(x,y) \mid 2 \leqslant x^2+y^2 \leqslant 4, x > y^2\}$，如图 8-5 所示.

3. 二元函数的几何意义

设二元函数 $z=f(x,y)$ 的定义域为 D，点集
$$\Sigma = \{(x,y,z) \mid z=f(x,y), (x,y) \in D\}$$
称为二元函数 $z=f(x,y)$ 的图形. 容易看出，属于 Σ 的点满足三元方程
$$F(x,y,z) = z - f(x,y) = 0.$$

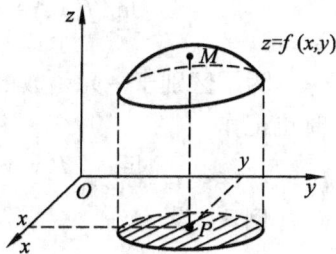

图 8-6

根据曲面方程的知识可知，它在空间直角坐标系中一般表示一个曲面. 对于自变量在 D 内的每一组值 $P(x,y)$，曲面上的对应点 $M(x,y,z)$ 的竖坐标 z，就是二元函数 $z=f(x,y)$ 的对应值(见图 8-6). 因此，二元函数的几何图形就是空间中区域 D 上的一张曲面. 例如，函数 $z = \sqrt{1-x^2-y^2}$ 的图形就是以原点为球心、半径为 1 的上半球面.

4. 点函数的概念

一元函数与多元函数都可以统一成点函数的形式.

定义 2　设 Ω 是一个点集(直线、平面或空间的部分)，对任意的点 $P \in \Omega$，变量 u 按照某一对应关系总有唯一确定的实数与之对应，则称 u 是 Ω 上的点函数，记作 $u=f(P)$.

当 Ω 是 x 轴上点集时，点函数 $u=f(P)=f(x)$ 为一元函数；当 Ω 是 xOy 平面上的点集时，点函数 $u=f(P)=f(x,y)$ 为二元函数. 于是应用点函数就可以将多元函数统一起来，把一元函数的有关知识推广到多元函数中.

二、多元函数的极限

先讨论二元函数 $z=f(x,y)$ 当点 (x,y) 趋于点 (x_0,y_0)，即 $P(x,y) \to P_0(x_0,y_0)$ 时的极限.

这里 $P(x,y) \to P_0(x_0,y_0)$ 表示点 P 以任何方式趋于点 P_0，即点 P 与点 P_0 间的距离趋于零，也即
$$\rho = |PP_0| = \sqrt{(x-x_0)^2 + (y-y_0)^2} \to 0.$$

与一元函数极限概念类似，如果当动点 $P(x,y) \in D$ 趋于点 $P_0(x_0,y_0)$ 时，

$f(x,y)$ 趋于一个常数 A,则称常数 A 为函数 $f(x,y)$ 当点 (x,y) 趋于点 (x_0,y_0) 时的极限. 下面用分析语言"$\varepsilon - \delta$"精确描述这个概念.

定义 3 设二元函数 $z = f(x,y)$ 在区域 D 上有定义,对点 $P_0(x_0,y_0)$ 的任何一个邻域 $U(P_0)$,$U(P_0) \cap D$ 都含有无限个点. 如果存在常数 A,对于任意给定的正数 ε,总存在正数 δ,使得当点 $P(x,y) \in D \cap \mathring{U}(P_0,\delta)$ 时,都有

$$|f(P) - A| = |f(x,y) - A| < \varepsilon$$

成立,则称常数 A 为函数 $f(x,y)$ 当点 (x,y) 趋于点 (x_0,y_0) 时的极限,记作

$$\lim_{\substack{x \to x_0 \\ y \to y_0}} f(x,y) = A \ \text{或} \ f(x,y) \to A \ ((x,y) \to (x_0,y_0)).$$

为了区别于一元函数的极限,将二元函数的极限称为二重极限. 二重极限有时也记作

$$\lim_{(x,y) \to (x_0,y_0)} f(x,y) = A, \ \lim_{P \to P_0} f(P) = A \ \text{或} \ f(P) \to A(P \to P_0).$$

例 3 设

$$f(x,y) = \begin{cases} \sqrt{x^2+y^2} \cos \dfrac{xy}{x^2+y^2}, & x^2+y^2 \neq 0, \\ 0, & x^2+y^2 = 0, \end{cases}$$

求 $\lim\limits_{\substack{x \to 0 \\ y \to 0}} f(x,y)$.

解 当 $x^2 + y^2 \neq 0$ 时,

$$|f(x,y)| = \left| \sqrt{x^2+y^2} \cos \frac{xy}{x^2+y^2} \right| \leqslant \sqrt{x^2+y^2},$$

可见,对于任意给定的正数 ε,取 $\delta = \varepsilon$,则当

$$0 < \sqrt{(x-0)^2 + (y-0)^2} = \sqrt{x^2+y^2} < \delta,$$

即 $P(x,y) \in D \cap \mathring{U}(O,\delta)$ 时,都有

$$|f(x,y) - 0| = |f(x,y)| < \varepsilon$$

成立,所以 $\lim\limits_{\substack{x \to 0 \\ y \to 0}} f(x,y) = 0$.

由二重极限的定义不难看出,所谓二重极限存在,是指动点 $P(x,y)$ 以任何方式趋于定点 $P_0(x_0,y_0)$ 时,相应的函数值都无限接近于同一个常数 A. 因此,如果动点 $P(x,y)$ 以某特殊方式,例如沿着所有的直线或特殊的曲线趋于定点 $P_0(x_0,y_0)$ 时,函数值无限接近于常数 A,还不能由此断定该函数在点 (x_0,y_0) 的二重极限存在(参见习题 8-1 第 10 题). 但反过来,如果动点 $P(x,y)$ 以不同方式,如沿不同的直线趋于定点 $P_0(x_0,y_0)$ 时,函数趋于不同的值,那么就可以断定该函数在点 (x_0,y_0) 的二重极限不存在.

例 4 设 $f(x,y) = \dfrac{xy}{x^2+y^2}$,试证极限 $\lim\limits_{\substack{x \to 0 \\ y \to 0}} f(x,y)$ 不存在.

证 当 $P(x,y)$ 沿着直线 $y=kx$ 趋于点 $(0,0)$ 时有

$$\lim_{\substack{x\to 0 \\ y=kx\to 0}} \frac{xy}{x^2+y^2} = \lim_{x\to 0} \frac{kx^2}{x^2+k^2x^2} = \frac{k}{1+k^2}.$$

显然它是随着 k 的变化而改变的,因而,二重极限 $\lim\limits_{\substack{x\to 0 \\ y\to 0}} f(x,y)$ 不存在.

以上二元函数的极限可以推广到 n 元函数中.

对于多元函数,也可定义当自变量趋于无穷大时的极限概念;另外,多元函数的极限具有与一元函数的极限类似的运算法则与性质,在此不再赘述.

例5 计算极限:

(1) $\lim\limits_{\substack{x\to 0 \\ y\to 2}} \dfrac{\ln(1+2xy)}{xy^2}$;

(2) $\lim\limits_{\substack{x\to \infty \\ y\to 1}} \dfrac{\sin(1+xy)}{x^2+y^2}$.

解 (1) $\lim\limits_{\substack{x\to 0 \\ y\to 2}} \dfrac{\ln(1+2xy)}{xy^2} = \lim\limits_{\substack{x\to 0 \\ y\to 2}} \dfrac{\ln(1+2xy)}{2xy} \cdot \dfrac{2}{y}$

$$= \lim_{\substack{x\to 0 \\ y\to 2}} \frac{\ln(1+2xy)}{2xy} \cdot \lim_{\substack{x\to 0 \\ y\to 2}} \frac{2}{y}$$

$$= 1 \times 1 = 1.$$

(2) 由于当 $x\to \infty$, $y\to 1$ 时, $\sin(1+xy)$ 为有界函数, $\dfrac{1}{x^2+y^2}$ 为无穷小,所以

$\dfrac{\sin(1+xy)}{x^2+y^2}$ 为无穷小,即 $\lim\limits_{\substack{x\to \infty \\ y\to 1}} \dfrac{\sin(1+xy)}{x^2+y^2} = 0.$

三、多元函数的连续性

以二元函数为例讨论多元函数的连续性.

定义4 设二元函数 $z=f(x,y)$ 在区域 D 上有定义,对点 $P_0(x_0,y_0)$ 的任何一个邻域 $U(P_0)$, $U(P_0) \cap D$ 都含有无限个点,如果

$$\lim_{\substack{x\to 0 \\ y\to 0}} f(x,y) = f(x_0,y_0) \quad \text{或} \quad \lim_{P\to P_0} f(P) = f(P_0), \tag{1}$$

则称函数 $f(x,y)$ 在点 (x_0,y_0) 处连续;否则,称函数 $f(x,y)$ 在点 (x_0,y_0) 处间断.

根据定义4,例3中的函数在原点 $(0,0)$ 是连续的.

例6 设函数

$$f(x,y) = \begin{cases} \dfrac{xy}{x^2+y^2}, & x^2+y^2 \neq 0, \\ 0, & x^2+y^2 = 0. \end{cases}$$

讨论函数在点 $(0,0)$ 的连续性.

解 由例4可知,该函数在点 $(0,0)$ 处极限不存在,因而在点 $(0,0)$ 处不连续.

如果函数 $f(x,y)$ 在区域 D 上每一点都连续,则称 $f(x,y)$ 在区域 D 上连续,或

称 $f(x,y)$ 为区域 D 上的连续函数. 在区域 D 上连续的函数,其几何图形为空间中一张不间断、无裂缝的曲面.

由定义 4 可知,例 4 中的函数在原点是不连续的或间断的,函数 $f(x,y) = \dfrac{1}{x^2+y^2-1}$ 在圆周 $x^2+y^2=1$ 上的点均是间断点.

与一元函数类似,二元函数有以下性质:

定理 1　若 $f(x,y)$ 和 $g(x,y)$ 为区域 D 上的连续函数,则 $f(x,y) \pm g(x,y)$, $f(x,y)g(x,y)$, $\dfrac{f(x,y)}{g(x,y)}(g(x,y) \neq 0)$ 均为区域 D 上的连续函数.

定理 2　连续函数的复合函数仍为连续函数.

与一元初等函数类似,二元初等函数是可用一个式子表示的二元函数,而这个式子是由二元多项式及基本初等函数经过有限次四则运算和复合步骤所构成的. 由定理 1 和定理 2 可以得到:一切二元初等函数在其定义区域内是连续的. 所谓定义区域是指包含在定义域内的区域.

由二元初等函数的连续性可知,如果要求它在点 P 处的极限,而该点又在此函数的定义域内,则极限值就是函数在该点的函数值.

例 7　求 $\lim\limits_{\substack{x \to 0 \\ y \to 0}} \dfrac{\sqrt{xy+1}-1}{xy}$.

解
$$
\lim_{\substack{x \to 0 \\ y \to 0}} \frac{\sqrt{xy+1}-1}{xy} = \lim_{\substack{x \to 0 \\ y \to 0}} \frac{xy+1-1}{xy(\sqrt{xy+1}+1)}
$$
$$
= \lim_{\substack{x \to 0 \\ y \to 0}} \frac{1}{\sqrt{xy+1}+1} = \frac{1}{2}.
$$

以上运算的最后一步用到了二元函数 $\dfrac{1}{\sqrt{xy+1}+1}$ 在点 $(0,0)$ 的连续性.

定理 3(最大值和最小值定理)　在有界闭区域 D 上连续的二元函数,必定在 D 上取得最大值和最小值.

定理 4(介值定理)　在有界闭区域 D 上连续的二元函数,如果其最大值与最小值不相等,则该函数在区域 D 上至少有一次取得介于最小值与最大值之间的任何数值.

以上关于二元函数连续性及其有关性质的讨论可以类似推广到 n 元函数.

习　题　8-1

1. 求下列各函数的定义域：

(1) $z = \ln(y^2 - 2x + 1)$；

(2) $z = \dfrac{1}{\sqrt{1 - |x| - |y|}}$；

(3) $z = \arcsin \dfrac{y}{x}$；

(4) $z = \sqrt{y - x^2} + \sqrt{4 - y}$；

(5) $u = \dfrac{\sqrt{R^2 - x^2 - y^2 - z^2}}{\sqrt{x^2 + y^2 + z^2 - r^2}}$ $(R > r > 0)$.

2. 若 $f(x, y) = \dfrac{x - 2y}{2x - y}$，求 $f(2, 1)$ 和 $f(3, -1)$.

3. 若 $f(x, y) = \dfrac{2xy}{x^2 + y^2}$，求 $f\left(1, \dfrac{y}{x}\right)$.

4. 设 $f(x) = x^2 + x, g(x, y) = xy, h(x) = x + 1$，求 $f[g(1, 2)]$ 及 $g[f(1), h(2)]$.

5. 已知 $f(x, y) = \ln x \cdot \ln y$，试证：$f(xy, uv) = f(x, u) + f(x, v) + f(y, u) + f(y, v)$.

6. 求下列极限：

(1) $\lim\limits_{\substack{x \to 0 \\ y \to 0}} \dfrac{xy}{\sqrt{xy + 9} - 3}$；

(2) $\lim\limits_{\substack{x \to 0 \\ y \to 1}} \dfrac{1 - xy}{x^2 + y^2}$；

(3) $\lim\limits_{\substack{x \to 0 \\ y \to 2}} \dfrac{\sin(xy)}{x}$；

(4) $\lim\limits_{\substack{x \to 0 \\ y \to 0}} (x^2 + y^2) \sin \dfrac{1}{x^2 + y^2}$；

(5) $\lim\limits_{\substack{x \to 0 \\ y \to 0}} \dfrac{x^2 y^2}{1 - \cos(xy)}$；

(6) $\lim\limits_{\substack{x \to \infty \\ y \to k}} \left(1 + \dfrac{y}{x}\right)^x$，$k \neq 0$；

(7) $\lim\limits_{\substack{x \to \infty \\ y \to 0}} \left(1 + \dfrac{1}{x}\right)^{\frac{x^2}{x + y}}$.

7. 证明极限 $\lim\limits_{\substack{x \to 0 \\ y \to 0}} \dfrac{x + y}{x - y}$ 不存在.

8. 证明极限 $\lim\limits_{\substack{x \to 0 \\ y \to 0}} \dfrac{xy}{\sqrt{x^2 + y^2}} = 0$.

9. 函数 $f(x, y) = \dfrac{y + 2x - 1}{x^2 + y^2 - 2x}$ 在何处间断？

10. 如果点 $P(x, y)$ 沿任意直线趋于点 $P_0(x_0, y_0)$ 时，函数 $f(x, y)$ 的极限都存在，则极限 $\lim\limits_{\substack{x \to x_0 \\ y \to y_0}} f(x, y)$ 一定存在吗？$\left(\text{研究例子}\lim\limits_{\substack{x \to 0 \\ y \to 0}} \dfrac{x^3 y}{x^6 + y^2}\right)$

11. 如果函数 $f(x, y)$ 固定变量 x，而看作为 y 的一元函数是连续的，固定变量 y，而看作为 x 的一元函数也是连续的，那么二元函数 $f(x, y)$ 一定连续吗？（以本节例 6 为例）

第二节　偏　导　数

在研究一元函数时，我们从研究函数的变化率出发，引入了导数的概念. 对于多元函数,同样需要讨论函数关于某个变量的变化率,这就是偏导数的概念.

一、偏导数的概念及计算

1. 偏导数的概念

首先考虑多元函数关于其中一个自变量的变化率. 以二元函数 $z = f(x,y)$ 为例,如果只有自变量 x 变化,而自变量 y 固定(即看作常量),这时它就是 x 的一元函数,该函数对 x 的导数,就称为二元函数 $z = f(x,y)$ 对于 x 的偏导数,即有如下定义:

定义 设函数 $z = f(x,y)$ 在点 (x_0,y_0) 的某一邻域内有定义,当 y 固定在 y_0 而 x 在 x_0 处有增量 Δx 时,相应地函数有增量

$$f(x_0 + \Delta x, y_0) - f(x_0,y_0).$$

如果极限

$$\lim_{\Delta x \to 0} \frac{f(x_0 + \Delta x, y_0) - f(x_0,y_0)}{\Delta x} \tag{1}$$

存在,则称此极限为函数 $z = f(x,y)$ 在点 (x_0,y_0) 处对 x 的偏导数,记作

$$\frac{\partial z}{\partial x}\bigg|_{(x_0,y_0)}, \quad \frac{\partial f}{\partial x}\bigg|_{(x_0,y_0)}, \quad z_x(x_0,y_0) \text{ 或 } f_x(x_0,y_0).$$

例如,极限(1)可以表示为

$$f_x(x_0,y_0) = \lim_{\Delta x \to 0} \frac{f(x_0 + \Delta x, y_0) - f(x_0,y_0)}{\Delta x}. \tag{2}$$

类似地,函数 $z = f(x,y)$ 在点 (x_0,y_0) 处对 y 的偏导数定义为

$$\lim_{\Delta y \to 0} \frac{f(x_0,y_0 + \Delta y) - f(x_0,y_0)}{\Delta y}, \tag{3}$$

记作

$$\frac{\partial z}{\partial y}\bigg|_{(x_0,y_0)}, \quad \frac{\partial f}{\partial y}\bigg|_{(x_0,y_0)}, \quad z_y\bigg|_{(x_0,y_0)} \text{ 或 } f_y(x_0,y_0).$$

如果函数 $z = f(x,y)$ 在区域 D 内每一点 (x,y) 处对 x 的偏导数都存在,那么这个偏导数就是 x,y 的函数,就称它为函数 $z = f(x,y)$ 对自变量 x 的偏导函数,记作

$$\frac{\partial z}{\partial x}, \frac{\partial f}{\partial x}, z_x \text{ 或 } f_x(x,y).$$

类似地,可以定义函数 $z = f(x,y)$ 对自变量 y 的偏导函数,记作

$$\frac{\partial z}{\partial y}, \frac{\partial f}{\partial y}, z_y \text{ 或 } f_y(x,y).$$

由偏导数的概念可知,$f(x,y)$ 在点 (x_0,y_0) 处对 x 的偏导数 $f_x(x_0,y_0)$ 显然就是偏导函数 $f_x(x,y)$ 在点 (x_0,y_0) 处的函数值;$f_y(x_0,y_0)$ 就是偏导函数 $f_y(x,y)$ 在点 (x_0,y_0) 处的函数值. 像一元函数的导函数一样,以后在不至于混淆的时候也把

偏导函数简称为偏导数.

2. 偏导数的计算

由偏导数的定义可知,求二元函数 $z = f(x, y)$ 的偏导数,并不需要用新的方法. 因为只有一个自变量在变动,另一个自变量是看作固定的,所以这仍旧是一元函数的求导问题. 如计算 $\dfrac{\partial f}{\partial x}$ 时,只要把 y 暂时看作常量而对 x 求导数;计算 $\dfrac{\partial f}{\partial y}$ 时,则只要把 x 暂时看作常量而对 y 求导数.

例 1 求 $z = x^2 y + xy^2 + 1$ 在点 $(2, 3)$ 处的偏导数.

解 把 y 看作常量,得 $\dfrac{\partial z}{\partial x} = 2xy + y^2$,所以

$$\frac{\partial z}{\partial x}\bigg|_{(2,3)} = (2xy + y^2)\bigg|_{(2,3)} = 21.$$

把 x 看作常量,得 $\dfrac{\partial z}{\partial y} = x^2 + 2xy$,所以

$$\frac{\partial z}{\partial y}\bigg|_{(2,3)} = (x^2 + 2xy)\bigg|_{(2,3)} = 16.$$

例 2 求 $z = x^y (x > 0, x \neq 1)$ 的偏导数.

解 把 y 看作常量,则 z 为 x 的幂函数,有

$$\frac{\partial z}{\partial x} = yx^{y-1}.$$

把 x 看作常量,则 z 为 y 的指数函数,有

$$\frac{\partial z}{\partial y} = x^y \ln x.$$

例 3 已知理想气体的状态方程 $PV = RT$(R 为常量),它是热力学中的一个重要关系式,求证

$$\frac{\partial P}{\partial V} \cdot \frac{\partial V}{\partial T} \cdot \frac{\partial T}{\partial P} = -1.$$

证 对于 $P = \dfrac{RT}{V}$ 来说,T, V 是自变量,则 $\dfrac{\partial P}{\partial V} = -\dfrac{RT}{V^2}$;

对于 $V = \dfrac{RT}{P}$ 来说,T, P 是自变量,则 $\dfrac{\partial V}{\partial T} = \dfrac{R}{P}$;

对于 $T = \dfrac{PV}{R}$ 来说,P, V 是自变量,则 $\dfrac{\partial T}{\partial P} = \dfrac{V}{R}$.

所以

$$\frac{\partial P}{\partial V} \cdot \frac{\partial V}{\partial T} \cdot \frac{\partial T}{\partial P} = -\frac{RT}{V^2} \cdot \frac{R}{P} \cdot \frac{V}{R} = -\frac{RT}{PV} = -1.$$

在此我们看到偏导数 $\dfrac{\partial P}{\partial V}$ 是一个整体记号,不能看作是 ∂P 与 ∂V 的商

$\left(\dfrac{\partial V}{\partial T}, \dfrac{\partial T}{\partial P}\right.$ 也是这样$\left.\right)$,否则关系式的右端将是 1 而不是 -1.

对于一元函数,当函数可导时,函数必定是连续的.对于多元函数,这一结论还成立吗?下面的例子可以说明,对于二元函数来说,偏导数在某点存在,不能保证函数在该点连续.

例 4　设函数

$$f(x,y) = \begin{cases} \dfrac{xy}{x^2+y^2}, & x^2+y^2 \neq 0, \\ 0, & x^2+y^2 = 0. \end{cases}$$

说明 $f_x(0,0)$, $f_y(0,0)$ 都存在,但函数 $f(x,y)$ 在点$(0,0)$不连续.

解　根据定义可得

$$f_x(0,0) = \lim_{\Delta x \to 0} \frac{f(0+\Delta x, 0) - f(0,0)}{\Delta x} = \lim_{\Delta x \to 0} 0 = 0.$$

同理可得

$$f_y(0,0) = \lim_{\Delta y \to 0} \frac{f(0+\Delta y, 0) - f(0,0)}{\Delta y} = \lim_{\Delta y \to 0} 0 = 0.$$

所以,函数 $f(x,y)$ 在点$(0,0)$处两个偏导数都存在,但由上一节例 6 可知,函数 $f(x,y)$ 在点$(0,0)$处是不连续的.

偏导数的概念还可以推广到二元以上的函数.例如三元函数 $u = f(x,y,z)$ 在点(x,y,z)处对 x 的偏导数定义为

$$f_x(x,y,z) = \lim_{\Delta x \to 0} \frac{f(x+\Delta x, y, z) - f(x,y,z)}{\Delta x},$$

其中,点(x,y,z)是函数 $u = f(x,y,z)$ 的定义域的内点,它们的求法仍旧是一元函数的求导问题.

例 5　设函数 $u = \sqrt{R^2 - x^2 - 2y^2 - 3z^2}$,求 $\dfrac{\partial u}{\partial x}, \dfrac{\partial u}{\partial y}, \dfrac{\partial u}{\partial z}$.

解　把 y 和 z 都看成常量,得

$$\frac{\partial u}{\partial x} = -\frac{x}{\sqrt{R^2 - x^2 - 2y^2 - 3z^2}}.$$

同理可得

$$\frac{\partial u}{\partial y} = -\frac{2y}{\sqrt{R^2 - x^2 - 2y^2 - 3z^2}},$$

$$\frac{\partial u}{\partial z} = -\frac{3z}{\sqrt{R^2 - x^2 - 2y^2 - 3z^2}}.$$

3. 偏导数的几何意义

如图 8-7 所示,偏导数 $f_x(x_0, y_0)$ 表示曲面

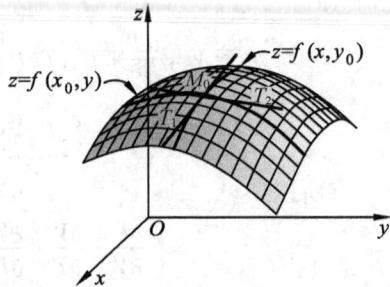

图 8-7

$z = f(x, y)$ 与平面 $y = y_0$ 的交线在点 $M_0(x_0, y_0, f(x_0, y_0))$ 处的切线关于 x 轴的斜率;偏导数 $f_y(x_0, y_0)$ 表示曲面 $z = f(x, y)$ 与平面 $x = x_0$ 的交线在点 $M_0(x_0, y_0, f(x_0, y_0))$ 处的切线关于 y 轴的斜率.

二、高阶偏导数

设函数 $z = f(x, y)$ 在区域 D 内具有偏导数

$$\frac{\partial z}{\partial x} = f_x(x, y), \quad \frac{\partial z}{\partial y} = f_y(x, y).$$

一般来说,在 D 内 $f_x(x, y)$、$f_y(x, y)$ 均是 x, y 的函数. 如果这两个函数的偏导数也存在,则称它们是函数 $z = f(x, y)$ 的二阶偏导数. 二元函数依照对变量求导数的次序不同而有下列四个二阶偏导数:

$$\frac{\partial}{\partial x}\left(\frac{\partial z}{\partial x}\right) = \frac{\partial^2 z}{\partial x^2} = f_{xx}(x, y),$$

$$\frac{\partial}{\partial y}\left(\frac{\partial z}{\partial x}\right) = \frac{\partial^2 z}{\partial x \partial y} = f_{xy}(x, y),$$

$$\frac{\partial}{\partial x}\left(\frac{\partial z}{\partial y}\right) = \frac{\partial^2 z}{\partial y \partial x} = f_{yx}(x, y),$$

$$\frac{\partial}{\partial y}\left(\frac{\partial z}{\partial y}\right) = \frac{\partial^2 z}{\partial y^2} = f_{yy}(x, y),$$

其中,$f_{xy}(x, y)$ 和 $f_{yx}(x, y)$ 称为二阶混合偏导数.

同样可得三阶、四阶以至 n 阶偏导数,二阶及二阶以上的偏导数统称为高阶偏导数.

例 6 求 $z = x^4 y - 5xy^2 + 12\sqrt{x}$ 的各二阶偏导数.

解 $\dfrac{\partial z}{\partial x} = 4x^3 y - 5y^2 + \dfrac{6}{\sqrt{x}}$, $\dfrac{\partial z}{\partial y} = x^4 - 10xy$;

$\dfrac{\partial^2 z}{\partial x^2} = 12x^2 y - \dfrac{3}{\sqrt{x^3}}$, $\dfrac{\partial^2 z}{\partial x \partial y} = 4x^3 - 10y$;

$\dfrac{\partial^2 z}{\partial y \partial x} = 4x^3 - 10y$, $\dfrac{\partial^2 z}{\partial y^2} = -10x$.

可以看到,例 6 中两个二阶混合偏导数是相等的,即 $\dfrac{\partial^2 z}{\partial x \partial y} = \dfrac{\partial^2 z}{\partial y \partial x}$. 这并不是偶然现象,事实上,有下述定理.

定理 如果函数 $z = f(x, y)$ 的两个二阶混合偏导数 $\dfrac{\partial^2 z}{\partial x \partial y}$ 及 $\dfrac{\partial^2 z}{\partial y \partial x}$ 在区域 D 内连续,那么在该区域内这两个二阶混合偏导数必相等. 也就是说,二阶混合偏导数在连续的条件下与求导的次序无关.

证明从略.

通常用到的函数(初等函数)的混合偏导数一般都是连续的,因此,它们的混合偏导数与求导的顺序无关. 对于二元以上的多元函数同样可类似地定义高阶偏导数,并且高阶混合偏导数在偏导数连续的条件下也与求偏导的次序无关.

例 7 证明 $u = \dfrac{1}{\sqrt{x^2 + y^2 + z^2}}$ 满足方程 $\dfrac{\partial^2 u}{\partial x^2} + \dfrac{\partial^2 u}{\partial y^2} + \dfrac{\partial^2 u}{\partial z^2} = 0$.

证 记 $r = \sqrt{x^2 + y^2 + z^2}$,则

$$\frac{\partial u}{\partial x} = -\frac{1}{r^2} \frac{\partial r}{\partial x} = -\frac{1}{r^2} \frac{x}{r} = -\frac{x}{r^3},$$

$$\frac{\partial^2 u}{\partial x^2} = -\frac{1}{r^3} + \frac{3x}{r^4} \frac{\partial r}{\partial x} = -\frac{1}{r^3} + \frac{3x^2}{r^5}.$$

由函数关于自变量的对称性,同样有

$$\frac{\partial^2 u}{\partial y^2} = -\frac{1}{r^3} + \frac{3y^2}{r^5}, \quad \frac{\partial^2 u}{\partial z^2} = -\frac{1}{r^3} + \frac{3z^2}{r^5},$$

从而

$$\frac{\partial^2 u}{\partial x^2} + \frac{\partial^2 u}{\partial y^2} + \frac{\partial^2 u}{\partial z^3} = -\frac{3}{r^3} + \frac{3(x^2 + y^2 + z^2)}{r^5} = -\frac{3}{r^3} + \frac{3r^2}{r^5} = 0.$$

例 7 中的方程称为三维拉普拉斯(Laplace)方程,它是数学物理方程中一种重要的方程.

习 题 8-2

1. 求下列函数的偏导数:

(1) $z = xy - \dfrac{x}{y}$;

(2) $z = xy\ln(x^2 + y^2)$;

(3) $z = (1 + xy)^y$;

(4) $z = \sin(x - y)e^{-xy}$;

(5) $z = \arctan \dfrac{y}{x}$;

(6) $s = \dfrac{u^2 + v^2}{uv}$;

(7) $z = \displaystyle\int_0^{xy} e^{-t^2} dt$;

(8) $z = \sqrt{\ln(xy)}$;

(9) $z = e^{\sin(xy)}$;

(10) $z = \ln^2 \dfrac{x}{y}$;

(11) $u = x^{\frac{y}{z}}$;

(12) $u = \arctan(x - y)^z$.

2. (1) 已知 $f(x,y) = x^2 y^2 - 2y$,求 $f_x(2,3)$;

(2) 已知 $f(x,y) = \ln(x + \sqrt{x^2 + y^2})$,求 $f_x(3,4)$,$f_y(3,4)$.

3. 设 $f(x,y) = x + (y - 1)\arcsin\sqrt{\dfrac{x}{y}}$,求 $f_x(x,1)$.

4. 设 $z = \ln(\sqrt{x} + \sqrt{y})$，证明：$x \dfrac{\partial z}{\partial x} + y \dfrac{\partial z}{\partial y} = \dfrac{1}{2}$.

5. 求下列函数的二阶偏导数：

（1）$z = x^4 + y^4 - 4x^2 y^2$；

（2）$z = 4x^3 + 3x^2 y - 3xy^2 - x + y$；

（3）$z = x \ln(x + y)$；

（4）$z = x \sin(x + y) + y \cos(x + y)$.

6. 验证 $z = \ln \sqrt{x^2 + y^2}$ 满足方程 $\dfrac{\partial^2 z}{\partial x^2} + \dfrac{\partial^2 z}{\partial y^2} = 0$.

7. 验证 $z = 2\cos^2\left(x - \dfrac{t}{2}\right)$ 满足方程 $2\dfrac{\partial^2 z}{\partial t^2} + \dfrac{\partial^2 z}{\partial x \partial t} = 0$.

8. 在一个由两个电阻 R_1，R_2 并联产生的电路中，总电阻 R 和电阻 R_1，R_2 有如下关系 $\dfrac{1}{R} = \dfrac{1}{R_1} + \dfrac{1}{R_2}$ 或 $R = f(R_1, R_2) = \dfrac{R_1 R_2}{R_1 + R_2}$. 证明 $R = f(R_1, R_2)$ 满足方程

$$R_1^2 \dfrac{\partial R}{\partial R_1} + R_2^2 \dfrac{\partial R}{\partial R_2} = 2R^2.$$

第三节　全　微　分

前面讨论的是函数关于某一个变量变化的情况，但应用中常常还需要讨论函数关于所有变量变化的情况，这就要引入全微分的概念.

一、全微分

在一元函数 $y = f(x)$ 中，若 $f'(x) \neq 0$，那么，函数的微分 $\mathrm{d}y$ 是函数增量 Δy 的线性主部，并且可用 $\mathrm{d}y$ 近似地代替 Δy. 在实际问题中，有时需要研究多元函数中各个自变量都取得增量时函数所获得的增量，并且希望用简单的形式近似表示.

设函数 $z = f(x, y)$ 在点 (x_0, y_0) 的某个邻域内有定义. 当 x 从 x_0 取得改变量 $\Delta x (\Delta x \neq 0)$，而 $y = y_0$ 保持不变时，函数 z 得到一个改变量

$$f(x_0 + \Delta x, y_0) - f(x_0, y_0),$$

该改变量称为函数 $f(x, y)$ 对于 x 的偏改变量或偏增量. 类似地，定义函数 $f(x, y)$ 对于 y 的偏改变量或偏增量为

$$f(x_0, y_0 + \Delta y) - f(x_0, y_0).$$

对于自变量分别从 x_0，y_0 取得改变量 Δx，Δy，函数 z 的相应改变量

$$\Delta z = f(x_0 + \Delta x, y_0 + \Delta y) - f(x_0, y_0)$$

称为函数 $f(x, y)$ 的全改变量或全增量.

利用全增量的定义与符号，第一节中函数 $f(x, y)$ 在点 (x_0, y_0) 连续的定义式（1）可表示为

$$\lim_{\substack{\Delta x \to 0 \\ \Delta y \to 0}} f(x_0 + \Delta x, y_0 + \Delta y) = f(x_0, y_0) \text{ 或 } \lim_{\substack{\Delta x \to 0 \\ \Delta y \to 0}} \Delta z = 0. \tag{1}$$

一般来说,计算函数的全增量比较复杂. 与一元函数相似,我们希望用自变量增量的线性函数 $A\Delta x + B\Delta y$ 近似代替全增量 Δz,由此引入全微分的定义.

定义 如果函数 $z = f(x,y)$ 在点 (x,y) 的全增量

$$\Delta z = f(x + \Delta x, y + \Delta y) - f(x,y)$$

可表示为

$$\Delta z = A\Delta x + B\Delta y + o(\rho), \tag{2}$$

其中,A,B 不依赖于 $\Delta x, \Delta y$ 而仅与 x,y 有关,$o(\rho)$ 是当 $(\Delta x, \Delta y) \to (0,0)$ 或 $\rho = \sqrt{(\Delta x)^2 + (\Delta y)^2} \to 0$ 时 ρ 的高阶无穷小量,则称函数 $z = f(x,y)$ 在点 (x,y) 可微,$A\Delta x + B\Delta y$ 称为函数 $z = f(x,y)$ 在点 (x,y) 的全微分,记作 $\mathrm{d}z$,即

$$\mathrm{d}z = A\Delta x + B\Delta y. \tag{3}$$

若函数在区域 D 内各点都可微,则称该函数在区域 D 内可微.

二元函数全微分的概念可类似推广到多元函数.

根据函数 $z = f(x,y)$ 在点 (x_0, y_0) 连续的定义式(1)及可微的定义式(2),即可得到下面的定理.

定理 1 如果函数 $z = f(x,y)$ 在点 (x_0, y_0) 可微,则函数 $z = f(x,y)$ 在该点处必定连续.

一元函数在某点的导数存在是其微分存在的充分必要条件,但对于多元函数情形是不一样的. 先给出下面的定理.

定理 2 如果函数 $z = f(x,y)$ 在点 (x,y) 可微,则此函数在该点处两个偏导数都存在,且

$$\mathrm{d}z = \frac{\partial z}{\partial x}\Delta x + \frac{\partial z}{\partial y}\Delta y. \tag{4}$$

证 因 $z = f(x,y)$ 在 (x,y) 处可微,故

$$\Delta z = f(x + \Delta x, y + \Delta y) - f(x,y) = A\Delta x + B\Delta y + o(\rho).$$

其中,$o(\rho)$ 是 $\rho = \sqrt{(\Delta x)^2 + (\Delta y)^2}$ 的高阶无穷小. 若令 $\Delta y = 0$,此时,$\rho = |\Delta x|$,则有

$$f(x + \Delta x, y) - f(x,y) = A\Delta x + o(|\Delta x|),$$

再令 $\Delta x \to 0$,注意到 $\frac{|\Delta x|}{\Delta x}$ 是有界量,得

$$\lim_{\Delta x \to 0} \frac{f(x + \Delta x, y) - f(x,y)}{\Delta x} = A + \lim_{\Delta x \to 0} \frac{o(|\Delta x|)}{|\Delta x|} \frac{|\Delta x|}{\Delta x} = A.$$

即证得偏导数 $\frac{\partial z}{\partial x}$ 存在,且 $A = \frac{\partial z}{\partial x}$.

同理可证 $B = \frac{\partial z}{\partial y}$. 从而

$$dz = A\Delta x + B\Delta y = \frac{\partial z}{\partial x}\Delta x + \frac{\partial z}{\partial y}\Delta y.$$

定理 2 说明,若函数在点 (x,y) 可微,则偏导数必定存在. 但反之不成立,即函数偏导都存在不能保证函数是可微的. 例如,上节例 4 中的函数

$$f(x,y) = \begin{cases} \dfrac{xy}{x^2 + y^2}, & x^2 + y^2 \neq 0, \\ 0, & x^2 + y^2 = 0 \end{cases}$$

在点 $(0,0)$ 处 $f_x(0,0) = 0$ 及 $f_y(0,0) = 0$, 即 $f(x,y)$ 在原点处两个偏导数都存在, 但在原点不连续,根据定理 1 可知,函数在原点一定是不可微的.

但是,如果再假定函数的各个偏导数连续,则可以证明函数是可微分的,即有下面的定理.

定理 3 如果函数 $z = f(x,y)$ 的偏导数 $f_x(x,y)$, $f_y(x,y)$ 在点 (x,y) 连续,则函数在该点可微分.

证明从略.

习惯上,将自变量的增量 Δx, Δy 分别记做 dx 和 dy,并分别称为自变量的微分. 这样二元函数的全微分就表示为

$$dz = \frac{\partial z}{\partial x}dx + \frac{\partial z}{\partial y}dy.$$

以上关于二元函数全微分的定义及可微的结论可以类似地推广到三元及三元以上的多元函数.

例 1 求函数 $z = x^2 y^3$, 当 $x = 2$, $y = -1$, $\Delta x = 0.02$, $\Delta y = -0.01$ 时的全微分.

解 $\qquad dz = 2xy^3\Delta x + 3x^2 y^2\Delta y = xy^2(2y\Delta x + 3x\Delta y).$

当 $x = 2$, $y = -1$, $\Delta x = 0.02$, $\Delta y = -0.01$ 时, 有

$$dz = 2 \times (-1)^2 [2 \times (-1) \times 0.02 + 3 \times 2 \times (-0.01)] = -0.20.$$

二、全微分的应用

若二元函数 $z = f(x,y)$ 在点 (x_0, y_0) 是可微分的,则 $\Delta z - dz = o(\rho)$. 因此,当 $f_x(x_0, y_0)$, $f_y(x_0, y_0)$ 不全为零且 $|\Delta x|$, $|\Delta y|$ 充分小时,有 $dz \approx \Delta z$, 即

$$f(x + \Delta x, y + \Delta y) \approx f(x,y) + f_x(x,y)\Delta x + f_y(x,y)\Delta y. \quad (5)$$

例 2 有一无盖圆柱容器(见图 8-8),容器外壳的厚度为 0.1 cm,内高为 20 cm,内半径为 4 cm,求容器外壳体积的近似值.

解 设圆柱形容器的半径为 r,高为 h,则圆柱体的体积为

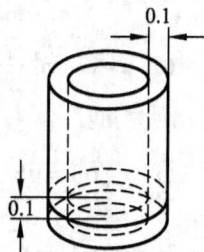

图 8-8

$$V = \pi r^2 h.$$

外壳体积可看作容器体积 V 在 $r = 4, h = 20$ 时, $\Delta r = \Delta h = 0.1$ 时的全增量, 可用全微分近似计算.

由于 $\dfrac{\partial V}{\partial r} = 2\pi rh, \dfrac{\partial V}{\partial h} = \pi r^2$ 连续, 根据式(5), 得

$$\Delta V \approx dV = \frac{\partial V}{\partial r}\Delta r + \frac{\partial V}{\partial h}\Delta h = 2\pi rh\Delta r + \pi r^2 \Delta h$$

$$= 2\pi \times 4 \times 20 \times 0.1 + \pi \times 4^2 \times 0.1 = 17.6\pi\,(\mathrm{cm}^3)$$

因此, 该容器外壳体积约为 $17.6\pi\ \mathrm{cm}^3$.

例3　计算 $\sqrt{(1.02)^3 + (1.97)^3}$ 的近似值.

解　令 $f(x, y) = \sqrt{x^3 + y^3}$, 则 $\sqrt{(1.02)^3 + (1.97)^3}$ 可看作函数 $f(x, y)$ 在点 $(1, 2)$ 处自变量取增量 $\Delta x = 0.02, \Delta y = -0.03$ 时的函数值. 利用式(5)有

$$f(x + \Delta x, y + \Delta y) \approx \sqrt{x^3 + y^3} + \frac{3}{2\sqrt{x^3 + y^3}}(x^2 \Delta x + y^2 \Delta y).$$

于是

$$\sqrt{(1.02)^3 + (1.97)^3} = f(1 + 0.02,\ 2 - 0.03)$$

$$\approx \sqrt{1^3 + 2^3} + \frac{3}{2\sqrt{1^3 + 2^3}}\left[1^2 \times 0.02 + 2^2 \times (-0.03)\right]$$

$$\approx 2.95.$$

习　题　8-3

1. 求下列函数的全微分:

(1) $z = \sqrt{\dfrac{x}{y}}$;

(2) $z = \tan(x^2 y)$;

(3) $z = \sqrt{\dfrac{ax + by}{ax - by}}$;

(4) $z = x^{y^2}$;

(5) $z = \arctan^2 \dfrac{x}{y}$.

2. 证明:

(1) $d(xy) = ydx + xdy$;

(2) $d\left(\dfrac{x}{y}\right) = \dfrac{ydx - xdy}{y^2}$.

3. 设 $u = \left(\dfrac{x}{y}\right)^{\frac{1}{z}}$, 求 $du\,\big|_{(1,1,1)}$.

4. 求函数 $z = \ln(1 + x^2 + y^2)$, 当 $x = 1$, $y = 2$ 时的全微分.

5. 求函数 $z = x^2 y^3$，当 $x = 2$，$y = -1$，$\Delta x = 0.02$，$\Delta y = -0.01$ 时的全微分.

6. 计算下列近似值：

(1) $10.1^{2.03}$；

(2) $\sqrt[3]{(2.02)^2 + (1.99)^2}$.

7. 已知边长 $x = 6$ m 与 $y = 8$ m 的矩形，求当 x 边增加 5 cm，y 边减少 10 cm 时，此矩形对角线变化的近似值.

第四节　多元复合函数与隐函数的求导

一、多元复合函数的求导法则

对于多元函数的复合函数，利用偏导数的定义，可以直接用一元函数的复合函数求导法求其偏导数. 但是对于一般的复合函数，建立相应的求导法则是非常重要的. 先讨论最简单的情形.

设 $z = f(u,v)$ 是自变量 u 和 v 的二元函数，而 $u = \varphi(x)$，$v = \psi(x)$ 是自变量 x 的一元函数，则 $z = f(\varphi(x),\psi(x))$ 是 x 的复合函数.

定理 1 设函数 $z = f(u,v)$ 可微，函数 $u = \varphi(x)$，$v = \psi(x)$ 可导，则复合函数 $z = f(\varphi(x),\psi(x))$ 对 x 可导，且有

$$\frac{\mathrm{d}z}{\mathrm{d}x} = \frac{\partial f}{\partial u}\frac{\mathrm{d}u}{\mathrm{d}x} + \frac{\partial f}{\partial v}\frac{\mathrm{d}v}{\mathrm{d}x} = \frac{\partial f}{\partial u}\varphi'(x) + \frac{\partial f}{\partial v}\psi'(x). \tag{1}$$

证 设对应于自变量改变量 Δx，中间变量 $u = \varphi(x)$ 和 $v = \psi(x)$ 的改变量分别为 Δu 和 Δv，进而函数 z 有改变量为 Δz. 因函数 $z = f(u,v)$ 可微，由定义有

$$\Delta z = \frac{\partial f}{\partial u}\Delta u + \frac{\partial f}{\partial v}\Delta v + \alpha(\rho)\rho, \tag{2}$$

其中，$\rho = \sqrt{(\Delta u)^2 + (\Delta v)^2}$，$\alpha(\rho)$ 为无穷小量（$\rho \to 0$ 时），将式（2）两端同除以 Δx，得

$$\frac{\Delta z}{\Delta x} = \frac{\partial f}{\partial u}\frac{\Delta u}{\Delta x} + \frac{\partial f}{\partial v}\frac{\Delta v}{\Delta x} + \alpha(\rho)\frac{\rho}{\Delta x}$$

$$= \frac{\partial f}{\partial u}\frac{\Delta u}{\Delta x} + \frac{\partial f}{\partial v}\frac{\Delta v}{\Delta x} + \alpha(\rho)\frac{|\Delta x|}{\Delta x}\sqrt{\left(\frac{\Delta u}{\Delta x}\right)^2 + \left(\frac{\Delta v}{\Delta x}\right)^2}.$$

因 $u = \varphi(x)$，$v = \psi(x)$ 可导，故 $\Delta x \to 0$ 时，$\rho \to 0$. 于是，在上式中令 $\Delta x \to 0$，可得

$$\frac{\mathrm{d}z}{\mathrm{d}x} = \frac{\partial f}{\partial u}\frac{\mathrm{d}u}{\mathrm{d}x} + \frac{\partial f}{\partial v}\frac{\mathrm{d}v}{\mathrm{d}x} = \frac{\partial f}{\partial u}\varphi'(x) + \frac{\partial f}{\partial v}\psi'(x).$$

如果将定理 1 中的函数 $u = \varphi(x)$，$v = \psi(x)$ 可导改为 $u = \varphi(x,y)$，$v = \psi(x,y)$ 在点 (x,y) 有偏导数，只要将 $\frac{\mathrm{d}u}{\mathrm{d}x}$，$\frac{\mathrm{d}v}{\mathrm{d}x}$ 分别改为 $\frac{\partial u}{\partial x}$，$\frac{\partial v}{\partial x}$ 即可得到

$$\frac{\partial z}{\partial x} = \frac{\partial f}{\partial u}\frac{\partial u}{\partial x} + \frac{\partial f}{\partial v}\frac{\partial v}{\partial x},$$

同样有

$$\frac{\partial z}{\partial y} = \frac{\partial f}{\partial u}\frac{\partial u}{\partial y} + \frac{\partial f}{\partial v}\frac{\partial v}{\partial y}$$

或记为

$$\frac{\partial z}{\partial x} = \frac{\partial z}{\partial u}\frac{\partial u}{\partial x} + \frac{\partial z}{\partial v}\frac{\partial v}{\partial x}, \tag{3}$$

$$\frac{\partial z}{\partial y} = \frac{\partial z}{\partial u}\frac{\partial u}{\partial y} + \frac{\partial z}{\partial v}\frac{\partial v}{\partial y}. \tag{4}$$

公式（1）还可以推广到复合函数的中间变量多于两个的情形. 例如，设 $z = f(u,v,w)$ 可微，$u = \varphi(x)$，$v = \psi(x)$，$w = \omega(x)$ 关于 x 可导，则有

$$\frac{\mathrm{d}z}{\mathrm{d}x} = \frac{\partial f}{\partial u}\varphi'(x) + \frac{\partial f}{\partial v}\psi'(x) + \frac{\partial f}{\partial w}\omega'(x). \tag{5}$$

例 1　设 $z = f(u,v) = \mathrm{e}^{u^2 v}$，其中 u 和 v 是中间变量，$u = 2x^2$，$v = \sin x$. 求 $\dfrac{\mathrm{d}z}{\mathrm{d}x}$.

解　先计算

$$\frac{\partial f}{\partial u} = \mathrm{e}^{u^2 v} 2uv, \quad \frac{\partial f}{\partial v} = \mathrm{e}^{u^2 v} u^2, \quad \frac{\mathrm{d}u}{\mathrm{d}x} = 4x, \quad \frac{\mathrm{d}v}{\mathrm{d}x} = \cos x.$$

利用公式（1）得到

$$\begin{aligned}\frac{\mathrm{d}z}{\mathrm{d}x} &= \frac{\partial f}{\partial u}\frac{\mathrm{d}u}{\mathrm{d}x} + \frac{\partial f}{\partial v}\frac{\mathrm{d}v}{\mathrm{d}x} = \mathrm{e}^{u^2 v}2uv\,4x + \mathrm{e}^{u^2 v}u^2\cos x \\ &= 4x^3 \mathrm{e}^{4x^4\sin x}(4\sin x + x\cos x). \end{aligned}$$

例 2　设 $z = u^2 \ln v$，而 $u = \dfrac{x}{y}$，$v = 3x - 2y$，求 $\dfrac{\partial z}{\partial x}$，$\dfrac{\partial z}{\partial y}$.

解　利用式（3），可得

$$\begin{aligned}\frac{\partial z}{\partial x} &= \frac{\partial z}{\partial u}\frac{\partial u}{\partial x} + \frac{\partial z}{\partial v}\frac{\partial v}{\partial x} \\ &= 2u\ln v \cdot \frac{1}{y} + \frac{u^2}{v}\cdot 3 = \frac{2x}{y^2}\ln(3x - 2y) + \frac{3x^2}{y^2(3x - 2y)}. \end{aligned}$$

再利用式（4），可得

$$\begin{aligned}\frac{\partial z}{\partial y} &= \frac{\partial z}{\partial u}\frac{\partial u}{\partial y} + \frac{\partial z}{\partial v}\frac{\partial v}{\partial y} \\ &= 2u\ln v \cdot \left(-\frac{x}{y^2}\right) + \frac{u^2}{v}\cdot(-2) = -\frac{2x^2}{y^3}\ln(3x - 2y) - \frac{-2x^2}{y^2(3x - 2y)}. \end{aligned}$$

例 3　设 $z = \dfrac{1}{2}\dfrac{y^2}{x} + \varphi(xy)$，$\varphi$ 为可微函数，求证 $x^2\dfrac{\partial z}{\partial x} - xy\dfrac{\partial z}{\partial y} + \dfrac{3}{2}y^2 = 0$.

证　因为

$$\frac{\partial z}{\partial x} = -\frac{y^2}{2x^2} + y\varphi'(xy), \quad \frac{\partial z}{\partial y} = \frac{y}{x} + x\varphi'(xy),$$

所以

$$x^2 \frac{\partial z}{\partial x} - xy \frac{\partial z}{\partial y} = x^2 \left[-\frac{y^2}{2x^2} + y\varphi'(xy) \right] - xy \left[\frac{y}{x} + x\varphi'(xy) \right]$$

$$= -\frac{y^2}{2} + x^2 y\varphi'(xy) - y^2 - x^2 y\varphi'(xy) = -\frac{3}{2} y^2,$$

即

$$x^2 \frac{\partial z}{\partial x} - xy \frac{\partial z}{\partial y} + \frac{3}{2} y^2 = 0.$$

例 4 设 $Q = f(x, xy, xyz)$，且 f 存在一阶连续偏导数，求函数 Q 的全部一阶偏导数.

解 设 $u = x$，$v = xy$，$w = xyz$，则 $Q = f(u, v, w)$. 我们用 f_1' 表示函数 $f(u, v, w)$ 对第一个变量 u 的偏导数，即 $f_1' = \frac{\partial f}{\partial u}$；类似地，记 $f_2' = \frac{\partial f}{\partial v}$，$f_3' = \frac{\partial f}{\partial w}$. 这种表示法不依赖于中间变量具体用什么符号表示，简洁且含义清楚，是偏导数运算中常用的一种表示法.

根据复合函数求导法则，可得

$$\frac{\partial Q}{\partial x} = \frac{\partial f}{\partial u} \frac{\partial u}{\partial x} + \frac{\partial f}{\partial v} \frac{\partial v}{\partial x} + \frac{\partial f}{\partial w} \frac{\partial w}{\partial x} = f_1' + yf_2' + yzf_3',$$

$$\frac{\partial Q}{\partial y} = \frac{\partial f}{\partial u} \frac{\partial u}{\partial y} + \frac{\partial f}{\partial v} \frac{\partial v}{\partial y} + \frac{\partial f}{\partial w} \frac{\partial w}{\partial y} = xf_2' + xzf_3',$$

$$\frac{\partial Q}{\partial z} = \frac{\partial f}{\partial u} \frac{\partial u}{\partial z} + \frac{\partial f}{\partial v} \frac{\partial v}{\partial z} + \frac{\partial f}{\partial w} \frac{\partial w}{\partial z} = xyf_3'.$$

例 5 设 $z = f(xy, x^2 - y^2)$，f 具有二阶连续偏导数，求 $\frac{\partial z}{\partial x}$，$\frac{\partial^2 z}{\partial x^2}$ 及 $\frac{\partial^2 z}{\partial x \partial y}$.

解 令 $u = xy$，$v = x^2 - y^2$，则函数由 $z = f(u, v)$ 复合而成. 类似的，我们记 $f_{11}'' = \frac{\partial^2 f}{\partial u^2}$，$f_{12}'' = \frac{\partial^2 f}{\partial u \partial v}$，$f_{22}'' = \frac{\partial^2 f}{\partial v^2}$ 等. 根据复合函数求导法则，有

$$\frac{\partial z}{\partial x} = \frac{\partial f}{\partial u} \frac{\partial u}{\partial x} + \frac{\partial f}{\partial v} \frac{\partial v}{\partial x} = yf_1' + 2xf_2',$$

$$\frac{\partial^2 z}{\partial x^2} = y(f_1')_x' + 2f_2' + 2x(f_2')_x'$$

$$= 2f_2' + y(yf_{11}'' + 2xf_{12}'') + 2x(yf_{21}'' + 2xf_{22}'').$$

由于 f 具有二阶连续偏导数，所以 $f_{12}'' = f_{21}''$. 因此

$$\frac{\partial^2 z}{\partial x^2} = 2f_2' + y^2 f_{11}'' + 4xy f_{21}'' + 4x^2 f_{22}''.$$

同样

$$\frac{\partial^2 z}{\partial x \partial y} = f_1' + y(f_1')_y' + 2x(f_2')_y'$$

$$=f_1' + y(xf_{11}'' - 2yf_{12}'') + 2x(xf_{21}'' - 2yf_{22}'')$$
$$=f_1' + xyf_{11}'' + 2(x^2 - y^2)f_{12}'' - 4xyf_{22}''.$$

最后,利用多元复合函数求导公式,可以证明多元函数全微分的一个重要性质——全微分形式的不变性.

设函数 $z = f(x,y)$ 可微,当 x,y 为自变量时,有全微分公式

$$dz = \frac{\partial z}{\partial x}dx + \frac{\partial z}{\partial y}dy;$$

当 $x = x(s,t)$,$y = y(s,t)$ 为可微函数时,对复合函数 $z = f[x(s,t),y(s,t)]$ 仍有全微分公式:

$$dz = \frac{\partial z}{\partial x}dx + \frac{\partial z}{\partial y}dy.$$

事实上,由复合函数求导法则,有

$$\frac{\partial z}{\partial s} = \frac{\partial z}{\partial x}\frac{\partial x}{\partial s} + \frac{\partial z}{\partial y}\frac{\partial y}{\partial s},$$

$$\frac{\partial z}{\partial t} = \frac{\partial z}{\partial x}\frac{\partial x}{\partial t} + \frac{\partial z}{\partial y}\frac{\partial y}{\partial t}.$$

于是,由全微分定义可得

$$dz = \frac{\partial z}{\partial s}ds + \frac{\partial z}{\partial t}dt$$
$$= \left(\frac{\partial z}{\partial x}\frac{\partial x}{\partial s} + \frac{\partial z}{\partial y}\frac{\partial y}{\partial s}\right)ds + \left(\frac{\partial z}{\partial x}\frac{\partial x}{\partial t} + \frac{\partial z}{\partial y}\frac{\partial y}{\partial t}\right)dt$$
$$= \frac{\partial z}{\partial x}\left(\frac{\partial x}{\partial s}ds + \frac{\partial x}{\partial t}dt\right) + \frac{\partial z}{\partial y}\left(\frac{\partial y}{\partial s}ds + \frac{\partial y}{\partial t}dt\right)$$
$$= \frac{\partial z}{\partial x}dx + \frac{\partial z}{\partial y}dy.$$

全微分形式不变性表明,对于函数 $z = f(x,y)$,无论 x,y 是中间变量还是自变量,其全微分公式 $dz = \frac{\partial z}{\partial x}dx + \frac{\partial z}{\partial y}dy$ 总成立.

例 6 利用全微分形式不变性求 $z = x\ln(x^2 + 2y^2)$ 的偏导数.

解 $dz = \ln(x^2 + 2y^2)dx + xd[\ln(x^2 + 2y^2)]$
$$= \ln(x^2 + 2y^2)dx + \frac{x}{x^2 + 2y^2}d(x^2 + 2y^2)$$
$$= \ln(x^2 + 2y^2)dx + \frac{x(2xdx + 4ydy)}{x^2 + 2y^2}$$
$$= \left[\ln(x^2 + 2y^2) + \frac{2x^2}{x^2 + 2y^2}\right]dx + \frac{4xy}{x^2 + 2y^2}dy.$$

另一方面, $dz = \frac{\partial z}{\partial x}dx + \frac{\partial z}{\partial y}dy$,比较微分前面的系数即得

$$\frac{\partial z}{\partial x} = \ln(x^2 + 2y^2) + \frac{2x^2}{x^2 + 2y^2}, \quad \frac{\partial z}{\partial y} = \frac{4xy}{x^2 + 2y^2}.$$

二、由方程确定的隐函数的偏导数

在一元函数情形中,曾经引入了隐函数的概念,并且给出直接由方程

$$F(x, y) = 0 \tag{6}$$

求其所确定的函数导数的方法. 下面将给出由方程(6)确定隐函数的隐函数存在性定理,并通过复合函数的求导法则建立一元和二元隐函数的求导公式.

隐函数存在定理 1　设函数 $F(x, y)$ 在点 (x_0, y_0) 的某一邻域内具有连续的偏导数,且 $F(x_0, y_0) = 0$, $F_y(x_0, y_0) \neq 0$,则方程 $F(x, y) = 0$ 在点 (x_0, y_0) 的某一邻域内恒能唯一确定一个单值连续且具有连续导数的函数 $y = f(x)$,它满足条件 $y_0 = f(x_0)$,并有

$$\frac{\mathrm{d}y}{\mathrm{d}x} = -\frac{F_x}{F_y}. \tag{7}$$

隐函数的存在性证明从略,下面仅给出公式(7)的推导.

因 $y = f(x)$ 是由 $F(x, y) = 0$ 确定的隐函数,故有恒等式 $F[x, f(x)] \equiv 0$. 利用复合函数的求导法则,在该等式两端同时对 x 求导,得

$$\frac{\partial F}{\partial x} + \frac{\partial F}{\partial y}\frac{\mathrm{d}y}{\mathrm{d}x} = 0. \tag{8}$$

由于 F_y 连续,且 $F_y(x_0, y_0) \neq 0$,所以存在点 (x_0, y_0) 的一个邻域,在这个邻域内 $F_y \neq 0$,于是从式(8)中解出 $\dfrac{\mathrm{d}y}{\mathrm{d}x}$ 即得公式(7).

例7　求由方程 $y - x\mathrm{e}^y + x = 0$ 所确定的函数 $y = f(x)$ 的导数 $\dfrac{\mathrm{d}y}{\mathrm{d}x}$.

解一　直接在方程中对 x 求导,注意到 y 是 x 的函数,得

$$y' - \mathrm{e}^y - x\mathrm{e}^y y' + 1 = 0,$$

解得

$$\frac{\mathrm{d}y}{\mathrm{d}x} = \frac{\mathrm{e}^y - 1}{1 - x\mathrm{e}^y}.$$

解二　设 $F(x, y) = y - x\mathrm{e}^y + x$,则

$$\frac{\partial F}{\partial x} = -\mathrm{e}^y + 1, \quad \frac{\partial F}{\partial y} = 1 - x\mathrm{e}^y.$$

于是,由公式(7)得

$$\frac{\mathrm{d}y}{\mathrm{d}x} = -\frac{-\mathrm{e}^y + 1}{1 - x\mathrm{e}^y} = \frac{\mathrm{e}^y - 1}{1 - x\mathrm{e}^y}.$$

类似地,对于由方程 $F(x, y, z) = 0$ 确定二元函数 $z = f(x, y)$ 的情形,有下列结论.

隐函数存在定理 2 设函数 $F(x,y,z)$ 在点 (x_0,y_0,z_0) 的某一邻域内具有连续的偏导数,且 $F(x_0,y_0,z_0)=0$, $F_z(x_0,y_0,z_0)\neq0$,则方程 $F(x,y,z)=0$ 在点 (x_0,y_0,z_0) 的某一邻域内恒能唯一确定一个单值连续且具有连续偏导数的函数 $z=f(x,y)$,它满足条件 $z_0=f(x_0,y_0)$,并有

$$\frac{\partial z}{\partial x}=-\frac{F_x}{F_z}, \quad \frac{\partial z}{\partial y}=-\frac{F_y}{F_z}. \tag{9}$$

为得到求导公式(9),在恒等式 $F(x,y,f(x,y))\equiv0$ 两端分别对 x 和 y 求导,得

$$F_x+F_z\frac{\partial z}{\partial x}=0, \quad F_y+F_z\frac{\partial z}{\partial y}=0. \tag{10}$$

因为 F_z 连续,且 $F_z(x_0,y_0,z_0)\neq0$,所以存在点 (x_0,y_0,z_0) 的一个邻域,在这个邻域内 $F_z\neq0$,于是从公式(10)中解出 $\frac{\partial z}{\partial x}$ 和 $\frac{\partial z}{\partial y}$,即得公式(9).

例 8 设方程 $x^2+y^2+z^2-4z=0$ 确定了函数 $z=z(x,y)$,求 $\frac{\partial z}{\partial x}\Big|_{(0,\sqrt{3},1)}$,$\frac{\partial z}{\partial y}\Big|_{(0,\sqrt{3},1)}$.

解 令 $F(x,y,z)=x^2+y^2+z^2-4z$,则

$$F_x=2x, \quad F_y=2y, \quad F_z=2z-4.$$

利用式(9)得

$$\frac{\partial z}{\partial x}\Big|_{(0,\sqrt{3},1)}=-\frac{F_x}{F_z}\Big|_{(0,\sqrt{3},1)}=\frac{x}{2-z}\Big|_{(0,\sqrt{3},1)}=0,$$

$$\frac{\partial z}{\partial y}\Big|_{(0,\sqrt{3},1)}=-\frac{F_y}{F_z}\Big|_{(0,\sqrt{3},1)}=\frac{y}{2-z}\Big|_{(0,\sqrt{3},1)}=\sqrt{3}.$$

三、由方程组确定的隐函数的偏导数

我们还常常会遇到由方程组确定的隐函数,为此,需要将隐函数存在定理进行推广. 我们不仅增加方程中变量的个数,同时还增加方程的个数,例如考虑方程组

$$\begin{cases} F(x,y,u,v)=0, \\ G(x,y,u,v)=0. \end{cases} \tag{11}$$

这四个变量中,有两个变量比如 x,y 可作为自变量独立变化. 因此,方程组就可确定两个二元函数 $u=u(x,y)$, $v=v(x,y)$.

隐函数存在定理 3 设函数 $F(x,y,u,v)$ 和 $G(x,y,u,v)$ 在点 $P(x_0,y_0,u_0,v_0)$ 的邻域内具有连续的偏导数,又 $F(x_0,y_0,u_0,v_0)=0$, $G(x_0,y_0,u_0,v_0)=0$,由偏导数所组成的函数行列式(或称为雅可比(Jacobi)式)

$$J = \frac{\partial(F,G)}{\partial(u,v)} = \begin{vmatrix} F_u & F_v \\ G_u & G_v \end{vmatrix}$$

在点 P 不等于零,则方程组(11)在点 P 的某一邻域内能唯一确定一组连续且具有偏导数的函数 $u = u(x,y)$, $v = v(x,y)$,满足条件 $u_0 = u(x_0,y_0)$, $v_0 = v(x_0,y_0)$,并有

$$\frac{\partial u}{\partial x} = -\frac{1}{J}\frac{\partial(F,G)}{\partial(x,v)},$$

$$\frac{\partial v}{\partial x} = -\frac{1}{J}\frac{\partial(F,G)}{\partial(u,x)},$$

$$\frac{\partial u}{\partial y} = -\frac{1}{J}\frac{\partial(F,G)}{\partial(y,v)}, \qquad (12)$$

$$\frac{\partial v}{\partial y} = -\frac{1}{J}\frac{\partial(F,G)}{\partial(u,y)}.$$

这里

$$\frac{\partial(F,G)}{\partial(x,v)} = \begin{vmatrix} F_x & F_v \\ G_x & G_v \end{vmatrix}, \quad \frac{\partial(F,G)}{\partial(u,x)} = \begin{vmatrix} F_u & F_x \\ G_u & G_x \end{vmatrix}, \quad \frac{\partial(F,G)}{\partial(y,v)} = \begin{vmatrix} F_y & F_v \\ G_y & G_v \end{vmatrix}, \quad \frac{\partial(F,G)}{\partial(u,y)} = \begin{vmatrix} F_u & F_y \\ G_u & G_y \end{vmatrix}.$$

定理证明略,仅对公式(12)进行推导.

由方程(11)知,

$$F[x,y,u(x,y),v(x,y)] \equiv 0,$$
$$G[x,y,u(x,y),v(x,y)] \equiv 0.$$

将恒等式两端对 x 求偏导,注意到 u,v 均是 x,y 的函数,应用多元复合函数求导法则,得

$$\begin{cases} F_x + F_u\dfrac{\partial u}{\partial x} + F_v\dfrac{\partial v}{\partial x} = 0, \\ G_x + G_u\dfrac{\partial u}{\partial x} + G_v\dfrac{\partial v}{\partial x} = 0. \end{cases}$$

这是关于 $\dfrac{\partial u}{\partial x}$, $\dfrac{\partial v}{\partial x}$ 的线性方程组,由假设可知在点 P 的一个邻域内系数行列式

$$J = \begin{vmatrix} F_u & F_v \\ G_u & G_v \end{vmatrix} \neq 0,$$

从而可解出 $\dfrac{\partial u}{\partial x}$, $\dfrac{\partial v}{\partial x}$,也就是式(12)的前两式成立.

同理,将恒等式两端对 y 求偏导可得式(12)的后两式成立.

在处理实际问题时可采用式(12)求偏导,也可采用方程组两端直接求导的方法.

例 9 设函数 $u = u(x,y)$ 和 $v = v(x,y)$ 由方程组 $xu - yv = 0$, $yu + xv = 1$ 确定,求 $\dfrac{\partial u}{\partial x}$, $\dfrac{\partial v}{\partial x}$.

解 记 $F(x,y,u,v) = xu - yv, G(x,y,u,v) = yu + xv - 1$,则

$$J = \frac{\partial(F,G)}{\partial(u,v)} = \begin{vmatrix} x & -y \\ y & x \end{vmatrix} = x^2 + y^2,$$

$$\frac{\partial(F,G)}{\partial(x,v)} = \begin{vmatrix} u & -y \\ v & x \end{vmatrix} = xu + yv,$$

$$\frac{\partial(F,G)}{\partial(u,x)} = \begin{vmatrix} x & u \\ y & v \end{vmatrix} = xv - uy,$$

在 $x^2 + y^2 \neq 0$ 的条件下,利用公式(12)得

$$\frac{\partial u}{\partial x} = -\frac{xu + yv}{x^2 + y^2}, \quad \frac{\partial v}{\partial x} = \frac{yu - xv}{x^2 + y^2}.$$

例 10 设方程组 $\begin{cases} u^2 + v^2 - x^2 - y = 0, \\ -u + v - xy + 1 = 0, \end{cases}$ 确定函数 $x = x(u,v)$ 和 $y = y(u,v)$,求 $\frac{\partial x}{\partial u}, \frac{\partial y}{\partial u}$.

解 方程组两端对 u 求偏导数,得

$$\begin{cases} 2u - 2x \dfrac{\partial x}{\partial u} - \dfrac{\partial y}{\partial u} = 0, \\[2mm] -1 - y \dfrac{\partial x}{\partial u} - x \dfrac{\partial y}{\partial u} = 0. \end{cases}$$

将第一个方程两端乘以 y,第二个方程两端乘以 $-2x$,再将两个方程相加,即可解得

$$\frac{\partial y}{\partial u} = -\frac{2x + 2yu}{2x^2 - y}.$$

再将求得的 $\dfrac{\partial y}{\partial u}$ 代入第一个方程,解得

$$\frac{\partial x}{\partial u} = \frac{2xu + 1}{2x^2 - y}.$$

有时方程组(11)中只有三个变量,例如考虑方程组

$$\begin{cases} F(x,y,z) = 0, \\ G(x,y,z) = 0. \end{cases} \tag{13}$$

这时,在三个变量中,一般只能有一个自变量如 x 独立变化,另外两个变量就是 x 的一元函数 $y = y(x), z = z(x)$. 此时有

$$\frac{\mathrm{d}y}{\mathrm{d}x} = -\frac{1}{J} \frac{\partial(F,G)}{\partial(x,z)} = -\frac{1}{J} \begin{vmatrix} F_x & F_z \\ G_x & G_z \end{vmatrix},$$

$$\frac{\mathrm{d}z}{\mathrm{d}x} = -\frac{1}{J} \frac{\partial(F,G)}{\partial(y,x)} = -\frac{1}{J} \begin{vmatrix} F_y & F_x \\ G_y & G_x \end{vmatrix}, \tag{14}$$

其中, $J = \dfrac{\partial(F,G)}{\partial(y,z)} = \begin{vmatrix} F_y & F_z \\ G_y & G_z \end{vmatrix} \neq 0$. 但更多的是用对方程组直接求导的方法.

例 11 求由方程组 $x^2 + y^2 + z^2 = 6, x + y + z = 0$ 确定的函数 $y = y(x), z = z(x)$ 的导数 $\dfrac{\mathrm{d}y}{\mathrm{d}x}, \dfrac{\mathrm{d}z}{\mathrm{d}x}$.

解 将所给方程的两端对 x 求导并移项, 得

$$\begin{cases} y\dfrac{\mathrm{d}y}{\mathrm{d}x} + z\dfrac{\mathrm{d}z}{\mathrm{d}x} = -x, \\ \dfrac{\mathrm{d}y}{\mathrm{d}x} + \dfrac{\mathrm{d}z}{\mathrm{d}x} = -1, \end{cases}$$

解得

$$\dfrac{\mathrm{d}y}{\mathrm{d}x} = \dfrac{z-x}{y-z}, \quad \dfrac{\mathrm{d}z}{\mathrm{d}x} = \dfrac{y-x}{z-y}.$$

习 题 8-4

1. 求下列复合函数的导数:

(1) 设 $z = \arctan(xy)$, 而 $y = \mathrm{e}^x$, 求 $\dfrac{\mathrm{d}z}{\mathrm{d}x}$;

(2) 设 $z = \dfrac{x}{y}, x = ct, y = \ln t$, 求 $\dfrac{\mathrm{d}z}{\mathrm{d}t}$ (c 为常数);

(3) 设 $z = u^3 v + v^3 u, u = x\cos y, v = x\sin y$, 求 $\dfrac{\partial z}{\partial x}, \dfrac{\partial z}{\partial y}$;

(4) 设 $z = \mathrm{e}^u \sin v, u = xy, v = x + y$, 求 $\dfrac{\partial z}{\partial x}, \dfrac{\partial z}{\partial y}$;

(5) 设 $z = u^3, u = y^x$, 求 $\dfrac{\partial z}{\partial x}, \dfrac{\partial z}{\partial y}$;

(6) 设 $z = \sqrt{v}\ln u, u = \dfrac{x}{y}, v = x^2 + 2y^2$, 求 $\dfrac{\partial z}{\partial x}, \dfrac{\partial z}{\partial y}$.

2. 设 $z = \arctan\dfrac{x}{y}$, 而 $x = u + v, y = u - v$, 验证 $\dfrac{\partial z}{\partial u} + \dfrac{\partial z}{\partial v} = \dfrac{u-v}{u^2 + v^2}$.

3. 设 $z = xy + xf(u), u = \dfrac{y}{x}, f(u)$ 可导, 试证 $x\dfrac{\partial z}{\partial x} + y\dfrac{\partial z}{\partial y} = xy + z$.

4. 设函数 $z = f(x^2 + y^2)$, f 有连续的导数, 证明 $y\dfrac{\partial z}{\partial x} - x\dfrac{\partial z}{\partial y} = 0$.

5. 设 f 可微, 求下列函数的一阶偏导数:

(1) $w = f(x^2 - y^2, \mathrm{e}^{xy})$; (2) $z = f\left(x, \dfrac{x}{y}\right) + y\varphi(x^2 - y^2)$.

*6. 设 $f(u,v)$ 具有二阶连续偏导数,求下列函数的偏导数 $\dfrac{\partial^2 z}{\partial x^2}, \dfrac{\partial^2 z}{\partial x \partial y}, \dfrac{\partial^2 z}{\partial y^2}$:

(1) $z = f(xy, y)$;   (2) $z = x^2 f\left(\dfrac{y}{x}\right)$.

7. 设 $w = f(x-y, y-z, t-z)$,函数 $f(u,v,s)$ 有连续的偏导数,证明 $\dfrac{\partial w}{\partial x} + \dfrac{\partial w}{\partial y} + \dfrac{\partial w}{\partial z} + \dfrac{\partial w}{\partial t} = 0$.

8. 设函数 $y = y(x)$ 由方程 $\sin y + e^x - xy^2 = 0$ 确定,试求 $\dfrac{\mathrm{d}y}{\mathrm{d}x}$.

9. 设 $z = z(x,y)$ 由方程 $x + y^2 + z^3 - xy = 2z$ 确定,试求 $\dfrac{\partial z}{\partial x}, \dfrac{\partial z}{\partial y}$.

10. 设 $z = z(x,y)$ 由方程 $x^3 + y^3 + z^3 + 6xyz = 1$ 确定,试求 $\dfrac{\partial z}{\partial x}, \dfrac{\partial z}{\partial y}$.

11. 设 $z = z(x,y)$ 由方程 $e^z = xyz$ 确定,试求 $\dfrac{\partial z}{\partial x}, \dfrac{\partial z}{\partial y}$.

12. 设 $z = z(x,y)$ 由方程 $x = e^{yz} + z^2$ 确定,试求 $\mathrm{d}z$.

13. 设 $z = z(x,y)$ 由方程 $z^5 - xz^4 + yz^3 = 1$ 确定,试求 $\dfrac{\partial z}{\partial x}\bigg|_{(0,0)}$.

14. 求由方程组所确定的函数的导数或偏导数:

(1) 设 $\begin{cases} x^2 + y^2 + z^2 = 4, \\ (x-1)^2 + y^2 = 1, \end{cases}$ 求 $\dfrac{\mathrm{d}y}{\mathrm{d}x}\bigg|_{(1,1,\sqrt{2})}, \dfrac{\mathrm{d}z}{\mathrm{d}x}\bigg|_{(1,1,\sqrt{2})}$;

(2) 设 $\begin{cases} e^u + u\sin v - x = 0, \\ e^u - u\cos v - y = 0, \end{cases}$ 求 $\dfrac{\partial u}{\partial x}, \dfrac{\partial u}{\partial y}, \dfrac{\partial v}{\partial x}, \dfrac{\partial v}{\partial y}$.

15. 1 mol 理想气体的压强 $P(\text{kPa})$、体积 $V(\text{L})$ 和温度 $T(\text{K})$ 由方程 $PV = 8.31T$ 给出,当温度为 300 K,以 0.1 K/s 速率增加,体积为 100 L,以 0.2 L/s 速率增加时,求压力的变化速率.

16. 在一个由 n 个电阻 $R_1, R_2, \cdots R_n$ 并联产生的电路中,总电阻 R 和各电阻有如下关系

$$\frac{1}{R} = \frac{1}{R_1} + \frac{1}{R_2} + \cdots + \frac{1}{R_n},$$

证明电阻 R 和各电阻 $R_1, R_2, \cdots, R_n$ 满足方程

$$R_1^2 \frac{\partial R}{\partial R_1} + R_2^2 \frac{\partial R}{\partial R_2} + \cdots + R_n^2 \frac{\partial R}{\partial R_n} = nR^2.$$

第五节　多元函数微分学在几何上的应用

在一元函数微分学中,平面曲线的切线是用割线的极限定义的,即用导数定义曲线的切线的斜率. 对于空间的曲线与曲面,同样可利用偏导数讨论相应的几何问题.

一、空间曲线的切线和法平面
设空间曲线 Γ 的参数方程是

$$\begin{cases} x = x(t), \\ y = y(t), \\ z = z(t). \end{cases} \tag{1}$$

这些函数均是可导函数,且导数不全为零.

考虑曲线 Γ 上对应于 $t = t_0$ 的点 $M(x_0, y_0, z_0)$ 及对应于 $t = t_0 + \Delta t$ 的邻近一点 $M'(x_0 + \Delta x, y_0 + \Delta y, z_0 + \Delta z)$. 根据直线的两点式方程,曲线 Γ 的割线 MM' 的方程是

$$\frac{x - x_0}{\Delta x} = \frac{y - y_0}{\Delta y} = \frac{z - z_0}{\Delta z}.$$

当 M' 沿着 Γ 趋于 M 时,割线 MM' 的极限位置 MT 就是曲线 Γ 在点 M 处的切线(见图 8-9).用 Δt 除上式的各分母,得

$$\frac{x - x_0}{\dfrac{\Delta x}{\Delta t}} = \frac{y - y_0}{\dfrac{\Delta y}{\Delta t}} = \frac{z - z_0}{\dfrac{\Delta z}{\Delta t}}.$$

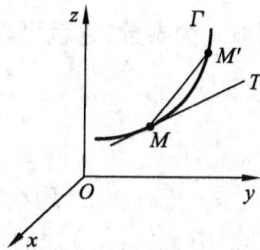

图 8-9

令 $M' \to M$(这时 $\Delta t \to 0$),通过对上式取极限,即得曲线 Γ 在点 M 处的切线方程为

$$\frac{x - x_0}{x'(t_0)} = \frac{y - y_0}{y'(t_0)} = \frac{z - z_0}{z'(t_0)}. \tag{2}$$

如果式(2)中的分母中有一项或两项为零,则应按空间解析几何中有关直线对称式方程的说明理解.

切线的方向向量称为曲线的切向量.由切线方程(2)知,向量 $\boldsymbol{T} = (x'(t_0), y'(t_0), z'(t_0))$ 是曲线 Γ 在点 M 处的一个切向量.

通过点 M 并与切线垂直的平面称为曲线 Γ 在点 M 处的法平面,法平面的法向量即为切线的方向向量 T,因此该法平面的方程为

$$x'(t_0)(x - x_0) + y'(t_0)(y - y_0) + z'(t_0)(z - z_0) = 0. \tag{3}$$

例 1 求螺旋线 $x = a\cos t, y = a\sin t, z = kt (a \neq 0, k \neq 0)$ 在 $t = \dfrac{\pi}{2}$ 处对应的点的切线和法平面方程.

解 螺旋线上 $t = \dfrac{\pi}{2}$ 对应的点为 $\left(0, a, \dfrac{\pi}{2}k\right)$,该点的切向量

$$\boldsymbol{T} = ((a\cos t)', (a\sin t)', (kt)') \Big|_{t = \frac{\pi}{2}} = (-a, 0, k),$$

故所求切线方程是

$$\frac{x}{-a} = \frac{y - a}{0} = \frac{z - \dfrac{\pi}{2}k}{k},$$

即

$$\begin{cases} y = a, \\ z = k\left(\dfrac{\pi}{2} - \dfrac{x}{a}\right). \end{cases}$$

而法平面方程是

$$-ax + k\left(z - \dfrac{\pi}{2}k\right) = 0.$$

如果空间曲线 Γ 的方程为

$$\begin{cases} y = y(x), \\ z = z(x), \end{cases}$$

则取 x 为参数,它就可以表示为参数方程的形式

$$\begin{cases} x = x, \\ y = y(x), \\ z = z(x). \end{cases}$$

若 $y(x), z(x)$ 均在 $x = x_0$ 处可导,那么切向量 $\boldsymbol{T} = (1, y'(x_0), z'(x_0))$,曲线 Γ 在点 $M(x_0, y_0, z_0)$ 处的切线方程为

$$\frac{x - x_0}{1} = \frac{y - y_0}{y'(x_0)} = \frac{z - z_0}{z'(x_0)}. \tag{4}$$

在点 $M(x_0, y_0, z_0)$ 处的法平面方程为

$$(x - x_0) + y'(x_0)(y - y_0) + z'(x_0)(z - z_0) = 0. \tag{5}$$

如果空间曲线 Γ 的方程为

$$\begin{cases} F(x, y, z) = 0, \\ G(x, y, z) = 0, \end{cases} \tag{6}$$

$M(x_0, y_0, z_0)$ 是曲线 Γ 上的一个点,设由方程组(6)在点 M 的某邻域内确定了一组函数 $y = y(x), z = z(x)$,则 $y'(x_0), z'(x_0)$ 可用第五节方程组确定的隐函数的求导方法求得. 这时曲线 Γ 上点 M 处的切向量即为 $\boldsymbol{T} = (1, y'(x_0), z'(x_0))$,再用式(4)、式(5)给出曲线 Γ 上点 $M(x_0, y_0, z_0)$ 的切线和法平面.

例 2 求曲线 $x^2 + y^2 + z^2 = 6, x + y + z = 0$ 在点 $(1, -2, 1)$ 处的切线及法平面方程.

解 由上一节例 11 解得

$$\frac{\mathrm{d}y}{\mathrm{d}x} = \frac{z - x}{y - z}, \quad \frac{\mathrm{d}z}{\mathrm{d}x} = \frac{y - x}{z - y}.$$

所以

$$\frac{\mathrm{d}y}{\mathrm{d}x}\bigg|_{(1, -2, 1)} = 0, \quad \frac{\mathrm{d}z}{\mathrm{d}x}\bigg|_{(1, -2, 1)} = -1.$$

由此得切向量

$$T = (1, 0, -1),$$

故所求切线方程为

$$\frac{x-1}{1} = \frac{y+2}{0} = \frac{z-1}{-1},$$

法平面方程为

$$(x-1) + 0 \cdot (y+2) - (z-1) = 0,$$

即

$$x - z = 0.$$

二、曲面的切平面与法线

设曲面 Σ 的方程为

$$F(x,y,z) = 0, \tag{7}$$

$M(x_0,y_0,z_0)$ 是曲面 Σ 上的一点,并设函数 $F(x,y,z)$ 的偏导数在该点连续且不同时为零.

在曲面 Σ 上,通过点 M 任意引一条曲线 Γ (见图 8-10),假定曲线 Γ 的参数方程为

$$x = x(t), \; y = y(t), \; z = z(t), \; t = t_0,$$

对应于点 $M(x_0,y_0,z_0)$,且 $x'(t_0), y'(t_0), z'(t_0)$ 不全为零,则由式(2)可得该曲线的切线方程为

$$\frac{x-x_0}{x'(t_0)} = \frac{y-y_0}{y'(t_0)} = \frac{z-z_0}{z'(t_0)}.$$

下面将证明,在曲面 Σ 上通过点 M 且在点 M 处具有切线的任何曲线,它们在点 M 处的切

图 8-10

线都在同一个平面上. 事实上,因为曲线 Γ 完全在曲面 Σ 上,所以有恒等式

$$F[x(t), y(t), z(t)] \equiv 0,$$

又因 $F(x,y,z)$ 在点 (x_0,y_0,z_0) 处有连续偏导数,且 $x'(t_0), y'(t_0), z'(t_0)$ 存在,所以该恒等式两端对 t 求导,得

$$\left.\frac{\mathrm{d}F}{\mathrm{d}t}\right|_{t=t_0} = 0,$$

即

$$F_x(x_0,y_0,z_0)x'(t_0) + F_y(x_0,y_0,z_0)y'(t_0) + F_z(x_0,y_0,z_0)z'(t_0) = 0. \tag{8}$$

引入向量

$$\boldsymbol{n} = (F_x(x_0,y_0,z_0), F_y(x_0,y_0,z_0), F_z(x_0,y_0,z_0)),$$

则式(8)表示曲线 Γ 在点 M 处的切向量

$$\boldsymbol{T} = (x'(t_0), y'(t_0), z'(t_0))$$

与向量 $\boldsymbol{n}$ 垂直. 因为曲线 Γ 是曲面上通过点 M 的任意一条曲线,它们在点 M 的切

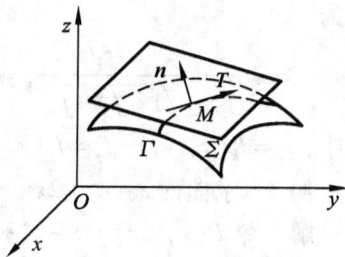

线都与同一个向量 $\boldsymbol{n}$ 垂直,所以曲面上通过点 M 的一切曲线在点 M 的切线都在同一个平面上(见图 8-10). 这个平面称为曲面 Σ 在点 M 的切平面. 其方程是

$$F_x(x_0,y_0,z_0)(x-x_0) + F_y(x_0,y_0,z_0)(y-y_0) + F_z(x_0,y_0,z_0)(z-z_0) = 0. \quad (9)$$

通过点 $M(x_0,y_0,z_0)$ 而垂直于切平面(9)的直线称为曲面在该点的法线. 其方程是

$$\frac{x-x_0}{F(x_0,y_0,z_0)} = \frac{y-y_0}{F_y(x_0,y_0,z_0)} = \frac{z-z_0}{F_z(x_0,y_0,z_0)}. \quad (10)$$

垂直于曲面的切平面的向量称为曲面的法向量. 向量

$$\boldsymbol{n} = (F_x(x_0,y_0,z_0), F_y(x_0,y_0,z_0), F_z(x_0,y_0,z_0))$$

就是曲面 Σ 在点 M 处的一个法向量.

当曲面由函数 $z = f(x,y)$ 表示时,只要令 $F(x,y,z) = z - f(x,y)$,即可应用上述结果. 此时,曲面的法向量为 $(-f_x(x_0,y_0), -f_y(x_0,y_0), 1)$. 设 α,β,γ 表示曲面的法向量的方向角,且假定法向量和 z 轴正向的夹角 γ 为锐角,则法向量的方向余弦为

$$\cos\alpha = \frac{-f_x}{\sqrt{1+f_x^2+f_y^2}}, \quad \cos\beta = \frac{-f_y}{\sqrt{1+f_x^2+f_y^2}}, \quad \cos\gamma = \frac{1}{\sqrt{1+f_x^2+f_y^2}},$$

其中, $f_x = f_x(x_0,y_0)$, $f_y = f_y(x_0,y_0)$.

例3 求曲面 $z - e^z + 2xy = 3$ 在点 $(1,2,0)$ 处的切平面及法线方程.

解 令 $F(x,y,z) = z - e^z + 2xy - 3$,则

$$F_x\Big|_{(1,2,0)} = 2y\Big|_{(1,2,0)} = 4,$$

$$F_y\Big|_{(1,2,0)} = 2x\Big|_{(1,2,0)} = 2,$$

$$F_z\Big|_{(1,2,0)} = 1 - e^z\Big|_{(1,2,0)} = 0.$$

故切平面方程为

$$4(x-1) + 2(y-2) + 0 \cdot (z-0) = 0,$$

即

$$2x + y - 4 = 0,$$

法线方程为

$$\frac{x-1}{2} = \frac{y-2}{1} = \frac{z-0}{0}.$$

例4 求曲面 $x^2 + 2y^2 + 3z^2 = 21$ 上平行于平面 $x + 4y + 6z = 0$ 的切平面方程.

解 设 (x_0,y_0,z_0) 为曲面上的切点,则切平面方程为

$$2x_0(x-x_0) + 4y_0(y-y_0) + 6z_0(z-z_0) = 0.$$

依题意,切平面方程平行于已知平面,因此

$$\frac{2x_0}{1} = \frac{4y_0}{4} = \frac{6z_0}{6},$$

解得

$$2x_0 = y_0 = z_0.$$

因为 (x_0,y_0,z_0) 是曲面上的切点,故此关系代入曲面方程,解得 $x_0 = \pm 1$,于是所求切点为 $(1,2,2)$ 和 $(-1,-2,-2)$.对应的切平面方程分别是

$$2(x-1) + 8(y-2) + 12(z-2) = 0,$$
$$-2(x+1) - 8(y+2) - 12(z+2) = 0.$$

即

$$x + 4y + 6z = 21,\ x + 4y + 6z = -21.$$

习　题　8-5

1. 设曲线 $x = \cos t, y = \sin t, z = \tan\dfrac{t}{2}$ 在点 $(0,1,1)$ 的一个切向量与 Ox 轴正向的夹角为锐角,求此向量与 Oz 轴正向的夹角.

2. 求曲面 $z = \sin x\sin y\sin(x+y)$ 在点 $\left(\dfrac{\pi}{6},\dfrac{\pi}{3},\dfrac{\sqrt{3}}{4}\right)$ 一个法向量.

3. 求曲线 $x = t - \sin t, y = 1 - \cos t, z = 4\sin\dfrac{t}{2}$ 在点 $\left(\dfrac{\pi}{2} - 1, 1, 2\sqrt{2}\right)$ 处的切线及法平面.

4. 求曲线 $x^2 + z^2 = 10, y^2 + z^2 = 10$ 在点 $(1,1,3)$ 处的切线及法平面方程.

5. 求曲面 $z = x^2 + y^2$ 在点 $(1,2,5)$ 的切平面和法线方程.

6. 求曲面 $x^2z^3 + 2y^2z + 4 = 0$ 在点 $(2,0,-1)$ 处的切平面和法线方程.

7. 求曲面 $x^2 - y^2 - z^2 + 6 = 0$ 垂直于直线 $\dfrac{x-3}{2} = y - 1 = \dfrac{z-2}{-3}$ 的切平面方程.

8. 求曲面 $z = x^2 + y^2$ 上与直线 $\begin{cases} x + 2y = 2, \\ 2y - z = 4 \end{cases}$ 垂直的切平面方程.

第六节　多元函数的极值与最值

在许多应用问题中,往往要求某一多元函数的最大值或最小值,也统称最值.与一元函数相类似,多元函数的最值与极大值、极小值有着密切的联系.下面以二元函数为例,讨论多元函数的极值和最值问题.

一、多元函数的极值

定义　设函数 $z = f(x,y)$ 在点 (x_0,y_0) 的某邻域内有定义.如果对该邻域内异于点 (x_0,y_0) 的点 (x,y),恒有不等式

$$f(x_0, y_0) > f(x, y) \ \text{或} \ f(x_0, y_0) < f(x, y)$$

成立,则称函数 $f(x, y)$ 在点 (x_0, y_0) 处取得极大值(或极小值) $f(x_0, y_0)$,并称点 (x_0, y_0) 为 $f(x, y)$ 的极大值点(或极小值点). 函数 $f(x, y)$ 的极大值与极小值统称为极值,极大值点与极小值点统称为极值点.

定理 1(极值存在的必要条件) 设函数 $z = f(x, y)$ 在点 (x_0, y_0) 处的一阶偏导数存在,且 (x_0, y_0) 为该函数的极值点,则必有

$$\begin{cases} f_x(x_0, y_0) = 0, \\ f_y(x_0, y_0) = 0. \end{cases}$$

证 不妨设 $z = f(x, y)$ 在点 (x_0, y_0) 处取极大值,依定义,对点 (x_0, y_0) 某邻域内异于点 (x_0, y_0) 的任何点 (x, y) ,恒有

$$f(x, y) < f(x_0, y_0),$$

特别对该邻域内的点 $(x, y_0) \neq (x_0, y_0)$,有

$$f(x, y_0) < f(x_0, y_0),$$

这表明,一元函数 $f(x, y_0)$ 在点 $x = x_0$ 处取极大值,由一元函数取极值的必要条件,可知

$$f_x(x_0, y_0) = 0.$$

类似地可证

$$f_y(x_0, y_0) = 0.$$

一阶偏导数 $f_x(x_0, y_0)$, $f_y(x_0, y_0)$ 等于零的点也称为二元函数 $z = f(x, y)$ 的驻点. 和一元函数一样,若在点 (x_0, y_0) 处偏导数存在,则极值点必定在驻点处取得,但驻点不一定是极值点.

例如,函数 $z = f(x, y) = 1 - (x^2 + y^2)$ 在驻点 $(0, 0)$ 处取极大值,这是因为对于 $(x, y) \neq (0, 0)$,恒有

$$f(0, 0) = 1 > 1 - (x^2 + y^2) = f(x, y)$$

成立;而函数 $z = x^2 - y^2$ 在驻点 $(0, 0)$ 处既不取极大值也不取极小值.

注意,极值点还有可能是一阶偏导数不存在的点. 例如,函数 $z = -\sqrt{x^2 + y^2}$ 在点 $(0, 0)$ 处取极大值,该函数在点 $(0, 0)$ 处的一阶偏导数不存在.

要判定一个驻点是极值点需要满足如下充分条件:

定理 2(极值的充分条件) 设函数 $z = f(x, y)$ 在点 (x_0, y_0) 的某邻域内连续、存在二阶连续偏导数,且

$$f_x(x_0, y_0) = f_y(x_0, y_0) = 0,$$

记 $A = f_{xx}(x_0, y_0)$, $B = f_{xy}(x_0, y_0)$, $C = f_{yy}(x_0, y_0)$, $\Delta = AC - B^2$,则

(1) 当 $\Delta > 0$ 时, (x_0, y_0) 为极值点,且 $A < 0$ 时为极大点, $A > 0$ 时为极小点;

(2) 当 $\Delta < 0$ 时, (x_0, y_0) 不是极值点.

证明从略.

注意,当 $\Delta = 0$ 时,(x_0, y_0) 是否为极值点需另行讨论.

例1 求函数 $f(x,y) = y^3 - x^2 + 6x - 12y + 5$ 的极值.

解 先解方程组

$$\begin{cases} f_x(x,y) = -2x + 6 = 0, \\ f_y(x,y) = 3y^2 - 12 = 0, \end{cases}$$

得驻点 $(3,2),(3,-2)$.

再求出二阶偏导数

$$f_{xx}(x,y) = -2, \quad f_{xy}(x,y) = 0, \quad f_{yy}(x,y) = 6y.$$

在点 $(3,2)$ 处,$\Delta = AC - B^2 = -24 < 0$,所以 $f(3,2)$ 不是极值;在点 $(3,-2)$ 处,$\Delta = AC - B^2 = 24 > 0$,且 $A = -2 < 0$,所以函数在点 $(3,-2)$ 处有极大值,且极大值为 $f(3,-2) = 30$.

二、多元函数的最值

和一元函数一样,求函数在有界闭区域 D 上的最大值或最小值时可将函数在区域 D 的内部的驻点求出,再将函数在驻点处的值和函数在边界上的值进行比较,即可求出函数的最大值或最小值. 但对于二元函数来说,区域的边界通常是由一条或数条曲线围成的,这时函数值的比较就不是那么容易了. 下面通过一个例子说明求解方法.

例2 求二元函数 $z = f(x,y) = x^2 y(4 - x - y)$ 在直线 $x + y = 6$,x 轴和 y 轴所围成的闭区域 D 上的最大值与最小值.

解 如图 8-11 所示,先求函数在区域 D 内的驻点.

解方程组

$$\begin{cases} f_x(x,y) = 2xy(4 - x - y) - x^2 y = 0, \\ f_y(x,y) = x^2(4 - x - y) - x^2 y = 0. \end{cases}$$

得区域 D 内唯一驻点 $(2,1)$,且 $f(2,1) = 4$.

再求 $f(x,y)$ 在 D 边界上的最值.

(1) 在边界 $x = 0$ 和 $y = 0$ 上

$$f(x,y) = 0;$$

(2) 在边界 $x + y = 6$ 上,$y = 6 - x$,于是

$$f(x,y) = 2x^2(x - 6).$$

由 $f_x = 4x(x-6) + 2x^2 = 0$,得 $x_1 = 0, x_2 = 4$,于是

$$y = 6 - x \Big|_{x=4} = 2, \quad f(4,2) = -64.$$

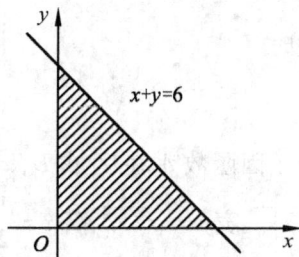

图 8-11

比较后可知 $f(2,1)=4$ 为最大值, $f(4,2)=-64$ 为最小值.

实际问题中函数的最大(小)值点往往在区域 D 的内部,这时,如果函数在区域 D 内只有一个驻点,那么就可以肯定该驻点处的函数值就是函数在区域 D 上的最大(小)值.

例 3 某厂要造一个容积为 V_0 的无盖长方体水池,问当长、宽、高取怎样的尺寸时,才能使用料最省.

解 设水池的长、宽、高分别为 x,y,z,表面积为 S,则有

$$A = xy + 2(yz + zx).$$

由于

$$xyz = V_0,$$

即

$$z = \frac{V_0}{xy},$$

所以

$$A = xy + \frac{2V_0}{x} + \frac{2V_0}{y} \quad (x>0, y>0).$$

可见水池的表面积 A 是 x 和 y 的二元函数.

令

$$A_x = y - \frac{2V_0}{x^2} = 0, \ A_y = x - \frac{2V_0}{y^2} = 0,$$

解得

$$x = \sqrt[3]{2V_0}, \ y = \sqrt[3]{2V_0},$$

这时

$$z = \frac{1}{2}\sqrt[3]{2V_0}.$$

因函数 A 在区域 $D: x>0, y>0$ 内只有唯一的驻点,因此可断定当长 $x = \sqrt[3]{2V_0}$、宽 $y = \sqrt[3]{2V_0}$、高 $z = \frac{1}{2}\sqrt[3]{2V_0}$ 时,水池的表面积 A 取得最小值,即所用的材料最省.

三、条件极值

上面讨论的极值问题中,自变量在定义域内可以任意取值,未受其他任何限制,这类极值称为无条件极值. 但在实际问题中,常会遇到对函数的自变量还附加某些约束条件的极值问题. 如例 3 中的 x,y,z 要受条件 $xyz = V_0$ 的限制. 又如求函数在某个边界上的最值,自变量要受边界条件的限制,这类附有约束条件的极值

称为条件极值.

如果约束条件比较简单,可以将求解条件极值问题化为无条件极值问题,如例3. 但在一般条件下,条件极值问题并不是都能转化为无条件极值问题的,此时,常用的解决方法是拉格朗日乘数法.

拉格朗日乘数法 要求函数 $z = f(x,y)$（应用上也称为目标函数）在附加条件
$$\varphi(x,y) = 0 \tag{1}$$
下的可能极值点,步骤如下:

（1）构造辅助函数（称为拉格朗日函数）
$$L = L(x,y,\lambda) = f(x,y) + \lambda\varphi(x,y), \tag{2}$$
其中,λ 为待定常数,称为拉格朗日乘数.

（2）利用拉格朗日函数(2)取极值的必要条件
$$\begin{cases} L_x = f_x + \lambda\varphi_x = 0, \\ L_y = f_y + \lambda\varphi_y = 0, \end{cases}$$
和附加条件(1),得到三个方程的方程组,求出可能的极值点(x,y)和待定常数 λ.

求出的(x,y)是否为极值点,一般由实际问题的实际意义判定.

多元函数的条件极值方法类似.

例4 设某工厂生产某种产品的数量 $P(t)$ 与所用两种原料 A,B 的数量$x(t)$,$y(t)$间有关系式 $P = 0.005x^2y$,现有资金150万元,已知 A,B 原料的单价分别为每吨1万元和2万元,问购进两种原料各多少,可使生产的数量最多,生产数量最大值为多少?

解 设购 A 种原料 $x(t)$,B 种原料 $y(t)$. 则问题归结为求目标函数
$$P = 0.005x^2y$$
在约束条件 $x + 2y = 150$ 下的最大值.

作拉格朗日函数
$$F(x,y) = 0.005x^2y + \lambda(x + 2y - 150).$$

解方程组
$$\begin{cases} F_x = 0.01xy + \lambda = 0, \\ F_y = 0.005x^2 + 2\lambda = 0, \\ x + 2y = 150, \end{cases}$$
得 $x = 100$ t,$y = 25$ t. 此时 $P = 1\,250$ t.

因为驻点唯一,且实际问题的最大值存在,因此,当购 A 种原料100 t,B 种原料25 t 时,生产的数量最多,生产数量最大值为 1 250 t.

例5 求表面积为 a^2 而体积为最大的长方体的体积.

解 设长方体的长、宽、高分别为 x,y 和 z. 则题设问题归结为在约束条件

$$\varphi(x,y,z) = 2(xy+yz+zx) - a^2 = 0 \qquad (3)$$

下,求目标函数

$$V = xyz \ (x > 0, y > 0, z > 0)$$

的最大值.

作拉格朗日函数

$$L(x,y,z,\lambda) = xyz + \lambda\varphi(x,y,z) = xyz + \lambda\left[2(xy+yz+zx) - a^2\right].$$

由方程组

$$\begin{cases} L_x = yz + 2\lambda(y+z) = 0, \\ L_y = xz + 2\lambda(x+z) = 0, \\ L_x = xy + 2\lambda(y+x) = 0, \end{cases}$$

可得

$$\frac{x}{y} = \frac{x+z}{y+z}, \ \frac{y}{z} = \frac{x+y}{x+z},$$

进而解得 $x = y = z$. 将此代入到约束条件(3),求得唯一可能的极值点

$$x = y = z = \frac{\sqrt{6}}{6}a.$$

由问题本身的实际意义可知,该点就是所求的最大值点,此时最大值为 $V = \dfrac{\sqrt{6}}{36}a^3$.

例 6 某工厂通过电视和报纸两种媒体做广告,已知销售收入 R(万元)与电视广告费 x(万元)、报纸广告费 y(万元)的关系为

$$R(x,y) = 15 + 14x + 32y - 8xy - 2x^2 - 10y^2.$$

如果计划提供 1.5 万元广告费,求最佳广告策略.

解 广告费为 1.5 万元时的最佳广告策略就是在 $x + y = 1.5$ 的条件下求 $R(x,y)$ 的最大值问题. 作拉格朗日函数

$$L(x,y) = 15 + 14x + 32y - 8xy - 2x^2 - 10y^2 + \lambda(x+y-1.5).$$

解方程组

$$\begin{cases} L'_x = 14 - 8y - 4x + \lambda = 0, \\ L'_y = 32 - 8x - 20y + \lambda = 0, \\ x + y - 1.5 = 0, \end{cases}$$

得到唯一可能的极值点 $(0, 1.5)$.

由问题本身可知最大值一定存在,所以当报纸广告费 $y = 1.5$ 万元时,销售收入达到最高为 $R(0,1.5) = 40.5$ 万元,即只做报纸广告为最佳的策略.

拉格朗日乘数法还适用于自变量多于两个,约束条件多于一个的情形.

例如求函数 $u = f(x,y,z)$ 在边界曲线

$$\begin{cases} \varphi(x,y,z) = 0, \\ \psi(x,y,z) = 0, \end{cases} \tag{4}$$

或约束条件(4)下的极值. 此时,拉格朗日函数为

$$L = f(x,y,z) + \lambda_1 \varphi(x,y,z) + \lambda_2 \psi(x,y,z).$$

对应的方程组为

$$\begin{cases} f_x + \lambda_1 \varphi_x + \lambda_2 \psi_x = 0, \\ f_y + \lambda_1 \varphi_y + \lambda_2 \psi_y = 0, \\ f_z + \lambda_1 \varphi_z + \lambda_2 \psi_z = 0, \\ \varphi(x,y,z) = 0, \\ \psi(x,y,z) = 0. \end{cases}$$

求解方程组得到可能的极值点,再利用问题本身的意义即可求出最大(小)值.

习 题 8-6

1. 求下列函数的极值:

(1) $f(x,y) = 4(x-y) - x^2 - y^2$;

(2) $f(x,y) = e^{2x}(x + y^2 + 2y)$;

(3) $f(x,y) = (6x - x^2)(4y - y^2)$;

(4) $f(x,y) = 3x^2 y + y^3 - 3x^2 - 3y^2 + 2$.

2. 求 $z = x^2 + y^2 - xy - x - y$ 在区域 $D: x \geq 0, y \geq 0, x + y \leq 3$ 上的最值.

3. 在椭圆 $x^2 + 4y^2 = 4$ 上求一点,使其到直线 $2x + 3y - 6 = 0$ 的距离最短.

4. 求内接于半径为 a 的球且有最大体积的长方体.

5. 将周长为 $2p$ 的矩形绕它的一边旋转而构成圆柱体. 问矩形的边长各为多少时,才可使圆柱体的体积最大?

6. 欲围一个面积为 60 m^2 的矩形场地,正面所用材料每米造价 10 元,其余三面每米造价 5 元,问场地长、宽各多少时,所用材料费最少?

7. 用 a(元)购料,建造一个宽与深相同的长方体水池,已知四周的单位面积材料费为底面单位面积材料费的 1.2 倍,求水池长与宽(深)各多少,才能使容积最大(设单位面积材料费为 k(元)).

第七节 方向导数与梯度

一、方向导数的概念

二元函数 $f(x,y)$ 的偏导数 f_x 与 f_y 分别表示函数沿 x 轴方向变化和沿 y 轴方向变化时的变化率,但仅此还不够,应用中还常常需要研究函数 $f(x,y)$ 沿其他方

向变化时的变化率. 例如,气象站要预报某地在某时的气温、风向和风力,就必须知道该地沿某些方向气温和气压的变化情况,即沿某些方向的变化率,也就是所谓的方向导数.

定义 1 设二元函数 $z = f(x,y)$ 在点 $P_0(x_0,y_0)$ 的某邻域 $U(P_0)$ 内有定义,l 为自 P_0 点出发的射线,$P(x_0 + \Delta x, y_0 + \Delta y) \in U(P_0)$ 为射线 l 上的另外一点. 用 $\rho = \sqrt{(\Delta x)^2 + (\Delta y)^2}$ 表示两点 P_0, P 之间的距离,如果极限

$$\lim_{\rho \to 0} \frac{f(x_0 + \Delta x, y_0 + \Delta y) - f(x_0, y_0)}{\rho}$$

存在,则称此极限为函数 $f(x,y)$ 在点 P_0 沿方向 l 的方向导数,记作 $\dfrac{\partial f(x_0,y_0)}{\partial l}$,即

$$\frac{\partial f(x_0,y_0)}{\partial l} = \lim_{\rho \to 0} \frac{f(x_0 + \Delta x, y_0 + \Delta y) - f(x_0, y_0)}{\rho}.$$

如果函数 $z = f(x,y)$ 在区域 D 内每一点 (x,y) 处沿方向 l 的方向导数都存在,则记

$$\frac{\partial f}{\partial l} = \frac{\partial f(x,y)}{\partial l}.$$

注意,在方向导数定义中,ρ 总是正的,因此是单向导数. 根据定义 1 可知,函数 $z = f(x,y)$ 沿 x 轴与 y 轴正方向的方向导数就是 f_x 与 f_y;沿 x 轴与 y 轴负方向的方向导数就是 $-f_x$ 与 $-f_y$. 在一般情形下有如下定理:

定理 如果函数 $f(x,y)$ 在点 $P(x,y)$ 是可微的,那么函数在该点沿任一方向 l 的方向导数都存在,且有

$$\frac{\partial f}{\partial l} = \frac{\partial f}{\partial x} \cos \alpha + \frac{\partial f}{\partial y} \cos \beta. \tag{1}$$

其中,$\cos \alpha, \cos \beta$ 是方向 l 的方向余弦.

证 $$f(x + \Delta x, y + \Delta y) - f(x,y) = \frac{\partial f}{\partial x} \Delta x + \frac{\partial f}{\partial y} \Delta y + o(\rho),$$

两端各除以 ρ,得到

$$\frac{f(x + \Delta x, y + \Delta y) - f(x,y)}{\rho} = \frac{\partial f}{\partial x} \cdot \frac{\Delta x}{\rho} + \frac{\partial f}{\partial y} \cdot \frac{\Delta y}{\rho} + \frac{o(\rho)}{\rho}$$

$$= \frac{\partial f}{\partial x} \cos \alpha + \frac{\partial f}{\partial y} \cos \beta + \frac{o(\rho)}{\rho},$$

所以

$$\lim_{\rho \to 0} \frac{f(x + \Delta x, y + \Delta y) - f(x,y)}{\rho} = \frac{\partial f}{\partial x} \cos \alpha + \frac{\partial f}{\partial y} \cos \beta,$$

即式(1)成立.

例 1 求函数 $z = x^2 y^2 + xy$ 在点 $P(2, -1)$ 处沿向量 $l = 3i + 4j$ 方向的方向导数.

解 因为

$$\frac{\partial z}{\partial x}\bigg|_{(2,-1)} = (2xy^2 + y)\big|_{(2,-1)} = 3,$$

$$\frac{\partial z}{\partial y}\bigg|_{(2,-1)} = (2x^2y + x)\big|_{(2,-1)} = -6,$$

与 l 同向的单位向量为 $\frac{3}{5}\boldsymbol{i} + \frac{4}{5}\boldsymbol{k}$，故方向余弦 $\cos\alpha = \frac{3}{5}$，$\cos\beta = \frac{4}{5}$。所以，在点 $P(2,-1)$ 处所求方向导数为

$$\frac{\partial z}{\partial l}\bigg|_{(2,-1)} = 3 \cdot \frac{3}{5} + (-6) \cdot \frac{4}{5} = -3.$$

对于三元函数 $u = f(x,y,z)$，同样可定义函数在点 (x_0,y_0,z_0) 沿方向 l 的方向导数

$$\frac{\partial f(x_0,y_0,z_0)}{\partial l} = \lim_{\rho\to 0}\frac{f(x_0+\Delta x,y_0+\Delta y,z_0+\Delta z) - f(x_0,y_0,z_0)}{\rho}.$$

其中，$\rho = \sqrt{(\Delta x)^2 + (\Delta y)^2 + (\Delta z)^2}$，$P(x_0+\Delta x,y_0+\Delta y,z_0+\Delta z)$ 为射线 l 上另外一点，并且有类似的计算公式

$$\frac{\partial u}{\partial l} = \frac{\partial f}{\partial x}\cos\alpha + \frac{\partial f}{\partial y}\cos\beta + \frac{\partial f}{\partial z}\cos\gamma, \tag{2}$$

其中，$\cos\alpha, \cos\beta, \cos\gamma$ 为射线 l 的方向余弦。

例2 求函数 $u = f(x,y,z) = \ln(x + \sqrt{y^2+z^2})$ 在点 $A(1,0,1)$ 沿点 A 指向点 $B(3,-2,2)$ 方向的方向导数。

解 l 的方向为 $\overrightarrow{AB} = (2,-2,1)$，方向余弦为

$$\cos\alpha = \frac{2}{3}, \quad \cos\beta = -\frac{2}{3}, \quad \cos\gamma = \frac{1}{3}.$$

又

$$\frac{\partial u}{\partial x}\bigg|_{(1,0,1)} = \frac{1}{x+\sqrt{y^2+z^2}}\bigg|_{(1,0,1)} = \frac{1}{2},$$

$$\frac{\partial u}{\partial y}\bigg|_{(1,0,1)} = \frac{1}{x+\sqrt{y^2+z^2}}\frac{y}{\sqrt{y^2+z^2}}\bigg|_{(1,0,1)} = 0,$$

$$\frac{\partial u}{\partial z}\bigg|_{(1,0,1)} = \frac{1}{x+\sqrt{y^2+z^2}}\frac{z}{\sqrt{y^2+z^2}}\bigg|_{(1,0,1)} = \frac{1}{2}.$$

利用公式（2）得

$$\frac{\partial f(1,0,1)}{\partial l} = \frac{1}{2} \cdot \frac{2}{3} + 0 \cdot \left(-\frac{2}{3}\right) + \frac{1}{2} \cdot \frac{1}{3} = \frac{1}{2}.$$

二、梯度

定义 2 设 $z = f(x,y)$ 在平面区域 D 内可微，则对 D 内每一个点 $P(x,y)$，都可定出一个向量

$$\frac{\partial f}{\partial x}\boldsymbol{i} + \frac{\partial f}{\partial y}\boldsymbol{j},$$

称该向量为函数 $z = f(x,y)$ 在点 $P(x,y)$ 的梯度，记作 $\mathbf{grad}\, f(x,y)$，即

$$\mathbf{grad}\, f(x,y) = \frac{\partial f}{\partial x}\boldsymbol{i} + \frac{\partial f}{\partial y}\boldsymbol{j}.$$

如果设 $\boldsymbol{e}_l = \cos\alpha\boldsymbol{i} + \sin\beta\boldsymbol{j}$ 是方向 l 上的单位向量，则

$$\frac{\partial f}{\partial l} = \frac{\partial f}{\partial x}\cos\alpha + \frac{\partial f}{\partial y}\cos\beta = \mathbf{grad}\, f(x,y) \cdot \boldsymbol{e}_l.$$

根据数量积的定义，有

$$\frac{\partial f}{\partial l} = |\mathbf{grad}\, f(x,y)|\cos(\widehat{\mathbf{grad}\, f(x,y),\boldsymbol{e}_l}).$$

这里，$(\widehat{\mathbf{grad}\, f(x,y),\boldsymbol{e}_l})$ 表示向量 $\mathbf{grad}\, f(x,y)$ 与 $\boldsymbol{e}_l$ 的夹角. 当方向 l 与梯度的方向一致时，有

$$\cos(\widehat{\mathbf{grad}\, f(x,y),\boldsymbol{e}_l}) = 1,$$

从而 $\dfrac{\partial f}{\partial l}$ 有最大值. 所以沿梯度方向的方向导数达到最大值，也就是说，梯度的方向是函数 $f(x,y)$ 在这点增长最快的方向. 因此，可得到如下结论：

函数在某点的梯度是这样一个向量，它的方向是函数在该点的方向导数取得最大值的方向，它的模为方向导数的最大值，且有

$$|\mathbf{grad}\, f(x,y)| = \sqrt{\left(\frac{\partial f}{\partial x}\right)^2 + \left(\frac{\partial f}{\partial y}\right)^2}.$$

上述梯度概念可以类似地推广到三元函数的情形. 设函数 $u = f(x,y,z)$ 在空间区域 G 内具有一阶连续偏导数，则对于每一点 $P(x,y,z) \in G$，都可定出一个向量

$$\frac{\partial f}{\partial x}\boldsymbol{i} + \frac{\partial f}{\partial y}\boldsymbol{j} + \frac{\partial f}{\partial z}\boldsymbol{k},$$

该向量称为函数 $u = f(x,y,z)$ 在点 $P(x,y,z)$ 的梯度，记为 $\mathbf{grad}\, f(x,y,z)$，即

$$\mathbf{grad}\, f(x,y,z) = \frac{\partial f}{\partial x}\boldsymbol{i} + \frac{\partial f}{\partial y}\boldsymbol{j} + \frac{\partial f}{\partial z}\boldsymbol{k}.$$

经与二元函数的情形完全类似的讨论可知，三元函数的梯度也是这样一个向量，它的方向是函数在该点的方向导数取得最大值的方向，而它的模为方向导数的最大值.

例 3 设函数 $f(x,y,z) = xy^2 + z^3 - xyz$.

（1）求 $\mathbf{grad} f(x,y,z)$；

（2）在点 $(1,1,1)$ 处沿哪个方向的方向导数最大？最大值是多少？

解　（1）由

$$\left.\frac{\partial f}{\partial x}\right|_{(1,1,1)} = (y^2 - yz)\big|_{(1,1,1)} = 0,$$

$$\left.\frac{\partial f}{\partial y}\right|_{(1,1,1)} = (2xy - xz)\big|_{(1,1,1)} = 1,$$

$$\left.\frac{\partial f}{\partial z}\right|_{(1,1,1)} = (3z^2 - xy)\big|_{(1,1,1)} = 2,$$

得到

$$\mathbf{grad} f(1,1,1) = \boldsymbol{j} + 2\boldsymbol{k}.$$

（2）由梯度与方向导数的关系知，函数 $f(x,y,z)$ 在点 $(1,1,1)$ 处沿梯度方向 $\boldsymbol{j} + 2\boldsymbol{k}$ 的方向导数最大，最大值是 $|\mathbf{grad}\, u(1,1,1)| = \sqrt{5}$.

习　题　8-7

1. 求 $f(x,y) = xy + yz + zx$ 在点 $(1,1,2)$ 处沿方向 l 的方向导数，l 的方向角为 $30°,45°,60°$.

2. 求 $z = xyz$ 在点 $M(5,1,2)$ 处从点 $M(5,1,2)$ 到点 $N(9,4,14)$ 的方向的方向导数.

3. 求函数 $u = x + y + z$ 在点 $(0,0,1)$ 沿球面 $x^2 + y^2 + z^2 = 1$ 的外法线方向的方向导数.

4. 求函数 $f(x,y,z) = x^2 y^2 + yz^3$ 在点 $(1,2,1)$ 处的梯度.

5. 函数 $u = xy^2 z$ 在点 $(1,-1,2)$ 处沿什么方向的方向导数最大？求此最大值.

6. 求函数 $z = 1 - \left(\dfrac{x^2}{a^2} + \dfrac{y^2}{b^2}\right)$ 在点 $\left(\dfrac{a}{\sqrt{2}}, \dfrac{b}{\sqrt{2}}\right)$ 处沿曲线 $\dfrac{x^2}{a^2} + \dfrac{y^2}{b^2} = 1$ 在这点的内法线方向的方向导数.

7. 金属球的球心位于坐标原点. 设金属球体中任意一点的温度和这点到球心的距离成反比，且在球体中点 $(1,2,2)$ 处测得温度为 $120\ ℃$，求：

（1）在点 $(1,2,2)$ 处温度沿着该点指向点 $(2,1,3)$ 的方向的变化率；

（2）证明：在球中任意一点温度增加最大的方向是该点指向原点的方向.

8. 如果函数 $f(x,y)$ 沿任意方向的方向导数都存在，则 $f(x,y)$ 关于 x 或 y 的偏导数一定存在吗？研究例子 $f(x,y) = \sqrt{x^2 + y^2}$（注意：这里的方向导数不能用公式（1）求）.

第八节　一元向量值函数及其导数

第七章讨论了向量及其运算. 当向量随着时间变化时，就必然涉及所谓的向量值函数. 在物理学、工程学中出现的一大类函数就是向量值函数，现讨论向量值函数.

一、向量值函数

定义 1 设 D 是一个实数集,对于任意的变量 $t \in D$,按照某种对应规律 f,都有唯一确定的向量与之对应,记为 $f(t)$,则称 $f(t)$ 为定义在 D 上的向量值函数,也称为矢量函数,其中 t 为自变量.

由于这里的自变量只有一个,因此定义 1 中的向量值函数又称为一元向量值函数. 对于多元向量值函数可类似地定义.

这里不对一般的向量值函数进行讨论,仅讨论取值于空间或平面中的向量值函数.

给定一个取值于空间的向量值函数 $f(t)$,根据向量在坐标系中的分解,$f(t)$ 可表示为

$$f(t) = f_1(t)i + f_2(t)j + f_3(t)k \ (t \in D). \tag{1}$$

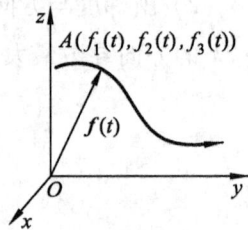

式(1)在几何上表示点 $A(f_1(t), f_2(t), f_3(t))$ 的向径 $\overrightarrow{OA}$. 如图 8-12 所示,当 t 变化时,向径 $\overrightarrow{OA} = f(t)$ 的终点描出一条空间曲线,因此式(1)又称为空间曲线的向量方程.

类似地,给定一个取值于平面的向量值函数 $f(t)$,其几何意义是一条平面曲线. 例如,

$$f(t) = (R\cos t)i + (R\sin t)j \ (t \in [0, 2\pi])$$

表示在 xOy 坐标面上,圆心在原点,半径为 R 的圆.

图 8-12

利用第七章第四节曲线的参数方程表示形式,空间曲线的向量方程(1)可表示为

$$\begin{cases} x = f_1(t), \\ y = f_2(t), \ (t \in D). \\ z = f_3(t) \end{cases} \tag{2}$$

应用中,向量也常用 $r(t)$ 表示,在坐标轴的分量用 $x(t), y(t), z(t)$ 表示,故空间曲线的向量方向可表示为

$$r(t) = x(t)i + y(t)j + z(t)k.$$

例 1 试画出向量方程 $r(t) = (1 - t^4)i + t^2 j \ (t \in [0, +\infty))$ 表示的曲线.

解 由曲线的向量方程得曲线的参数方程

$$\begin{cases} x = 1 - t^4, \\ y = t^2 \end{cases} (t \in [0, +\infty)).$$

消去变量 t,得到

$$x = 1 - y^2, \ y \geqslant 0.$$

这是抛物线 $x = 1 - y^2$ 的上半部分,如图 8-13 所示.

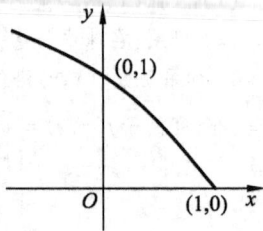

图 8-13

二、向量值函数的连续性与可导性

根据向量的模的概念与向量的线性运算法则,可以定义一元向量值函数 $r(t)$ 的连续性和可导性.

定义 2　设 $r(t)$ 在点 t_0 的某个邻域内有定义,如果
$$\lim_{t \to t_0} |r(t) - r(t_0)| = 0,$$
则称 $r(t)$ 在点 t_0 连续. 若存在常向量 $a = (a_x, a_y, a_z)$,使得
$$\lim_{t \to t_0} \left| \frac{r(t) - r(t_0)}{t - t_0} - a \right| = 0,$$

则称 $r(t)$ 在点 t_0 可导,并称向量 a 为 $r(t)$ 在点 t_0 的导数,记作 $r'(t_0)$ 或 $\left. \dfrac{\mathrm{d}r}{\mathrm{d}t} \right|_{t=t_0}$.

若函数 $r(t)$ 在区间 (a,b) 内每一点都可导,则称 $r(t)$ 在 (a,b) 内可导.

容易看到,向量值函数 $r(t)$ 在点 t_0 连续的充要条件是 $r(t)$ 的三个坐标函数 $x(t), y(t), z(t)$ 都在点 t_0 连续;$r(t)$ 在点 t_0 可导的充要条件是 $r(t)$ 的三个坐标函数 $x(t), y(t), z(t)$ 都在点 t_0 可导,且 $r'(t) = x'(t)i + y'(t)j + z'(t)k$.

例 2　设 $r(t) = (\sin t)i + te^{2t}j$, $t \in (-\infty, +\infty)$,讨论 $r(t)$ 的连续性和可导性,并求 $r'(t)$.

解　由于 $\sin t, te^{2t}$ 在 $(-\infty, +\infty)$ 上连续、可导,因此 $r(t)$ 在 $(-\infty, +\infty)$ 上连续、可导,且 $r'(t) = (\cos t)i + (2t+1)e^{2t}j$.

给定曲线 Γ 的向量方程
$$r(t) = x(t)i + y(t)j + z(t)k, \ t \in D.$$
当 $r'(t) \neq 0$ 时,由上一节曲线的切线方程可知,$r'(t)$ 是曲线 Γ 在对应点的切向量,且指向参数 t 增大的方向.

例 3　求曲线 $r(t) = (2t^2 + 1)i + \ln(1+t)k$ 在 $t = 1$ 对应点处沿着参数 t 增大方向的单位切向量.

解
$$r'(t)\Big|_{t=1} = \left(4ti + \frac{1}{1+t}k \right)\Big|_{t=1} = 4i + \frac{1}{2}k.$$

因此,曲线在 $t = 1$ 对应点处沿着参数 t 增大方向的切向量为 $4i + \dfrac{1}{2}k$,所求单位切向量为 $\dfrac{1}{\sqrt{65}}(8i + k)$.

习　题　8-8

1. 求下列向量值函数的定义域:

(1) $f(t) = \dfrac{1}{t^2 - 1}i + \sqrt{t - \dfrac{1}{2}}j$;

(2) $f(t) = \ln(1-t)i + \sqrt{\lg \dfrac{5t - t^2}{4}}k$.

2. 求下列向量函数的导数:

(1) $r(t) = \sqrt{1-t^2}\, i + (\sin t^2)\, j$;　　　　　　(2) $r(t) = te^{2t} i + \ln(1+t^2) k$.

3. 求下列曲线在给定 t_0 值处的对应参数 t 增大方向的单位切向量:

(1) $r(t) = (\cos t)i + (\sin t)j,\ t = \dfrac{\pi}{2}$;　　　　　(2) $r(t) = \sqrt{1-t^2}\, i + 2tj,\ t = 1$.

4. 设 $u(t), v(t)$ 是可微的向量值函数,证明:

(1) $\dfrac{\mathrm{d}}{\mathrm{d}t}[u(t) \cdot v(t)] = u'(t) \cdot v(t) + u(t) \cdot v'(t)$;

(2) $\dfrac{\mathrm{d}}{\mathrm{d}t}[u(t) \times v(t)] = u'(t) \times v(t) + u(t) \times v'(t)$.

第九节　综合例题与应用

例1 证明函数

$$f(x,y) = \begin{cases} \dfrac{xy}{\sqrt{x^2+y^2}}, & x^2 + y^2 \neq 0, \\ 0, & x^2 + y^2 = 0, \end{cases}$$

(1) 在点 $(0,0)$ 处连续;

(2) 在点 $(0,0)$ 偏导数存在;

(3) 函数在点 $(0,0)$ 处不可微.

证 (1) 利用不等式 $2|xy| \leqslant x^2 + y^2$ 得,$x^2 + y^2 \neq 0$ 时

$$|f(x,y)| \leqslant \frac{x^2+y^2}{2\sqrt{x^2+y^2}} = \frac{1}{2}\sqrt{x^2+y^2}.$$

于是,当 $(x,y) \to (0,0)$ 时,$|f(x,y)| \to 0$,即

$$\lim_{\substack{x \to 0 \\ y \to 0}} f(x,y) = f(0,0) = 0.$$

所以,函数 $f(x,y)$ 在点 $(0,0)$ 处连续.

(2) 根据定义

$$f_x(0,0) = \lim_{\Delta x \to 0} \frac{f(0+\Delta x, 0) - f(0,0)}{\Delta x} = \lim_{\Delta x \to 0} 0 = 0,$$

$$f_y(0,0) = \lim_{\Delta y \to 0} \frac{f(0, 0+\Delta y) - f(0,0)}{\Delta y} = \lim_{\Delta y \to 0} 0 = 0.$$

所以,函数 $f(x,y)$ 在点 $(0,0)$ 处两个偏导数都存在.

(3) 由于

$$\Delta z - [f_x(0,0) \cdot \Delta x + f_y(0,0) \cdot \Delta y] = \frac{\Delta x \cdot \Delta y}{\sqrt{(\Delta x)^2 + (\Delta y)^2}},$$

所以

$$\frac{\Delta z - \left[f_x(0,0) \cdot \Delta x + f_y(0,0) \cdot \Delta y \right]}{\rho} = \frac{\Delta x \cdot \Delta y}{(\Delta x)^2 + (\Delta y)^2}.$$

由第一节例 4 知,上式当 $(\Delta x, \Delta y) \to (0,0)$ 时极限不存在,因此,函数在点 $(0,0)$ 处不可微.

例 2　求 $z = (3x^2 + y^2)^{4x+2y}$ 的偏导数.

解　设 $u = 3x^2 + y^2$,$v = 4x + 2y$,则 $z = u^v$. 于是

$$\frac{\partial z}{\partial x} = \frac{\partial z}{\partial u} \cdot \frac{\partial u}{\partial x} + \frac{\partial z}{\partial v} \cdot \frac{\partial v}{\partial x} = v u^{v-1} \cdot 6x + u^v \ln u \cdot 4$$

$$= 6x(4x+2y)(3x^2+y^2)^{4x+2y-1} + 4(3x^2+y^2)^{4x+2y} \ln(3x^2+y^2),$$

$$\frac{\partial z}{\partial y} = \frac{\partial z}{\partial u} \cdot \frac{\partial u}{\partial y} + \frac{\partial z}{\partial v} \cdot \frac{\partial v}{\partial y} = v u^{v-1} \cdot 2y + u^v \ln u \cdot 2$$

$$= 2y(4x+2y)(3x^2+y^2)^{4x+2y-1} + 2(3x^2+y^2)^{4x+2y} \ln(3x^2+y^2).$$

例 3　设 $u = f(x,y,z) = x^3 y z^2$,

(1) 若 $z = z(x,y)$ 为方程 $x^3 + y^3 + z^3 - 3xyz = 0$ 所确定的函数,求 $\left. \dfrac{\partial u}{\partial x} \right|_{(-1,0,1)}$;

(2) 若 $y = y(x,z)$ 为方程 $x^3 + y^3 + z^3 - 3xyz = 0$ 所确定的函数,求 $\left. \dfrac{\partial u}{\partial x} \right|_{(-1,0,1)}$.

解　(1) 注意到 z 是 x,y 的二元函数,因此有

$$\frac{\partial u}{\partial x} = 3x^2 y z^2 + 2x^3 y z \frac{\partial z}{\partial x}.$$

再对所给方程两端关于 x 求偏导数可得

$$3x^2 + 3z^2 \frac{\partial z}{\partial x} - 3yz - 3xy \frac{\partial z}{\partial x} = 0,$$

解得 $\dfrac{\partial z}{\partial x} = \dfrac{x^2 - yz}{xy - z^2}$. 因此,

$$\left. \frac{\partial u}{\partial x} \right|_{(-1,0,1)} = \left[3x^2 y z^2 + 2x^3 y z \cdot \left(\frac{x^2 - yz}{xy - z^2} \right) \right] \Bigg|_{(-1,0,1)} = 0.$$

(2) 注意到 y 是 x,z 的二元函数,因此有

$$\frac{\partial u}{\partial x} = 3x^2 y z^2 + 2x^3 z^2 \frac{\partial y}{\partial x}.$$

再对所给方程两端关于 x 求偏导数,类似可得 $\dfrac{\partial y}{\partial x} = \dfrac{x^2 - yz}{xz - y^2}$. 于是

$$\left. \frac{\partial u}{\partial x} \right|_{(-1,0,1)} = \left[3x^2 y z^2 + 2x^3 z^2 \cdot \left(\frac{x^2 - yz}{xz - y^2} \right) \right] \Bigg|_{(-1,0,1)} = 2.$$

例 4　设 $z = f(x,y,u) = y \sin x + u^2$,$u = \varphi(x,y)$,$\varphi(x,y)$ 具有二阶连续偏导数,求 $\dfrac{\partial z}{\partial x}$,$\dfrac{\partial^2 z}{\partial x^2}$,$\dfrac{\partial^2 z}{\partial x \partial y}$.

解
$$\frac{\partial z}{\partial x} = \frac{\partial f}{\partial x} + \frac{\partial f}{\partial u}\frac{\partial u}{\partial x} = y\cos x + 2u\frac{\partial u}{\partial x},$$

$$\frac{\partial^2 z}{\partial x^2} = -y\sin x + 2\left(\frac{\partial u}{\partial x}\right)^2 + 2u\frac{\partial^2 u}{\partial x^2},$$

$$\frac{\partial^2 z}{\partial x \partial y} = \cos x + 2\frac{\partial u}{\partial x}\frac{\partial u}{\partial y} + 2u\frac{\partial^2 u}{\partial x \partial y}.$$

此例中要注意符号 $\frac{\partial z}{\partial x}$ 与 $\frac{\partial f}{\partial x}$ 的区别.

例 5 设 $z = \sin(xy) + \varphi\left(x, \dfrac{x}{y}\right)$，$\varphi(u,v)$ 有两阶偏导数，求 $\dfrac{\partial^2 z}{\partial x \partial y}$.

解 $\dfrac{\partial z}{\partial x} = y\cos(xy) + \varphi_1' + \varphi_2'\dfrac{1}{y},$

$$\frac{\partial^2 z}{\partial x \partial y} = \cos(xy) - xy\sin(xy) + \varphi_{12}''\left(-\frac{x}{y^2}\right) - \frac{1}{y^2}\varphi_2' + \frac{1}{y}\left(-\frac{x}{y^2}\right)\varphi_{22}''$$

$$= \cos(xy) - xy\sin(xy) - \frac{x}{y^2}\varphi_{12}'' - \frac{1}{y^2}\varphi_2' - \frac{x}{y^3}\varphi_{22}''.$$

例 6 设 $\dfrac{x}{z} = \ln\dfrac{z}{y}$ 确定函数 $z = f(x,y)$，求 $\dfrac{\partial z}{\partial x}$，$\dfrac{\partial z}{\partial y}$.

解 因为 $F(x,y) = \dfrac{x}{z} - \ln\dfrac{z}{y} = \dfrac{x}{z} - \ln z + \ln y$，所以

$$F_x = \frac{1}{z}, \quad F_y = \frac{1}{y}, \quad F_z = -\frac{x}{z^2} - \frac{1}{z},$$

$$\frac{\partial z}{\partial x} = -\frac{F_x}{F_z} = -\frac{\dfrac{1}{z}}{-\dfrac{x}{z^2} - \dfrac{1}{z}} = \frac{1}{\dfrac{x}{z} + 1} = \frac{z}{x+z},$$

$$\frac{\partial z}{\partial y} = -\frac{F_y}{F_z} = -\frac{\dfrac{1}{y}}{-\dfrac{x}{z^2} - \dfrac{1}{z}} = \frac{z}{y\left(\dfrac{x}{z} + 1\right)} = \frac{z^2}{y(x+z)}.$$

例 6 也可用对方程两端直接求偏导数的方法求得，还可将方程改写为 $x = z(\ln z - \ln y)$，再求解.

例 7 设方程 $f\left(\dfrac{y}{z}, \dfrac{z}{x}\right) = 0$ 所确定的函数为 $z = z(x, y)$，$f_u(u,v) \neq 0$，证明

$$x\frac{\partial z}{\partial x} + y\frac{\partial z}{\partial y} = z.$$

证一 方程两端对 x 求导得

$$f_u \cdot \left(-\frac{y}{z^2} \right) \cdot \frac{\partial z}{\partial x} + f_v \cdot \frac{\frac{\partial z}{\partial x} \cdot x - z}{x^2} = 0,$$

解得

$$\frac{\partial z}{\partial x} = \frac{\dfrac{z}{x^2} f_v}{\dfrac{1}{x} f_v - \dfrac{y}{z^2} f_u}.$$

方程两端对 y 求导得

$$f_u \cdot \frac{z - y \dfrac{\partial z}{\partial y}}{z^2} + f_v \cdot \frac{1}{x} \cdot \frac{\partial z}{\partial y} = 0,$$

解得

$$\frac{\partial z}{\partial y} = \frac{-\dfrac{1}{z} f_u}{\dfrac{1}{x} f_v - \dfrac{y}{z^2} f_u}.$$

于是

$$x \frac{\partial z}{\partial x} + y \frac{\partial z}{\partial y} = \frac{\dfrac{z}{x} f_v}{\dfrac{1}{x} f_v - \dfrac{y}{z^2} f_u} - \frac{\dfrac{y}{z} f_u}{\dfrac{1}{x} f_v - \dfrac{y}{z^2} f_u} = z,$$

即

$$x \frac{\partial z}{\partial x} + y \frac{\partial z}{\partial y} = z.$$

证二 令 $F(x,y,z) = f\left(\dfrac{y}{z}, \dfrac{z}{x} \right)$，则

$$F_x = -\frac{z}{x^2} f_v, \quad F_y = \frac{1}{z} f_u, \quad F_z = -\frac{y}{z^2} f_u + \frac{1}{x} f_v.$$

由隐函数求导公式得

$$\frac{\partial z}{\partial x} = -\frac{F_x}{F_z} = \frac{\dfrac{z}{x^2} f_v}{\dfrac{1}{x} f_v - \dfrac{y}{z^2} f_u}, \quad \frac{\partial z}{\partial y} = -\frac{F_y}{F_z} = \frac{-\dfrac{1}{z} f_u}{\dfrac{1}{x} f_v - \dfrac{y}{z^2} f_u}.$$

其他证明同证一.

例 8 求函数 $z = x^2 + y^2 - x - y$ 在 $x^2 + y^2 \leqslant 1$ 条件下的最值.

解 先求区域内驻点. 令

$$\begin{cases} z_x = 2x - 1 = 0, \\ z_y = 2y - 1 = 0, \end{cases}$$

求得驻点 $A\left(\dfrac{1}{2}, \dfrac{1}{2}\right)$. 再求函数在边界上的最值,即求 $z = x^2 + y^2 - x - y$ 在条件 $x^2 + y^2 = 1$ 下的最值问题. 作拉格朗日函数

$$L(x, y, \lambda) = x^2 + y^2 - x - y + \lambda(x^2 + y^2 - 1),$$

解方程组

$$\begin{cases} L_x = 2x - 1 + 2x\lambda = 0, \\ L_y = 2y - 1 + 2y\lambda = 0, \\ x^2 + y^2 - 1 = 0, \end{cases}$$

求得两个驻点 $B\left(\dfrac{\sqrt{2}}{2}, \dfrac{\sqrt{2}}{2}\right)$ 和 $C\left(-\dfrac{\sqrt{2}}{2}, -\dfrac{\sqrt{2}}{2}\right)$. 最后比较 A, B, C 三点的函数值大小

$$z\left(\dfrac{1}{2}, \dfrac{1}{2}\right) = -\dfrac{1}{2}, \quad z\left(\dfrac{\sqrt{2}}{2}, \dfrac{\sqrt{2}}{2}\right) = 1 - \sqrt{2}, \quad z\left(-\dfrac{\sqrt{2}}{2}, -\dfrac{\sqrt{2}}{2}\right) = 1 + \sqrt{2},$$

得到函数 $z = x^2 + y^2 - x - y$ 在条件 $x^2 + y^2 = 1$ 下的最大值为 $1 + \sqrt{2}$,最小值为 $-\dfrac{1}{2}$.

例 9　求函数 $u = \dfrac{\sqrt{6x^2 + 8y^2}}{z}$ 在点 $(1, 1, 1)$ 处的方向导数,其中,方向为曲面 $2x^2 + 3y^2 + z^2 = 6$ 在 $(1, 1, 1)$ 处的指向外侧的法线方向.

解　曲面 $2x^2 + 3y^2 + z^2 = 6$ 在点 $(1, 1, 1)$ 处指向外侧的法向量

$$\boldsymbol{n} = (4x, 6y, 2z)\Big|_{(1,1,1)} = (4, 6, 2),$$

单位化得

$$\boldsymbol{n}_0 = \left(\dfrac{2}{\sqrt{14}}, \dfrac{3}{\sqrt{14}}, \dfrac{1}{\sqrt{14}}\right).$$

对于 $u = \dfrac{\sqrt{6x^2 + 8y^2}}{z}$,有

$$\dfrac{\partial u}{\partial x}\Big|_{(1,1,1)} = \dfrac{6}{\sqrt{14}}, \quad \dfrac{\partial u}{\partial y}\Big|_{(1,1,1)} = \dfrac{8}{\sqrt{14}}, \quad \dfrac{\partial u}{\partial z}\Big|_{(1,1,1)} = -\sqrt{14}.$$

因此,所求方向导数为

$$\dfrac{\partial u}{\partial \boldsymbol{n}}\Big|_{(1,1,1)} = \left(\dfrac{\partial u}{\partial x}\cos\alpha + \dfrac{\partial u}{\partial y}\cos\beta + \dfrac{\partial u}{\partial z}\cos\gamma\right)\Big|_{(1,1,1)}$$

$$= \dfrac{6}{\sqrt{14}} \cdot \dfrac{2}{\sqrt{14}} + \dfrac{8}{\sqrt{14}} \cdot \dfrac{3}{\sqrt{14}} - \sqrt{14} \cdot \dfrac{1}{\sqrt{14}}$$

$$= \dfrac{6}{\sqrt{14}} \times \dfrac{2}{\sqrt{14}} + \dfrac{8}{\sqrt{14}} \times \dfrac{3}{\sqrt{14}} + (-\sqrt{14}) \times \dfrac{1}{\sqrt{14}} = \dfrac{11}{7}.$$

例 10 某公司有两种产品,市场每年的需求量分别为 1 200 件和 2 000 件.如果分批生产,每批生产准备费分别为 40 元和 70 元,每年每件产品库存费均为 0.15 元.设两种产品每批总生产能力为 1 000 件,试确定两种产品每批生产的批量,使生产准备费和库存费之和最少.

解 设两种产品每批生产的批量分别为 x 和 y,在均匀售出情况下平均库存量为批量的一半,一年的库存费为

$$C_1 = 0.15\left(\frac{x+y}{2}\right) = 0.075(x+y).$$

一年的批次分别为 $\dfrac{1\,200}{x}$ 和 $\dfrac{2\,000}{y}$,所以一年的总生产准备费为

$$C_2 = 40 \times \frac{1\,200}{x} + 70 \times \frac{2\,000}{y} = 4\,000\left(\frac{12}{x} + \frac{35}{y}\right).$$

于是,总费用为

$$C = C_1 + C_2 = 0.075(x+y) + 4\,000\left(\frac{12}{x} + \frac{35}{y}\right),$$

约束条件是

$$x + y = 1\,000.$$

作拉格朗日函数

$$L(x,y) = 0.075(x+y) + 4\,000\left(\frac{12}{x} + \frac{35}{y}\right) + \lambda(x+y-1\,000),$$

解方程组

$$\begin{cases} L'_x = 0.075 - \dfrac{48\,000}{x^2} + \lambda = 0, \\[2mm] L'_y = 0.075 - \dfrac{140\,000}{y^2} + \lambda = 0, \\[2mm] x + y - 1\,000 = 0, \end{cases}$$

得 $x = 369$, $y = 631$. 这是唯一可能的极值点,由问题的实际意义可知存在总费用的最小值,故当两种产品的批量分别为 369 和 631 时总费用最小.

下面通过一个例子,给出多元函数求极值的方法在最小二乘法中的应用.

例 11 测得铜导线在温度 t_j 时的电阻 r_j 如下表所示,求出电阻 r 与温度 t 的近似表达式.

j	1	2	3	4	5	6	7
t_j	19.1	25.0	30.1	36.0	40.0	45.1	50.0
r_j	76.30	77.80	79.25	80.80	82.35	83.90	85.10

解 如果把这七个点画在图上,可以看出它们虽然不在一条直线上,但和一条直线很接近(见图 8-14). 考虑到数据的测量是有误差的,因此,可设铜导线的电阻 r 与温度 t 的关系为

$$r = a + bt,$$

式中 a, b 待定.

由于 (t_j, r_j) 不是严格地在一条直线上,因此不论怎么样选择,a, b 总是不能使所有的点均落在直线上,也就是

$$a + bt_j - r_j \neq 0 \quad (j = 1, 2, \cdots, 7).$$

但可选择 a, b 使各项误差的平方和尽可能的小,即求 a, b 使目标函数

$$R = R(a, b) = \sum_{j=1}^{7} (a + bt_j - r_j)^2$$

取最小值.

利用多元函数求极值的方法令 $\dfrac{\partial R}{\partial a} = 0, \dfrac{\partial R}{\partial b} = 0$,可以得到

$$7a + \sum_{j=1}^{7} t_j b = \sum_{j=1}^{7} r_j, \quad a \sum_{j=1}^{7} t_j + b \sum_{j=1}^{7} t_j^2 = \sum_{j=1}^{7} r_j t_j.$$

将表中数据代入,得到方程组

$$\begin{cases} 7a + 245.3b = 565.5, \\ 245.3a + 9\,325.8b = 20\,029.4. \end{cases}$$

解得 $a = 70.57, b = 0.29$. 因此所求直线方程为

$$r = 70.57 + 0.29t.$$

例 11 把一个实际问题归结为求若干参数 a, b 使得若干项的平方和取极小值,这样的方法也称为最小二乘法. 在实际问题中,常常有很多数据测量,需要建立近似的函数关系或经验公式. 此时可先在坐标系中描出这些点,结合问题本身的意义,观测相应曲线形状. 有时不能看出是什么曲线,也可用多项式函数近似表示函数关系. 即设所求的函数是多项式函数

$$y = f(x) = a_0 + a_1 x + \cdots + a_n x^n,$$

其中,多项式的次数可不断从低到高进行尝试,根据最终的误差大小选定,而待定系数 $a_0, a_1, \cdots, a_n$ 可利用例 11 的方法归结为多元函数的最小值问题,也称为最小二乘法. 有兴趣的读者可参考计算方法的有关书籍.

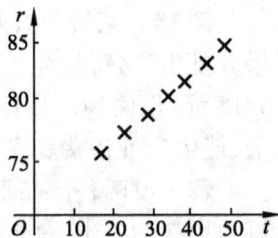

图 8-14

习 题 8-9

1. 证明函数 $f(x, y) = \sqrt{|xy|}$ 在点 $(0,0)$ 处的两个偏导数都存在,但函数 $f(x, y)$ 在点 $(0,0)$ 处不可微.

2. 设 $f(1, 1) = 1, f'_1(1, 1) = a, f'_2(1, 1) = b, \varphi(x) = f\{x, f[x, f(x, x)]\}$,求 $\varphi(1)$, $\varphi'(1)$.

3. 设 $z = x^n f\left(\dfrac{y}{x^2}\right)$,其中 f 为任意可微函数,证明 $x \dfrac{\partial z}{\partial x} + 2y \dfrac{\partial z}{\partial y} = nz$.

4. 设 $\dfrac{x}{z} = \ln \dfrac{z}{y}$ 确定函数 $z = f(x, y)$,利用对方程两端直接求偏导数的方法求 $\dfrac{\partial z}{\partial x}$,$\dfrac{\partial z}{\partial y}$.

5. 设 $y = y(x)$,$z = z(x)$ 由 $z = x^2 + y^2$,$x^2 + 2y^2 + 3z^2 = 1$ 确定,利用第四节中公式 (12),直接对方程组求导以及用求微分法的三种方法求 $\dfrac{\mathrm{d}y}{\mathrm{d}x}$,$\dfrac{\mathrm{d}z}{\mathrm{d}x}$.

6. 设 $F(u, v)$ 具有连续偏导数,$z = z(x, y)$ 是由 $F(cx - az, cy - bz) = 0$ 确定的隐函数,试证 $a \dfrac{\partial z}{\partial x} + b \dfrac{\partial z}{\partial y} = c$.

7. 设 $y = f(x, y, z)$,$z = g(x, y, z)$,其中 f, g 具有一阶连续偏导数,求 $\dfrac{\mathrm{d}z}{\mathrm{d}x}$.

8. 设 $y = f(x, t)$,而 t 是由方程 $F(x, y, t) = 0$ 确定的二元函数,f, F 都具有一阶连续偏导数,试证 $\dfrac{\mathrm{d}y}{\mathrm{d}x} = \dfrac{F_t f_x - f_t F_x}{f_t F_y + F_t}$.

9. 试证曲面 $z = xf\left(\dfrac{y}{x}\right)$ 上任一点处的切平面均过原点,其中 $f(u)$ 可导.

10. 经济学中的库柏-道格拉斯生产函数模型为 $f(x, y) = cx^\alpha y^{1-\alpha}$,其中 x 表示投入的劳动力数量,y 表示投入原料的数量,$f(x, y)$ 表示产出量,c 与 $\alpha (0 < \alpha < 1)$ 为常数,由不同生产过程的具体情况决定. 现已知某公司的库柏-道格拉斯生产函数为 $f(x, y) = 100 x^{\frac{3}{4}} y^{\frac{1}{4}}$,每个劳动力的生产成本为 150 元,单位原料的成本为 250 元,总预算为 50 000 元,问该公司应如何分配这笔钱用于雇用劳动力和购买原材料,使得产出量最大?

第九章 多元数量值函数积分

本章在介绍黎曼积分的基本概念与性质的基础上,讨论黎曼积分的几种特殊情形的积分(即定义在不同区域上的多元数量值函数积分)及其应用. 主要内容包括二重积分、三重积分、对弧长的曲线积分及对面积的曲面积分.

第一节 多元数量值函数积分的概念与性质

一、黎曼积分的概念

在第四章中,利用定积分计算出了非均匀细棒的质量,其主要的方法是"分割—近似—求和—取极限",下面将应用类似的方法计算任意形状的、非均匀物体的质量.

设某物体的形状是 Ω,且其几何形状是可度量的(即,若 Ω 是线状的,如直线状、曲线状等,则其几何度量为长度;若 Ω 是平面薄板状或曲面状的,则 Ω 的几何度量为面积等),其在任意点 $M \in \Omega$ 处的密度为 $\rho(M)$,即物体是非均匀的.下面求物体的质量 m.

为求该物体的质量,用与前面类似的方法、步骤:

(1)分割 将该物体任意地分割成细小的、可度量的若干块,记为 $\Delta\Omega_i(1 \leqslant i \leqslant n)$,并把每一小块的几何度量记为 $\mu(\Delta\Omega_i)$.

(2)近似 当分割足够细时,可近似认为每一小块的质量都是均匀分布的,因而可在每一小块 $\Delta\Omega_i$ 任取一点 M_i,以 M_i 处的密度作为 $\Delta\Omega_i$ 的密度,则 $\Delta\Omega_i$ 的质量 Δm_i 就近似等于 $\rho(M_i)\mu(\Delta\Omega_i)$,即

$$\Delta m_i \approx \rho(M_i)\mu(\Delta\Omega_i).$$

(3)求和 由此得

$$m = \sum_{i=1}^{n} \Delta m_i \approx \sum_{i=1}^{n} \rho(M_i)\mu(\Delta\Omega_i).$$

(4)取极限 当分割的越来越细,以至于每一小块 $\Delta\Omega_i$ 的直径(即 $\Delta\Omega_i$ 中任

意两点的最大距离)都趋于零时,就有

$$m = \lim_{\lambda \to 0} \sum_{i=1}^{n} \rho(M_i)\mu(\Delta\Omega_i),$$

其中,λ 表示所有 $\Delta\Omega_i$ 的最大直径.

若将此例中的 $\rho(M)$ 看作是定义在几何体 Ω 上的任意函数,则有如下定义.

定义 设 Ω 是一可度量的几何形体,$f(M)$ 是定义在该几何形体 Ω 上的一个函数. 将该几何形体 Ω 任意地分成可度量的若干小块 $\Delta\Omega_1, \Delta\Omega_2, \cdots, \Delta\Omega_n$,并把它们的度量记为 $\mu(\Delta\Omega_1), \mu(\Delta\Omega_2), \cdots, \mu(\Delta\Omega_n)$,在每一小块上任取一点 $M_i \in \Delta\Omega_i$,并记 λ 为 $\Delta\Omega_1, \Delta\Omega_2, \cdots, \Delta\Omega_n$ 中最大的直径. 若极限

$$\lim_{\lambda \to 0} \sum_{i=1}^{n} f(M_i)\mu(\Delta\Omega_i)$$

不论对于 Ω 怎样分划以及 M_i 在 $\Delta\Omega_i$ 上取法如何,都有同一极限值 I,则称 $f(M)$ 在 Ω 上黎曼可积. 并称此极限 I 为 $f(M)$ 在几何形体 Ω 上的黎曼积分,记为

$$I = \int_{\Omega} f(M)\,\mathrm{d}\Omega,$$

其中,$f(M)$ 称为被积分函数,Ω 称为积分区域,$\mathrm{d}\Omega$ 是 Ω 的度量元素(微元).

由黎曼积分的定义可知,上面引例中物体的质量可用黎曼积分表示为

$$m = \int_{\Omega} \rho(M)\,\mathrm{d}\Omega.$$

根据几何形体 Ω 的不同形状,黎曼积分 $\int_{\Omega} f(M)\,\mathrm{d}\Omega$ 有不同的表达式及名称.

(1)如果几何体 Ω 是 x 轴上的闭区间 $[a,b]$,则 $f(M)$ 就是定义在区间 $[a,b]$ 上的一元函数,这时的黎曼积分 $\int_{\Omega} f(M)\,\mathrm{d}\Omega$ 就是前面介绍的定积分,即

$$\int_{\Omega} f(M)\,\mathrm{d}\Omega = \int_a^b f(x)\,\mathrm{d}x.$$

(2)如果几何休 Ω 是一有限的平面区域 D,则 $f(M)$ 就是定义在 D 上的二元函数 $f(M)=f(x,y)$,这时的黎曼积分 $\int_{\Omega} f(M)\,\mathrm{d}\Omega$ 称为 $f(x,y)$ 在平面区域 D 上的二重积分,记为

$$\iint_D f(x,y)\,\mathrm{d}\sigma.$$

(3)如果几何体 Ω 是一有限体积的空间几何体,那么 Ω 上的黎曼积分就称为三重积分,记为

$$\iiint_{\Omega} f(x,y,z)\,\mathrm{d}v.$$

(4)如果几何体 Ω 是一有限弧长的空间曲线段 l,那么 l 上的黎曼积分就称为

对弧长的曲线积分,也称为第 I 类曲线积分,记为

$$\int_l f(x,y,z)\,\mathrm{d}s;$$

特别地,当曲线 l 是封闭曲线时,对弧长的曲线积分也记为

$$\oint_l f(x,y,z)\,\mathrm{d}s.$$

(5) 如果几何体 Ω 是一有限面积的曲面片 Σ,那么 Σ 上的黎曼积分就称为对面积的曲面积分,也称为第 I 类曲面积分,记为

$$\iint_\Sigma f(x,y,z)\,\mathrm{d}S;$$

特别地,当曲面 Σ 是封闭曲面时,对面积的曲面积分也记为

$$\oiint_\Sigma f(x,y,z)\,\mathrm{d}S.$$

二、黎曼积分的性质

由黎曼积分的定义,不难证明其具有如下性质:

性质 1 若 Ω 是可度量的几何体,则

$$\int_\Omega \mathrm{d}\Omega = \int_\Omega 1\mathrm{d}\Omega = \mu(\Omega),$$

其中,$\mu(\Omega)$ 表示 Ω 的度量.

性质 2 若 $f(M),g(M)$ 在 Ω 上可积,λ,μ 是任意实数,则

$$\int_\Omega [\lambda f(M) + \mu g(M)]\mathrm{d}\Omega = \lambda\int_\Omega f(M)\mathrm{d}\Omega + \mu\int_\Omega g(M)\mathrm{d}\Omega.$$

这个性质说明两个函数和的积分等于它们积分的和,且常数可提到积分号的外面.

性质 3 若 $f(M)$ 在 Ω 上可积,$\Omega = \Omega_1 \cup \Omega_2$,且 $\Omega_1 \cap \Omega_2$ 的几何度量 $\mu(\Omega_1 \cap \Omega_2) = 0$,则 $f(M)$ 在 Ω_1 与 Ω_2 上都可积,且

$$\int_\Omega f(M)\mathrm{d}\Omega = \int_{\Omega_1} f(M)\mathrm{d}\Omega + \int_{\Omega_2} f(M)\mathrm{d}\Omega.$$

这个性质说明黎曼积分关于积分区域是可加的.

性质 4 若 $f(M),g(M)$ 在 Ω 上可积,且在 Ω 上不等式 $f(M) \leqslant g(M)$ 成立,则

$$\int_\Omega f(M)\mathrm{d}\Omega \leqslant \int_\Omega g(M)\mathrm{d}\Omega.$$

特别地,若在 Ω 上有 $f(M) \geqslant 0(\leqslant 0)$,则有

$$\int_\Omega f(M)\mathrm{d}\Omega \geqslant 0(\leqslant 0).$$

性质 5 若 $f(M)$ 在 Ω 上可积,则 $|f(M)|$ 在 Ω 也上可积,且有

$$\left| \int_{\Omega} f(M) \, \mathrm{d}\Omega \right| \leqslant \int_{\Omega} |f(M)| \, \mathrm{d}\Omega.$$

性质6（积分第一中值定理）　若 $f(M)$ 在 Ω 上连续,则 $f(M)$ 在 Ω 上可积,且在 Ω 上至少存在一点 M_0,使得

$$\int_{\Omega} f(M) \, \mathrm{d}\Omega = f(M_0) \cdot \mu(\Omega).$$

在讨论定积分计算时,如果被积函数具有奇偶性、积分区间关于原点对称,那么可以利用有关性质,简化积分计算. 在一般的黎曼积分计算中,这种方法也是适用的. 下面先简述有关多元函数的奇偶性和积分区域的对称性概念,再给出相应的积分性质. 这里仅以二重积分为例,读者不难由此得到关于其他类型积分的类似结论.

设 D 是平面区域,若对于任意的 $(x,y) \in D$,均有

（1）$(-x,y) \in D$,则称 D 关于 $x=0$(y 轴)对称;

（2）$(x,-y) \in D$,则称 D 关于 $y=0$(x 轴)对称;

（3）$(-x,-y) \in D$,则称 D 关于原点对称;

（4）$(y,x) \in D$,则称 D 关于直线 $y=x$ 对称,也称为关于 x,y 轮换对称.

若平面区域 D 关于 $x=0$(y 轴)对称,且对于任意的 $(x,y) \in D$,均有 $f(-x,y) = -f(x,y)$($f(-x,y) = f(x,y)$),则称 $f(x,y)$ 是 x 的奇(偶)函数. 对多元函数有类似的定义.

性质7　设有界闭区域 Ω 关于 $x=0$(y 轴)对称,$f(M)$ 是 Ω 上黎曼可积的函数,则

$$\int_{\Omega} f(M) \, \mathrm{d}\Omega = \begin{cases} 2 \int_{\Omega^+} f(M) \, \mathrm{d}\Omega, & f(M) \text{ 是关于 } x \text{ 的偶函数,} \\ 0, & f(M) \text{ 是关于 } x \text{ 的奇函数,} \end{cases}$$

其中,Ω^+ 表示 Ω 中对应于 $x \geqslant 0$ 的部分.

例如,假定平面区域 D 为 $|x| \leqslant 1$,$|y| \leqslant 1$,则

$$I = \iint_{D} x \mathrm{e}^{\cos(xy)} \, \mathrm{d}x\mathrm{d}y = 0.$$

性质8　设有界闭区域 D 关于 x,y 轮换对称,且 $f(x,y)$ 是 D 上黎曼可积的函数,则有

$$\iint_{D} f(x,y) \, \mathrm{d}\sigma = \iint_{D} f(y,x) \, \mathrm{d}\sigma.$$

注　对于其他黎曼积分也有类似于性质7、性质8的结论.

例1　设空间区域 Ω 为 $1 \leqslant x^2 + y^2 + z^2 \leqslant 4$,求 $I = \iiint_{\Omega} \dfrac{x^2}{x^2 + y^2 + z^2} \mathrm{d}v$.

解　空间区域 Ω 关于 x,y,z 轮换对称, 所以

$$\iiint_{\Omega} \frac{x^2}{x^2 + y^2 + z^2} dv = \iiint_{\Omega} \frac{y^2}{x^2 + y^2 + z^2} dv = \iiint_{\Omega} \frac{z^2}{x^2 + y^2 + z^2} dv,$$

从而

$$I = \frac{1}{3} \Big[\iiint_{\Omega} \frac{x^2}{x^2 + y^2 + z^2} dv + \iiint_{\Omega} \frac{y^2}{x^2 + y^2 + z^2} dv + \iiint_{\Omega} \frac{z^2}{x^2 + y^2 + z^2} dv \Big]$$

$$= \frac{1}{3} \iiint_{\Omega} \frac{x^2 + y^2 + z^2}{x^2 + y^2 + z^2} dv = \frac{1}{3} \iiint_{\Omega} dv = \frac{1}{3} \Big(\frac{4}{3} \pi \cdot 2^3 - \frac{4}{3} \pi \cdot 1^3 \Big) = \frac{28}{9} \pi.$$

习 题 9–1

1. 分别就下列 Ω 的不同情形,指出下列各题中的黎曼积分 $\int_{\Omega} f(M) d\Omega$ 表示的是二重积分,还是三重积分,或是对弧长的曲线积分及对面积的曲面积分.

(1) Ω 是 xOy 平面上的抛物线 $y = x^2 (-1 \leqslant x \leqslant 1)$ 段;

(2) Ω 是由直线 $y = |x|$ 与 $y = 1$ 围成的平面区域;

(3) Ω 是锥面 $z = \sqrt{x^2 + y^2}$ 与半球面 $z = 2 + \sqrt{2 - x^2 - y^2}$ 围成的空间区域;

(4) Ω 是旋转抛物面 $z = 2(x^2 + y^2)$ 被平面 $z = 2$ 切下的有限部分;

(5) Ω 是空间曲线弧 $x = t, y = t^2, z = t^3 (0 \leqslant t \leqslant 1)$.

2. 填空题:

(1) 若 Ω 是由平面直线 $x + y = 2$ 与两坐标轴围成的平面区域,则 $\int_{\Omega} d\Omega =$ _____.

(2) 若 Ω 是由曲面 $z = \sqrt{x^2 + y^2}$ 与平面 $z = 1$ 围成的空间区域,则 $\int_{\Omega} d\Omega =$ _____.

(3) 若 Ω 是由平面直线 $x + y = 2$ 与两坐标轴围成的平面区域的整个边界曲线,则 $\int_{\Omega} d\Omega =$

_____.

(4) 若 Ω 是球面 $x^2 + y^2 + z^2 = R^2$,则 $\int_{\Omega} d\Omega =$ _____.

(5) 设 D 是 zOx 坐标面上的以点 $(1,1)$,$(-1,1)$,$(-1,-1)$ 为顶点的三角形区域,则 $\iint_{D} (xy + 2) dxdy =$ _____.

3. 估计下列积分的取值范围:

(1) $\int_{L} \frac{1}{1 + x^2 + y^2} ds$,其中 L 为圆心在原点的 xOy 坐标面上的单位圆;

(2) $\iint_{D} xy dxdy$,其中 D 是由平面直线 $x + y = 1$ 与 $x = 0$、$y = 0$ 围成的平面区域.

4. 比较下列各组积分值的大小:

(1) $\iiint_{\Omega} \ln(x^2 + y^2 + z^2 + 1) dv$ 与 $\iiint_{\Omega} (x^2 + y^2 + z^2) dv$,其中 Ω 是由球面 $x^2 + y^2 + z^2 = R^2$ 围成的空间区域;

（2）$\iint\limits_{D}\sin(x^2+y^2)\,\mathrm{d}x\mathrm{d}y$ 与 $\iint\limits_{D}(x^2+y^2)\,\mathrm{d}x\mathrm{d}y$，其中 D 是任意的一平面有界闭区域.

5. 已知一物体由抛物面 $z=16-2x^2-2y^2$ 和 $z=2x^2+2y^2$ 围成，且其密度函数为 $\rho(x,y,z)=\sqrt{x^2+y^2}$，试用三重积分表示该物体的质量.

6. 已知一平面薄板由上半圆弧 $y=\sqrt{R^2-x^2}$ 与 x 轴围成，其密度函数为 $\rho(x,y)=1+x$，试用二重积分表示该薄板的质量.

7. 用曲线积分表示位于曲线 $y=\sin 2x\,(0\leqslant x\leqslant 2\pi)$ 上的金属线的质量，设其密度函数为 $\rho(x)=1+x^2$.

第二节　二重积分的计算

一、二重积分的几何意义

设有一立体 Ω，它的底为 xOy 平面上的闭区域 D，它的侧面是以 D 的边界为准线，平行于 z 轴的直线为母线的柱面，其顶是在区域 D 上光滑曲面
$$z=f(x,y)\,(f(x,y)\geqslant 0,(x,y)\in D),$$
这样的柱体称为曲顶柱体（见图9-1）.

为求此曲顶柱体的体积，可将平面区域 D 任意分割为 n 个小区域，记为
$$\Delta\sigma_1,\Delta\sigma_2,\cdots,\Delta\sigma_n,$$
并把这 n 个小区域的面积仍记为 $\Delta\sigma_1,\Delta\sigma_2,\cdots,$

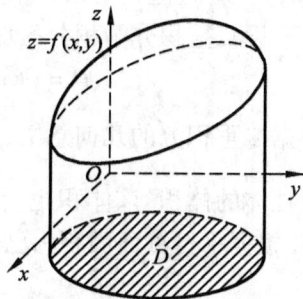

图9-1

$\Delta\sigma_n$，在 $\Delta\sigma_i$ 上任取一点 $M_i(\xi_i,\eta_i)$，则每个小区域所对应的曲顶柱体的体积近似地等于 $f(\xi_i,\eta_i)\Delta\sigma_i\,(i=1,2,\cdots,n)$. 根据黎曼积分的定义，此曲顶柱体的体积可表示为二重积分

$$V=\iint\limits_{D}f(x,y)\,\mathrm{d}\sigma.$$

因此，当 $f(x,y)$ 在 D 上大于零时，二重积分 $\iint\limits_{D}f(x,y)\,\mathrm{d}\sigma$ 的值等于以 D 为底，以曲面 $z=f(x,y)$ 为曲顶的曲顶柱体的体积；当 $f(x,y)$ 在 D 上小于零时，$-\iint\limits_{D}f(x,y)\,\mathrm{d}\sigma$ 的值等于以 D 为底，以 $z=-f(x,y)$ 为曲顶的曲顶柱体的体积. 当 $f(x,y)$ 在区域 D 上有正有负时，$f(x,y)$ 在 D 上的二重积分就表示这些曲顶柱体体积的代数和.

二、利用直角坐标计算二重积分

由黎曼积分的定义知,二重积分 $\iint\limits_D f(x,y)\,\mathrm{d}\sigma$

中的 $\mathrm{d}\sigma$ 表示平面区域的面积元素,当用分别平行于坐标轴的两组直线分割平面区域 D(见图 9-2)时,这时除含有 D 的边界的小区域外,均有 $\mathrm{d}\sigma=\mathrm{d}x\mathrm{d}y$,因而二重积分通常又写为

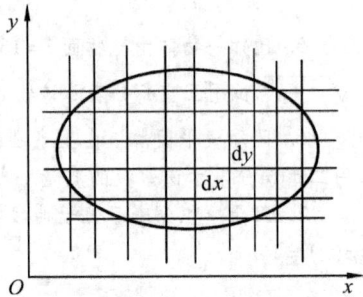

图 9-2

$$\iint\limits_D f(x,y)\,\mathrm{d}x\mathrm{d}y.$$

下面从二重积分的几何意义——曲顶柱体的体积,给出二重积分 $\iint\limits_D f(x,y)\,\mathrm{d}x\mathrm{d}y$ 在直角坐标下的计算方法,在此过程中假定 $f(x,y)\geqslant 0$,但其结果并不受此限制.

设二重积分的积分区域 D 为

$$D=\{(x,y)\mid\varphi_1(x)\leqslant y\leqslant\varphi_2(x),a\leqslant x\leqslant b\}. \tag{1}$$

根据二重积分的几何意义, $\iint\limits_D f(x,y)\,\mathrm{d}x\mathrm{d}y$ 表示以 D 为底,曲面 $z=f(x,y)$ 为顶的曲顶柱体的体积. 该体积也可用计算平行截面面积为已知的几何体体积的方法计算. 根据平行截面面积为已知的面积公式,曲顶柱体在 $x=x_0$ 处截面的面积为

$$A(x_0)=\int_{\varphi_1(x_0)}^{\varphi_2(x_0)}f(x_0,y)\,\mathrm{d}y.$$

因而其在任意点 x 处的截面面积为

$$A(x)=\int_{\varphi_1(x)}^{\varphi_2(x)}f(x,y)\,\mathrm{d}y.$$

所以该曲顶柱体的体积为

$$\iint\limits_D f(x,y)\,\mathrm{d}x\mathrm{d}y=\int_a^b A(x)\,\mathrm{d}x=\int_a^b\Big[\int_{\varphi_1(x)}^{\varphi_2(x)}f(x,y)\,\mathrm{d}y\Big]\mathrm{d}x.$$

上面右边的积分式子通常写为

$$\iint\limits_D f(x,y)\,\mathrm{d}x\mathrm{d}y=\int_a^b\mathrm{d}x\int_{\varphi_1(x)}^{\varphi_2(x)}f(x,y)\,\mathrm{d}y. \tag{2}$$

式(2)右端称为先对 y、后对 x 的二次积分。其中,在计算 $\int_{\varphi_1(x)}^{\varphi_2(x)}f(x,y)\,\mathrm{d}y$ 时,把 x 看作常量,求出结果,再对 x 计算从 a 到 b 的定积分.

类似地,若能将区域写为

$$D=\{(x,y)\mid\psi_1(y)\leqslant x\leqslant\psi_2(y),c\leqslant y\leqslant d\}, \tag{3}$$

则有

$$\iint\limits_{D} f(x,y)\,\mathrm{d}x\mathrm{d}y = \int_{c}^{d}\mathrm{d}y\int_{\psi_1(y)}^{\psi_2(y)} f(x,y)\,\mathrm{d}x. \qquad (4)$$

式(4)右端称为先对 x 后对 y 的二次积分.

用式(1)表示的区域称为 X 型区域,其特点是平行于 y 轴的直线与区域 D 的边界最多只有两个交点. 若积分区域 D 是 X 型的区域,可用式(2)将其化为二次积分计算. 用式(3)表示的区域称为 Y 型区域,其特点是与平行于 x 轴的直线与区域 D 的边界最多只有两个交点,若积分区域是 Y 型的区域,可用式(4)将其化为二次积分计算.

如果一个区域既是 X 型,又是 Y 型的,则其可化为式(2)或(4)中任意一个积分式计算. 如果一个区域既不是 X 型,也不是 Y 型的,这时可先用直线段把区域 D 分成若干个 X 型或 Y 型的区域,再根据二重积分关于积分区域的可加性分别计算各个区域上的二重积分.

例1 计算二重积分 $\iint\limits_{D} f(x,y)\,\mathrm{d}x\mathrm{d}y$,其中 $f(x,y) = \dfrac{1}{2}(2-x-y)$,$D$ 为直线 $y=x$ 与抛物线 $y=x^2$ 所围成的区域 (见图 9-3).

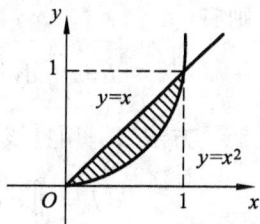

图 9-3

解 求得直线 $y=x$ 与抛物线 $y=x^2$ 的交点坐标为 $(0,0)$ 和 $(1,1)$.

方法一 将区域 D 写为 X 型区域
$$D = \{(x,y)\mid x^2 \leqslant y \leqslant x,\ 0 \leqslant x \leqslant 1\}.$$
这时可将二重积分化为二次积分

$$\begin{aligned}
\iint\limits_{D} f(x,y)\,\mathrm{d}x\mathrm{d}y &= \int_{0}^{1}\mathrm{d}x\int_{x^2}^{x}\frac{1}{2}(2-x-y)\,\mathrm{d}y \\
&= \frac{1}{2}\int_{0}^{1}\Big[2y - xy - \frac{1}{2}y^2\Big]_{x^2}^{x}\,\mathrm{d}x \\
&= \frac{1}{2}\int_{0}^{1}\Big(2x - \frac{7}{2}x^2 + x^3 + \frac{1}{2}x^4\Big)\,\mathrm{d}x \\
&= \frac{11}{120}.
\end{aligned}$$

方法二 将区域 D 写为 Y 型区域
$$D = \{(x,y)\mid y \leqslant x \leqslant \sqrt{y},\ 0 \leqslant y \leqslant 1\}.$$
这时可将二重积分化为二次积分

$$\iint\limits_{D} f(x,y)\,\mathrm{d}x\mathrm{d}y = \int_{0}^{1}\mathrm{d}y\int_{y}^{\sqrt{y}}\frac{1}{2}(2-x-y)\,\mathrm{d}x,$$

其中,

$$\int_y^{\sqrt{y}} \frac{1}{2}(2 - x - y)\mathrm{d}x = \sqrt{y} - \frac{5}{4}y - \frac{1}{2}y^{\frac{3}{2}} + \frac{3}{4}y^2,$$

所以 $\qquad \iint\limits_D f(x,y)\mathrm{d}x\mathrm{d}y = \int_0^1 \left(\sqrt{y} - \frac{5}{4}y - \frac{1}{2}y^{\frac{3}{2}} + \frac{3}{4}y^2\right)\mathrm{d}y = \frac{11}{120}.$

例2 计算二重积分 $I = \iint\limits_D xy\mathrm{d}x\mathrm{d}y$,其中 D 是由抛物线 $y^2 = x$ 及直线 $y = x - 2$ 所围成的区域(见图9-4).

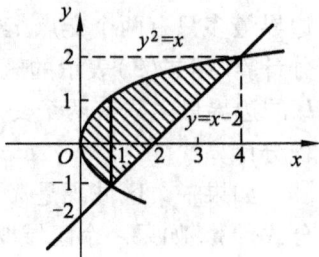

解 抛物线 $y^2 = x$ 与直线 $y = x - 2$ 的交点为 $(1, -1)$ 和 $(4, 2)$.

方法一 将区域写成
$$D = \{(x,y) \mid y^2 \leqslant x \leqslant y + 2,\ -1 \leqslant y \leqslant 2\},$$
则有
$$I = \int_{-1}^2 \mathrm{d}y \int_{y^2}^{y+2} xy\mathrm{d}x = \int_{-1}^2 \left(\frac{1}{2}y^3 + 2y^2 + 2y - \frac{1}{2}y^5\right)\mathrm{d}y = \frac{45}{8}.$$

方法二 用直线 $x = 1$ 将区域 D 分为两部分 D_1, D_2,则
$$I = \iint\limits_{D_1} xy\mathrm{d}x\mathrm{d}y + \iint\limits_{D_2} xy\mathrm{d}x\mathrm{d}y = \int_0^1 \mathrm{d}x \int_{-\sqrt{x}}^{\sqrt{x}} xy\mathrm{d}y + \int_1^4 \mathrm{d}x \int_{x-2}^{\sqrt{x}} xy\mathrm{d}y$$
$$= 0 + \int_1^4 \left(-\frac{1}{2}x^3 + \frac{5}{2}x^2 - 2x\right)\mathrm{d}x = \frac{45}{8}.$$

图9-4

例3 计算二重积分 $I = \iint\limits_D \sin y^2 \mathrm{d}x\mathrm{d}y$,其中 D 是由直线 $x = 0, y = 1, y = x$ 所围成的区域.

解 积分区域如图9-5所示. 如果将原积分化为二次积分
$$I = \int_0^1 \mathrm{d}x \int_x^1 \sin y^2 \mathrm{d}y,$$
则由于函数 $\sin y^2$ 的原函数不是初等函数,所以无法计算该二次积分,但如果将积分改为先对 x 后对 y 的积分,则可以容易地计算
$$I = \int_0^1 \mathrm{d}y \int_0^y \sin y^2 \mathrm{d}x = \int_0^1 y\sin y^2 \mathrm{d}y = \frac{1}{2}(1 - \cos 1).$$

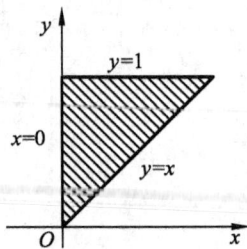

图9-5

例4 交换下列二次积分的顺序.

(1) $\displaystyle\int_{-6}^2 \mathrm{d}x \int_{\frac{1}{4}x^2-1}^{2-x} f(x,y)\mathrm{d}y$;

(2) $\int_0^1 dx \int_0^{x^2} f(x,y) dy + \int_1^3 dx \int_0^{\frac{1}{2}(3-x)} f(x,y) dy$.

解 （1）该二次积分所确定的积分区域（见图9-6a）为

$$\left\{ (x,y) \;\middle|\; \frac{1}{4}x^2 - 1 \leqslant y \leqslant 2 - x, -6 \leqslant x \leqslant 2 \right\}.$$

该区域可以分为 x 轴下方的一个区域和 x 轴上方的一个区域,分别将这两个区域化为先关于 x 再关于 y 的二次积分得

$$\int_{-6}^2 dx \int_{\frac{1}{4}x^2-1}^{2-x} f(x,y) dy = \int_{-1}^0 dy \int_{-2\sqrt{y+1}}^{2\sqrt{y+1}} f(x,y) dx + \int_0^8 dy \int_{-2\sqrt{y+1}}^{2-y} f(x,y) dx.$$

（2）第一个二次积分所对应的积分区域（见图9-6b）为

$$\{ (x,y) \,|\, 0 \leqslant y \leqslant x^2, 0 \leqslant x \leqslant 1 \};$$

第二个二次积分所对应的积分区域（见图9-6b）为

$$\left\{ (x,y) \;\middle|\; 0 \leqslant y \leqslant \frac{1}{2}(3-x), 1 \leqslant x \leqslant 3 \right\},$$

这是一个三角形区域. 将这两个区域合并,再化为先关于 x 再关于 y 的二次积分得

$$\int_0^1 dx \int_0^{x^2} f(x,y) dy + \int_1^3 dx \int_0^{\frac{1}{2}(3-x)} f(x,y) dy = \int_0^1 dy \int_{\sqrt{y}}^{3-2y} f(x,y) dx.$$

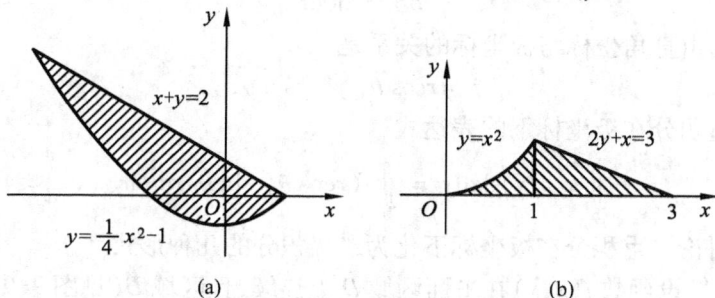

(a)   (b)

图9-6

例5 求曲面 $x=0, y=0, z=0, x+y+z=1$ 所围的几何体的体积.

解 曲面 $x=0, y=0, z=0, x+y+z=1$ 所围的几何体如图9-7所示. 它可看作是以 xOy 平面上的三角形区域 $\triangle OAB$ 为底,平面 $z=1-x-y$ 为曲顶的曲顶柱体,因而所求的几何体的体积为

$$V = \iint_D (1-x-y) dx dy = \int_0^1 dx \int_0^{1-x} (1-x-y) dy$$

$$= \frac{1}{2} \int_0^1 (1-2x+x^2) dx = \frac{1}{6}.$$

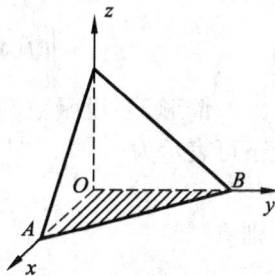

图9-7

当然,由棱锥体积公式,很容易得出结果.

三、利用极坐标计算二重积分

当积分区域是圆域或是圆域的一部分,且被积函数用极坐标变量表达比较简单时,用极坐标计算往往较为方便,下面介绍二重积分在极坐标下化为二次积分的方法.

首先,推导在极坐标下面积元素 $d\sigma$ 的表达式.

在直角坐标下,用分别平行于 x 轴、y 轴的两族直线对区域进行分割,并得知面积元素在直角坐标下的表达为 $d\sigma = dxdy$. 现用两族曲线,一组是以极点为圆心的一族同心圆,另一组是以极点为起点的射线,以划分区域,这时划分出的小区域(见图9-8)面积,即面积元素为

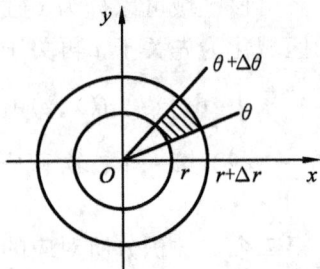

$$d\sigma = \frac{1}{2}\left[(r+\Delta r)^2 - r^2\right]\Delta\theta = r\Delta r\Delta\theta + \frac{1}{2}(\Delta r)^2\Delta\theta.$$

当 $\Delta r, \Delta\theta$ 为无穷小时,$\frac{1}{2}(\Delta r)^2\Delta\theta$ 是关于 $\Delta r \cdot \Delta\theta$ 的高阶无穷小,可得在极坐标下面积元素的表达式

$$d\sigma = rd\theta dr.$$

图 9-8

又因为由直角坐标与极坐标的关系是

$$x = r\cos\theta, \ y = r\sin\theta,$$

所以得二重积分在极坐标下的表达式

$$\iint\limits_{D} f(x,y)dxdy = \iint\limits_{D} f(r\cos\theta, r\sin\theta)rd\theta dr.$$

下面讨论二重积分在极坐标下化为二次积分的几种形式.

情形 1 设函数 $f(x,y)$ 在平面区域 D 上连续,且区域 D(见图9-9a)在极坐标下可表示为

$$D = \{(r,\theta)\,|\,r_1(\theta) \leq r \leq r_2(\theta), \alpha \leq \theta \leq \beta\},$$

则有

$$\iint\limits_{D} f(x,y)dxdy = \int_{\alpha}^{\beta} d\theta \int_{r_1(\theta)}^{r_2(\theta)} f(r\cos\theta, r\sin\theta)rdr.$$

情形 2 设函数 $f(x,y)$ 在平面区域 D 上连续,且区域 D(见图9-9b)在极坐标下可表示为

$$D = \{(r,\theta)\,|\,0 \leq r \leq r(\theta), \alpha \leq \theta \leq \beta\},$$

则有

$$\iint\limits_{D} f(x,y)dxdy = \int_{\alpha}^{\beta} d\theta \int_{0}^{r(\theta)} f(r\cos\theta, r\sin\theta)rdr.$$

情形 3 设函数 $f(x,y)$ 在平面区域 D 上连续,且区域 D(见图9-9c)在极坐标

下可表示为

$$D = \{ (r,\theta) \mid 0 \leqslant r \leqslant r(\theta), 0 \leqslant \theta \leqslant 2\pi \},$$

则有

$$\iint\limits_{D} f(x,y)\,\mathrm{d}x\mathrm{d}y = \int_0^{2\pi} \mathrm{d}\theta \int_0^{r(\theta)} f(r\cos\theta, r\sin\theta)\,r\mathrm{d}r.$$

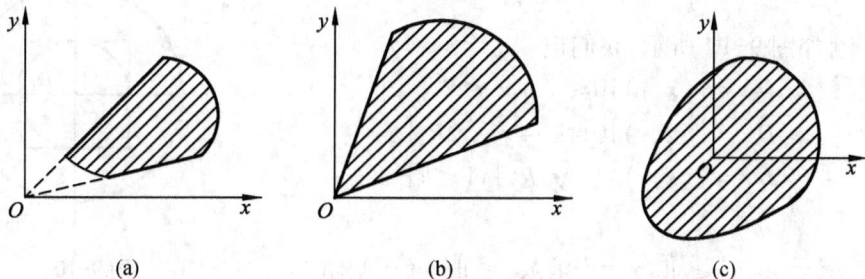

(a)　　　　　　　　(b)　　　　　　　　(c)

图 9-9

例6　计算二重积分 $I = \iint\limits_{D} \ln(1 + x^2 + y^2)\,\mathrm{d}x\mathrm{d}y$, 其中 D 为圆 $x^2 + y^2 = 1$ 所围成的区域在第一象限的部分.

解　在直角坐标下化为二次积分

$$I = \int_0^1 \mathrm{d}x \int_0^{\sqrt{1-x^2}} \ln(1 + x^2 + y^2)\,\mathrm{d}y,$$

用分部积分法可计算其值, 但计算较为复杂, 下面用极坐标计算该二重积分. 在极坐标下, 原积分化为二次积分

$$I = \int_0^{\frac{\pi}{2}} \mathrm{d}\theta \int_0^1 \ln(1 + r^2)\,r\mathrm{d}r = \frac{\pi}{4} \int_0^1 \ln(1 + r^2)\,\mathrm{d}(r^2) = \frac{\pi}{4}(2\ln 2 - 1) = \frac{\pi}{2}(\ln 2 - 1).$$

例7　计算 $\iint\limits_{D} \dfrac{1}{\sqrt{R^2 - x^2 - y^2}}\,\mathrm{d}x\mathrm{d}y$, 其中 D 是圆心在点 $\left(\dfrac{R}{2}, 0\right)$, 半径为 $\dfrac{R}{2}$ 的圆域: $x^2 + y^2 \leqslant Rx (R > 0)$.

解　该圆在极坐标下的方程为

$$r = R\cos\theta \left(-\frac{\pi}{2} \leqslant \theta \leqslant \frac{\pi}{2} \right),$$

积分区域为情形2(一条边为 y 轴的正方向, 另一条边为 y 轴的负方向), 所以

$$\iint\limits_{D} \frac{1}{\sqrt{R^2 - x^2 - y^2}}\,\mathrm{d}x\mathrm{d}y = \int_{-\frac{\pi}{2}}^{\frac{\pi}{2}} \mathrm{d}\theta \int_0^{R\cos\theta} \frac{1}{\sqrt{R^2 - r^2}}\,r\mathrm{d}r = 2R\left(\frac{\pi}{2} - 1\right).$$

例8　计算二重积分 $I = \iint\limits_{D} \mathrm{e}^{-(x^2+y^2)}\,\mathrm{d}x\mathrm{d}y$, 其中 D 是以原点为圆心, a 为半径的圆 $(a > 0)$.

解 在极坐标下化为二次积分为

$$I = \int_0^{2\pi} d\theta \int_0^a e^{-r^2} r dr = \pi(1 - e^{-a^2}).$$

上式中,若令 $a \to +\infty$,则 $I \to \pi$. 利用这个结果,可得一非常有用的概率积分

$$\int_0^{+\infty} e^{-x^2} dx = \frac{\sqrt{\pi}}{2}.$$

事实上,如图 9-10 所示,我们记

$$D_1 = \{(x,y) \mid 0 \leqslant x^2 + y^2 \leqslant R^2\},$$

$$D_2 = \{(x,y) \mid 0 \leqslant x^2 + y^2 \leqslant 2R^2\},$$

$$D = \{(x,y) \mid |x| \leqslant R, |y| \leqslant R\}.$$

则有

$$\iint_{D_1} e^{-(x^2+y^2)} dx dy \leqslant \iint_{D} e^{-(x^2+y^2)} dx dy \leqslant \iint_{D_2} e^{-(x^2+y^2)} dx dy.$$

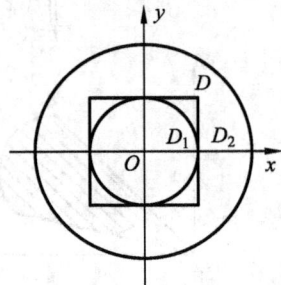

图 9-10

易知,

$$\iint_{D_1} e^{-(x^2+y^2)} dx dy = \pi(1 - e^{-R^2}),$$

$$\iint_{D_2} e^{-(x^2+y^2)} dx dy = \pi(1 - e^{-2R^2}),$$

又因为

$$\iint_{D} e^{-(x^2+y^2)} dx dy = \int_{-R}^{R} dx \int_{-R}^{R} e^{-(x^2+y^2)} dy$$

$$= \int_{-R}^{R} e^{-x^2} dx \int_{-R}^{R} e^{-y^2} dy$$

$$= \left(\int_{-R}^{R} e^{-x^2} dx\right)^2 = 4\left(\int_0^R e^{-x^2} dx\right)^2,$$

所以

$$\pi(1 - e^{-R^2}) \leqslant 4\left(\int_0^R e^{-x^2} dx\right)^2 \leqslant \pi(1 - e^{-2R^2}).$$

在上式中,令 $R \to +\infty$,可得

$$4\left(\int_0^{+\infty} e^{-x^2} dx\right)^2 = \pi,$$

即

$$\int_0^{+\infty} e^{-x^2} dx = \frac{\sqrt{\pi}}{2}.$$

四、二重积分在几何上的应用

1. 曲顶柱体的体积

由二重积分的几何意义可知,当 $f(x,y) \geqslant 0 ((x,y) \in D)$ 时,二重积分 $\iint\limits_{D} f(x,y)\mathrm{d}x\mathrm{d}y$ 表示以平面区域 D 为底、以 $f(x,y)$ 为曲顶的曲顶柱体的体积.

例 9　求由两个底圆半径相等的直交圆柱面 $x^2 + y^2 = R^2$ 与 $x^2 + z^2 = R^2$ 所围的立体的体积.

解　由几何图形的对称性,所求的立体体积 V 是该立体位于第一卦限部分的体积的 8 倍,而该立体位于第一卦限部分(见图 9-11)是以

$$D = \{(x,y) \mid 0 \leqslant y \leqslant \sqrt{R^2 - x^2},\ 0 \leqslant x \leqslant R\}$$

为底,$z = \sqrt{R^2 - x^2}$ 为顶的曲顶柱体,所以

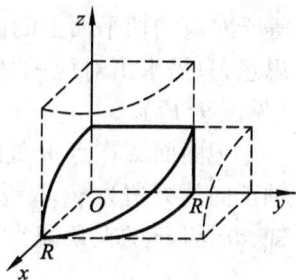

图 9-11

$$
\begin{aligned}
V &= 8\iint\limits_{D} \sqrt{R^2 - x^2}\,\mathrm{d}x\mathrm{d}y \\
&= 8\int_0^R \mathrm{d}x \int_0^{\sqrt{R^2 - x^2}} \sqrt{R^2 - x^2}\,\mathrm{d}y \\
&= 8\int_0^R (R^2 - x^2)\,\mathrm{d}x = \frac{16}{3}R^3.
\end{aligned}
$$

例 10　求由曲面 $z = x^2 + 2y^2$ 与 $z = 3 - 2x^2 - y^2$ 所围成的几何体的体积.

解　曲面 $z = x^2 + 2y^2$ 与 $z = 3 - 2x^2 - y^2$ 所围成的几何体 Ω 在 xOy 平面上的投影区域 D_{xy} 由曲面 $z = x^2 + 2y^2$ 与 $z = 3 - 2x^2 - y^2$ 的交线在 xOy 平面上的投影 $x^2 + y^2 = 1$ 围成,即

$$D_{xy} = \{(x,y) \mid x^2 + y^2 \leqslant 1\}.$$

该几何体在区域 D_{xy} 由位于上方的曲面 $z = 3 - 2x^2 - y^2$ 和位于下方的曲面 $z = x^2 + 2y^2$ 围成,因而所求的体积为

$$
\begin{aligned}
V &= \iint\limits_{D_{xy}} \left[(3 - 2x^2 - y^2) - (x^2 + 2y^2) \right]\mathrm{d}x\mathrm{d}y \\
&= 3\int_0^{2\pi} \mathrm{d}\theta \int_0^1 (1 - r^2)r\mathrm{d}r = \frac{3}{2}\pi.
\end{aligned}
$$

2. 曲面的面积

在用定积分求平面曲线的弧长时,我们是将曲线所在的区间划分成很小的一个个小区间,当分得足够细时,再将对应于每个小区间上的曲线弧的弧长用其上任意一点的切线的长度代替. 要求曲面的面积,可相应地把小段曲线弧改成小块曲面面积,再用切平面上相应的面积代替小块曲面的面积.

设有空间曲面 $\Sigma: z = f(x,y)$,其在平面 xOy 上的投影区域为 D_{xy},并设该曲

方程是可微函数. 在区域 D_{xy} 上任取一直径很小的区域 $\mathrm{d}\sigma$, 其面积也记作 $\mathrm{d}\sigma$. 并在 $\mathrm{d}\sigma$ 上任取一点 $P(x,y)$, 于曲面 Σ 上对应有一点 $M(x,y,f(x,y))$. 现以 $\mathrm{d}\sigma$ 的边界为准线, 平行于 z 的直线为母线, 作一柱面. 该柱面在 Σ 上切出一个小曲面, 同时在以点 M 为切点的切平面 π 上也切出一个小平面. 当 $\mathrm{d}\sigma$ 足够小时, 该小曲面的面积就近似等于对应的切平面上的面积. 根据微元法的基本思想, 只需求出对应的切平面上的面积 $\mathrm{d}A$ 即可(见图 9-12).

记曲面 Σ 在点 M 处的切平面的法向量 $\boldsymbol{n}$ 与 z 轴正向的夹角为 γ(取锐角). 由平面夹角的定义知, $\mathrm{d}\sigma$ 与 π 的夹角即为 γ, 所以有

$$\mathrm{d}A = \frac{1}{\cos\gamma}\mathrm{d}\sigma.$$

又因为切平面 π 的法向量为

$$\boldsymbol{n} = (-f_x, -f_y, 1),$$

所以

$$\cos\gamma = \frac{1}{\sqrt{1 + f_x^2 + f_y^2}}.$$

由此得

$$\mathrm{d}A = \sqrt{1 + f_x^2 + f_y^2}\,\mathrm{d}\sigma.$$

因而所求的曲面 $\Sigma: z = f(x,y)$ 的面积为

$$A = \iint\limits_{D_{xy}} \sqrt{1 + f_x^2 + f_y^2}\,\mathrm{d}x\mathrm{d}y.$$

同样地, 若曲面 Σ 的方程为 $x = g(y,z)$, 其在 yOz 平面上的投影区域为 D_{yz}, 则该曲面的可用二重积分表示为

$$A = \iint\limits_{D_{yz}} \sqrt{1 + g_y^2 + g_z^2}\,\mathrm{d}y\mathrm{d}z.$$

若曲面 Σ 的方程为 $y = h(x,z)$, 其在 zOx 平面上的投影区域为 D_{zx}, 则该曲面的面积可用二重积分表示为

$$A = \iint\limits_{D_{xz}} \sqrt{1 + h_x^2 + h_z^2}\,\mathrm{d}z\mathrm{d}x.$$

例 11 求半径为 R 的球面的表面积.

解 设球面方程为 $x^2 + y^2 + z^2 = R^2$, 由对称性可知只需求上半球面的面积, 这

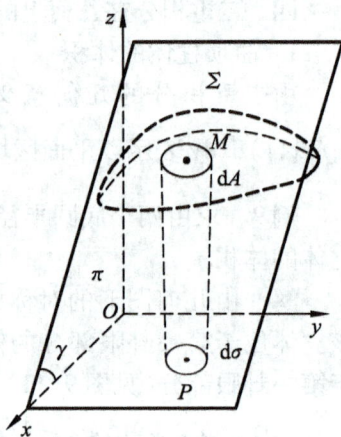

图 9-12

时上半球面的方程为

$$z = \sqrt{R^2 - x^2 - y^2},$$

其在 xOy 平面上的投影区域为

$$D_{xy} = \{ (x,y) \mid x^2 + y^2 \leqslant R^2 \}.$$

又因为

$$z_x = \frac{-x}{\sqrt{R^2 - x^2 - y^2}}, \quad z_y = \frac{-y}{\sqrt{R^2 - x^2 - y^2}},$$

所以

$$dA = \frac{R}{\sqrt{R^2 - x^2 - y^2}} dxdy.$$

因此,所求的球面表面积为

$$A = 2 \iint_{D_{xy}} \frac{R}{\sqrt{R^2 - x^2 - y^2}} dxdy = 2 \int_0^{2\pi} d\varphi \int_0^R \frac{R}{\sqrt{R^2 - r^2}} rdr = 4\pi R^2.$$

上式中的积分实际上是被积函数为无界函数的广义积分,在此略去了详细的讨论.

例 12 求球面 $x^2 + y^2 + z^2 = R^2$ 含在柱面 $x^2 + y^2 = Rx(R > 0)$ 内的面积.

解 取上半球面: $z = \sqrt{R^2 - x^2 - y^2}$,且所求曲面在 xOy 平面上的投影区域为

$$D_{xy} = \{ (x,y) \mid x^2 + y^2 \leqslant Rx \}.$$

又因为

$$z_x = \frac{-x}{\sqrt{R^2 - x^2 - y^2}}, \quad z_y = \frac{-y}{\sqrt{R^2 - x^2 - y^2}},$$

所以

$$dA = \frac{R}{\sqrt{R^2 - x^2 - y^2}} dxdy,$$

因此,所求的面积为

$$A = 2 \iint_{D_{xy}} \frac{R}{\sqrt{R^2 - x^2 - y^2}} dxdy.$$

利用例 7 的计算结果得到

$$A = 4R^2 \left(\frac{\pi}{2} - 1 \right).$$

习 题 9-2

1. 在直角坐标系下计算下列积分:

(1) $\iint\limits_{D} x\mathrm{e}^{-x^2}\mathrm{d}x\mathrm{d}y$,其中 D 是由 $x = 1, x = 0, y = 1, y = 0$ 所围成的闭区域;

(2) $\iint\limits_{D} \mathrm{e}^{-y}\mathrm{d}x\mathrm{d}y$,其中 D 是由 $y = x, x = -1, y = 1$ 所围成的闭区域;

(3) $\iint\limits_{D} y\mathrm{e}^{xy}\mathrm{d}x\mathrm{d}y$,其中 D 是由曲线 $xy = 1$ 与直线 $x = 1, x = 2$ 及 $y = 2$ 所围成的平面区域;

(4) $\iint\limits_{D} xy^2\mathrm{d}\sigma$,其中 D 是 $x^2 + y^2 \leqslant 1$ 的位于第一象限内的部分;

(5) $\iint\limits_{D} xy\mathrm{d}x\mathrm{d}y$,其中 D 由 $y^2 = x$ 及 $y = x - 2$ 所围成;

(6) $\iint\limits_{D} x^2 y\mathrm{d}x\mathrm{d}y$,其中 D 是由双曲线 $x^2 - y^2 = 1$ 及直线 $y = 0, y = 1$ 所围成的平面区域;

(7) $\iint\limits_{D} \sin(x + y)\mathrm{d}x\mathrm{d}y$,其中 D 是由 $x + y = \pi, y = x$ 及 $y = 0$ 围成的平面区域.

2. 在极坐标系下计算下列积分:

(1) $\iint\limits_{D} \mathrm{e}^{x^2+y^2}\mathrm{d}\sigma$,其中 $D: a^2 \leqslant x^2 + y^2 \leqslant b^2 (0 < a < b)$;

(2) $\iint\limits_{D} \sqrt{x^2 + y^2}\mathrm{d}x\mathrm{d}y$,其中 D 是平面曲线 $x^2 + y^2 \leqslant 2Rx$ 围成的平面区域;

(3) $\iint\limits_{D} \ln(1 + x^2 + y^2)\mathrm{d}x\mathrm{d}y$,其中 D 是圆心在原点的上半单位圆盘;

(4) $\iint\limits_{D} (x + y)\mathrm{d}x\mathrm{d}y$,其中 D 是由曲线 $x^2 + y^2 = y$ 围成的,位于第一象限的区域;

(5) $\int_0^a \mathrm{d}x \int_0^{\sqrt{a^2-x^2}} \sqrt{x^2 + y^2}\mathrm{d}y$;

(6) $\iint\limits_{D} \sqrt{x^2 + y^2}\mathrm{d}x\mathrm{d}y$,其中 $D = \{(x, y) \mid 0 \leqslant y \leqslant x, \ x^2 + y^2 \leqslant 2x\}$.

3. 交换下列二次积分的积分顺序:

(1) $\int_0^2 \mathrm{d}x \int_x^2 f(x, y)\mathrm{d}y$;

(2) $\int_0^1 \mathrm{d}y \int_{\sqrt{y}}^{\sqrt{2-y^2}} f(x, y)\mathrm{d}x$;

(3) $\int_1^a \mathrm{d}x \int_0^{\ln x} f(x, y)\mathrm{d}y$;

(4) $\int_0^1 \mathrm{d}x \int_0^x f(x, y)\mathrm{d}y + \int_1^2 \mathrm{d}x \int_0^{2-x} f(x, y)\mathrm{d}y$;

(5) $\int_0^1 \mathrm{d}y \int_0^{\sqrt{1-y}} 3x^2 y^2\mathrm{d}x$.

4. 选择适当的坐标系,计算下列积分:

(1) $\iint\limits_{D} (x + 6y)\mathrm{d}x\mathrm{d}y$,其中 D 是由 $y = x, y = 5x, x = 1$ 所围成的闭区域;

(2) $\iint\limits_{D} \dfrac{y + 1}{x^2 + y^2}\mathrm{d}x\mathrm{d}y$,其中 D 是由 $x^2 + y^2 \geqslant 1, x^2 + y^2 \leqslant 4, y \geqslant 0$ 所确定的闭区域;

(3) $\iint\limits_{D}\arctan\dfrac{y}{x}\mathrm{d}x\mathrm{d}y$, 其中 D 是由 $y=x$, $x=\sqrt{a^2-y^2}$ 与 $y=0$ 围成的区域;

(4) $\iint\limits_{D}\sqrt{x^2+y^2}\mathrm{d}x\mathrm{d}y$, 其中 D 是由 $y=x$, $y=-x$ 与 $x^2+y^2=2x$ 围成的, 含有 x 轴的部分.

5. 选择适当的积分顺序计算下列积分:

(1) $\iint\limits_{D}x^2\mathrm{e}^{-y^2}\mathrm{d}x\mathrm{d}y$, 其中 D 是由直线 $y=x$, $y=1$ 及 y 轴所围成的平面闭区域;

(2) $\iint\limits_{D}\sin x^2\mathrm{d}x\mathrm{d}y$, 其中 D 是由 $y=x$, $x=\dfrac{1}{2}\sqrt{\pi}$ 及 x 轴围成的闭区域;

(3) $\displaystyle\int_0^{\frac{1}{2}}\mathrm{d}x\int_x^{2x}\mathrm{e}^{y^2}\mathrm{d}y+\int_{\frac{1}{2}}^1\mathrm{d}x\int_x^1\mathrm{e}^{y^2}\mathrm{d}y$.

6. 求由下列曲面所围成的几何体的体积:

(1) 由 $z=0$, $x+y+z=2$ 及 $x^2+y^2=1$ 围成的几何体;

(2) 由 $z=0$, $z=\sqrt{a^2-x^2-y^2}$ 围成、被柱面 $x^2+y^2=ax$ 切下的, 且含在该柱面内的几何体;

(3) 由 $2z=x^2+y^2$ 与 $z=2$ 围成的几何体.

7. 求下列曲面的面积:

(1) 平面 $x+y+z=0$ 被圆柱面 $x^2+y^2=1$ 切下的有限部分的面积;

(2) 旋转抛物面 $2z=x^2+y^2$ 被平面 $z=2$ 切下的有限部分的面积.

第三节 三重积分的计算

计算二重积分的方法是将二重积分化为计算两个定积分, 类似地, 三重积分的计算也可转化为计算一个定积分与一个二重积分. 下面详细讨论计算三重积分的方法与步骤.

一、利用直角坐标计算三重积分

若用分别平行于三个坐标面的三组平面分割三重积分 $\iiint\limits_{\Omega}f(x,y,z)\mathrm{d}v$ 的积分区域 Ω, 则除含有 Ω 的边界点外的小区域的体积, 即体积元素为 $\mathrm{d}v=\mathrm{d}x\mathrm{d}y\mathrm{d}z$, 因而通常也将三重积分写为

$$\iiint\limits_{\Omega}f(x,y,z)\mathrm{d}x\mathrm{d}y\mathrm{d}z.$$

如果三重积分 $\iiint\limits_{\Omega}f(x,y,z)\mathrm{d}v$ 的积分区域 Ω 在 xOy 平面上的投影区域为 D_{xy}, 且 Ω 可写为

$$\Omega=\{(x,y,z)\,|\,z_1(x,y)\leqslant z\leqslant z_2(x,y), (x,y)\in D_{xy}\}, \qquad (1)$$

其中, $z_1(x,y)$, $z_2(x,y)$ 是区域 D_{xy} 上的连续函数, 则称空间区域 Ω 是 XY 型区域.

XY 型区域的特点是任意一条与 z 轴平行的直线穿过区域 Ω 的内部时,其与区域 Ω 的边界曲面的交点最多只有两个. 设 $f(x,y,z)$ 是 Ω 上的连续函数,这时我们有如下公式

$$\iiint\limits_{\Omega} f(x,y,z)\,\mathrm{d}v = \iint\limits_{D_{xy}}\left(\int_{z_1(x,y)}^{z_2(x,y)} f(x,y,z)\,\mathrm{d}z\right)\mathrm{d}x\mathrm{d}y. \tag{2}$$

上式在计算积分 $\int_{z_1(x,y,)}^{z_2(x,y)} f(x,y,z)\,\mathrm{d}z$ 时,把 x,y 当作常量,先计算该定积分,再算二重积分. 进一步地,若

$$D_{xy} = \{(x,y)\,|\,y_1(x)\leqslant y\leqslant y_2(x), a\leqslant x\leqslant b\},$$

则

$$\iiint\limits_{\Omega} f(x,y,z)\,\mathrm{d}v = \int_a^b \mathrm{d}x\int_{y_1(x)}^{y_2(x)} \mathrm{d}y\int_{z_1(x,y)}^{z_2(x,y)} f(x,y,z)\,\mathrm{d}z. \tag{3}$$

这称为先 z,再 y,后 x 的三次积分.

类似地,若区域 Ω 是 YZ 型或 ZX 型,也可将三重积分分别化为不同顺序的三次积分计算. 下面以实例说明如何计算三重积分.

例 1 求 $I = \iiint\limits_{\Omega}(x+y+z)\,\mathrm{d}x\mathrm{d}y\mathrm{d}z$,其中 Ω 是由平面 $x+y+z=1$ 和坐标面所围成的区域.

解 区域 Ω(见图 9-13)可表示为

$$\Omega = \{(x,y,z)\,|\,0\leqslant z\leqslant 1-x-y,(x,y)\in D_{xy}\},$$

其中,D_{xy} 是 Ω 在 xOy 平面上的投影区域.

$$D_{xy} = \{(x,y)\,|\,0\leqslant y\leqslant 1-x, 0\leqslant x\leqslant 1\}.$$

所以

$$I = \int_0^1 \mathrm{d}x\int_0^{1-x} \mathrm{d}y\int_0^{1-x-y}(x+y+z)\,\mathrm{d}z.$$

而

图 9-13

$$\int_0^{1-x-y}(x+y+z)\,\mathrm{d}z = \frac{1}{2}\left[1-(x+y)^2\right],$$

因此

$$I = \frac{1}{2}\int_0^1 \mathrm{d}x\int_0^{1-x}\left[1-(x+y)^2\right]\mathrm{d}y = \frac{1}{6}\int_0^1(2-3x+x^3)\,\mathrm{d}x = \frac{1}{8}.$$

类似地,若将区域投影到 yOz 或 zOx 平面,则分别有

$$I = \int_0^1 \mathrm{d}y\int_0^{1-y} \mathrm{d}z\int_0^{1-y-z}(x+y+z)\,\mathrm{d}x,$$

$$I = \int_0^1 \mathrm{d}x\int_0^{1-x} \mathrm{d}z\int_0^{1-x-z}(x+y+z)\,\mathrm{d}y.$$

它们的计算结果是相同的.

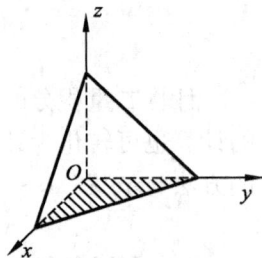

有时,计算一个三重积分也可将其先化为先计算一个二重积分再计算一个定积分的形式.

设空间有界闭区域 Ω 在 z 轴上的投影区间为 $[p,q]$, $f(x,y,z)$ 是区域 Ω 上的连续函数. 若区域 Ω 可写为

$$\Omega = \{(x,y,z) \mid (x,y) \in D_z, z \in [p,q]\}, \tag{4}$$

其中,区域 D_z 是 Ω 被平面 $z = z_0$ 所截的截面,则有

$$\iiint\limits_{\Omega} f(x,y,z)\,\mathrm{d}v = \int_p^q \mathrm{d}z \iint\limits_{D_z} f(x,y,z)\,\mathrm{d}x\mathrm{d}y. \tag{5}$$

由式(4)确定的空间区域 Ω,称为 z 型区域.

前面的计算方法是将三重积分化为先计算一个定积分,再计算一个二重积分的方法,因而也称其为"先一后二"法;而式(5)中,先计算一个二重积分,再算一个定积分,因而也称其为"先二后一"法.

用"先二后一"的方法计算三重积分,当被积函数只含一个变量(如只含 z),且 D_z 易求其面积时显得非常简单,因为此时

$$\iint\limits_{D_z} f(z)\,\mathrm{d}x\mathrm{d}y = f(z) \cdot \mu(D_z).$$

例2　计算三重积分 $I = \iiint\limits_{\Omega} z\mathrm{d}x\mathrm{d}y\mathrm{d}z$,其中 Ω 是平面 $x + y + z = 1$ 与三个坐标面所围成的区域.

解　平面 $z = z_0$ 与 Ω 的交面是直角边长为 $1 - z_0$ 的等腰直角三角形(见图 9-14),其面积为 $\dfrac{1}{2}(1 - z_0)^2$,所以

$$I = \int_0^1 \mathrm{d}z \iint\limits_{D_z} z\mathrm{d}x\mathrm{d}y = \int_0^1 z\mathrm{d}z \iint\limits_{D_z} \mathrm{d}x\mathrm{d}y$$

$$= \int_0^1 \frac{1}{2}z(1 - z)^2\mathrm{d}z = \frac{1}{24}.$$

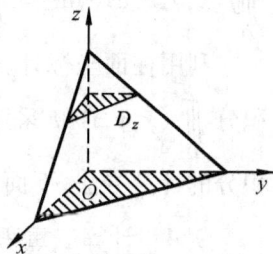

图 9-14

例3　计算 $I = \iiint\limits_{\Omega} z^2\mathrm{d}x\mathrm{d}y\mathrm{d}z$,其中 Ω 为椭球体 $\dfrac{x^2}{a^2} + \dfrac{y^2}{b^2} + \dfrac{z^2}{c^2} \leqslant 1$.

解　平面 $z = z_0$ 与椭球面的交线是平面 $z = z_0$ 上的椭圆,其方程为

$$\frac{x^2}{a^2} + \frac{y^2}{b^2} + \frac{z_0^2}{c^2} = 1 \quad \Rightarrow \quad \frac{x^2}{\left(a\sqrt{1 - \dfrac{z_0^2}{c^2}}\right)^2} + \frac{y^2}{\left(b\sqrt{1 - \dfrac{z_0^2}{c^2}}\right)^2} = 1.$$

该椭圆的面积为

$$\mu(D_{z_0}) = \pi a \sqrt{1 - \frac{z_0^2}{c^2}} \cdot b \sqrt{1 - \frac{z_0^2}{c^2}} = \pi a b \left(1 - \frac{z_0^2}{c^2}\right).$$

用"先二后一"法计算该三重积分为

$$I = \int_{-c}^{c} dz \iint_{D_z} z^2 dx dy = \int_{-c}^{c} z^2 dz \iint_{D_z} dx dy$$

$$= \pi a b \int_{-c}^{c} z^2 \left(1 - \frac{z^2}{c^2}\right) dz = \frac{4}{15} \pi a b c^3.$$

二、利用柱面坐标计算三重积分

在计算二重积分时,根据被积函数和积分区域的特点,有时利用极坐标计算二重积分比用直角坐标计算简单. 对于三重积分,有时利用柱面坐标(见第七章第一节)比较简单. 现推导柱面坐标下的体积元素.

在柱面坐标下,用如图 9-15 所示的方法分割空间区域时,分割出的每一小块几何体(含有空间区域 Ω 的边界点的除外)可看作是一以 xOy 平面上 $dxdy$ 为底,dz 为高的柱体,因为 $dxdy = rdrd\theta$,故

$$dv = dxdydz = (dxdy)dz = rdrd\theta dz.$$

所以,在柱面坐标下三重积分的表达式为

$$\iiint_{\Omega} f(x,y,z) dxdydz = \iiint_{\Omega} f(r\cos\theta, r\sin\theta, z) rdrd\theta dz.$$

利用柱面坐标计算三重积分,实际上是将三重积分 $\iiint_{\Omega} f(x,y,z) dv$ 采用先对 z 积分再对 x,y 用二重积分的计算方法,下面举例说明.

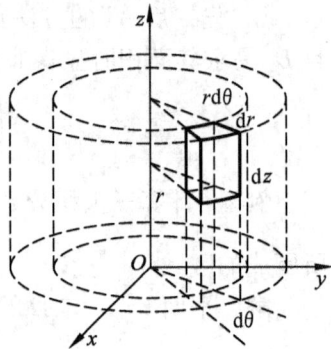

图 9-15

例 4 计算三重积分 $\iiint_{\Omega} z dx dy dz$,其中 Ω 是上半球体:$x^2 + y^2 + z^2 \leq 1, z \geq 0$.

解 Ω 可表示为

$$\Omega = \{(x,y,z) \mid 0 \leq z \leq \sqrt{1 - x^2 - y^2}, (x,y) \in D_{xy}\},$$

其中,D_{xy} 是 Ω 在 xOy 平面上的投影区域

$$D_{xy} = \{(x,y) \mid x^2 + y^2 \leq 1\}.$$

所以

$$I = \iint_{D_{xy}} dxdy \int_0^{\sqrt{1-x^2-y^2}} z dz = \int_0^{2\pi} d\theta \int_0^1 rdr \int_0^{\sqrt{1-r^2}} z dz$$

$$= \pi \int_0^1 (1 - r^2) rdr = \frac{1}{4}\pi.$$

例 5 求 $\iiint\limits_{\Omega} z\mathrm{d}x\mathrm{d}y\mathrm{d}z$，其中 Ω 是上半球面 $z = \sqrt{4 - x^2 - y^2}$ 与抛物面 $3z = x^2 + y^2$
所围成的闭区域(见图 9-16).

解 先求球面 $z = \sqrt{4 - x^2 - y^2}$ 与抛物面 $3z = x^2 + y^2$
的交线在 xOy 平面上的投影区域. 由

$$\begin{cases} z = \sqrt{4 - x^2 - y^2}, \\ 3z = x^2 + y^2, \end{cases}$$

解得 $x^2 + y^2 = 3$，所以 Ω 在 xOy 平面上的投影区域为

$$D_{xy} = \{(x,y) \mid x^2 + y^2 \leqslant 3\}.$$

再将这两个曲面方程化为柱面坐标下的方程，分别

有 $z = \sqrt{4 - r^2}$ 和 $z = \dfrac{1}{3}r^2$. 所以

图 9-16

$$I = \int_0^{2\pi} \mathrm{d}\theta \int_0^{\sqrt{3}} r\mathrm{d}r \int_{\frac{1}{3}r^2}^{\sqrt{4-r^2}} z\mathrm{d}z = \frac{9}{4}\pi.$$

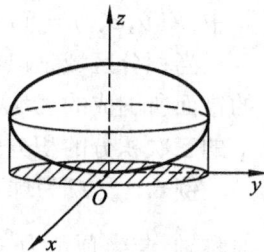

三、利用球面坐标计算三重积分

对于三重积分的计算，根据被积函数和积分区域的特点，有时利用球面坐标
(见第七章第一节)更为简单. 下面给出在球面坐标下的体积元素的表达式.

用球面坐标系下的三组曲面

$$r = r_0, \ r = r_0 + \mathrm{d}r,$$

$$\varphi = \varphi_0, \ \varphi = \varphi_0 + \mathrm{d}\varphi,$$

$$\theta = \theta_0, \ \theta = \theta_0 + \mathrm{d}\theta,$$

分割积分区域 Ω，得一小区域，该小区域可近似
看作长方体(见图 9-17)，其体积 $\mathrm{d}v$ 为底面积
$\mathrm{d}S$ 乘高 $\mathrm{d}r$，而

$$\mathrm{d}S = r \cdot \mathrm{d}\varphi \cdot r\sin\varphi\mathrm{d}\theta$$

$$= r^2\sin\varphi\mathrm{d}\varphi\mathrm{d}\theta,$$

故

$$\mathrm{d}v = r^2\sin\varphi\mathrm{d}r\mathrm{d}\varphi\mathrm{d}\theta.$$

所以，在球面坐标下三重积分的表达式为

图 9-17

$$\iiint\limits_{\Omega} f(x,y,z)\,\mathrm{d}v = \iiint\limits_{\Omega} f(r\sin\varphi\cos\theta, r\sin\varphi\sin\theta, r\cos\varphi) r^2\sin\varphi\mathrm{d}r\mathrm{d}\varphi\mathrm{d}\theta.$$

在球面坐标下计算三重积分，也可将积分化为依次对 r, φ, θ 的三次积分，其积
分限可根据积分区域确定. 特别地，若积分区域是包含原点的闭区域，且 Ω 的表面

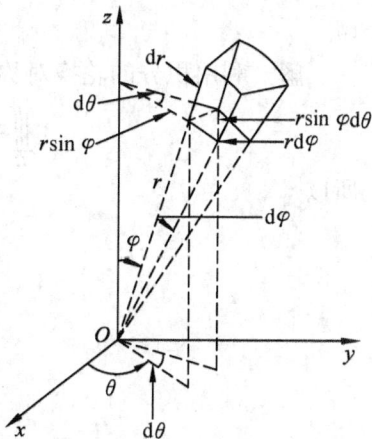

曲面在球面坐标系下的方程为 $r = r(\varphi, \theta)$,则有

$$\iiint\limits_{\Omega} f(x,y,z)\,\mathrm{d}v = \int_0^{2\pi}\mathrm{d}\theta\int_0^{\pi}\mathrm{d}\varphi\int_0^{r(\varphi,\theta)} F(\theta,\varphi,r)r^2\sin\varphi\,\mathrm{d}r,$$

其中,$F(\theta,\varphi,r) = f(r\sin\varphi\cos\theta, r\sin\varphi\sin\theta, r\cos\varphi)$.

当积分区域是以原点为球心的球体或是由球心在原点的球面与顶点在原点的锥面所围成的区域,而被积函数为 $f(x^2+y^2+z^2)$ 时,三重积分化为在球面坐标下的三次积分的积分限特别简单.

例6 设 Ω 为球面 $x^2+y^2+z^2 = 2az(a>0)$ 和以 z 轴为对称轴、与半顶角为 $\dfrac{\pi}{4}$ 的锥面所围成的区域(见图9-18),求 Ω 的体积.

解 将直角坐标下的球面方程和锥面方程化为球坐标下的方程

$$r = 2a\cos\varphi, \quad \varphi = \frac{\pi}{4}.$$

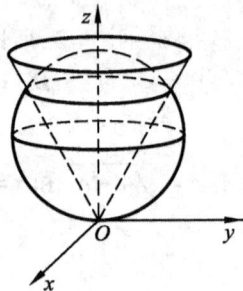

图9-18

$$V = \iiint\limits_{\Omega}\mathrm{d}x\mathrm{d}y\mathrm{d}z = \int_0^{2\pi}\mathrm{d}\theta\int_0^{\frac{\pi}{4}}\mathrm{d}\varphi\int_0^{2a\cos\varphi} r^2\sin\varphi\,\mathrm{d}r = \pi a^3.$$

例7 计算三重积分 $I = \iiint\limits_{\Omega} y^2\mathrm{d}v$,其中 Ω 是由 $x^2+y^2+z^2 = R^2$ 围成的空间区域.

解 利用积分的轮换对称性,有

$$\iiint\limits_{\Omega} x^2\mathrm{d}v = \iiint\limits_{\Omega} y^2\mathrm{d}v = \iiint\limits_{\Omega} z^2\mathrm{d}v.$$

所以

$$I = \frac{1}{3}\iiint\limits_{\Omega}(x^2+y^2+z^2)\,\mathrm{d}v$$

$$= \frac{1}{3}\int_0^{2\pi}\mathrm{d}\theta\int_0^{\pi}\mathrm{d}\varphi\int_0^{R} r^4\sin\varphi\,\mathrm{d}r$$

$$= \frac{4}{15}\pi R^5.$$

习 题 9-3

1. 在直角坐标系下计算下列三重积分:

(1) $\iiint\limits_{\Omega}(x+y)\,\mathrm{d}v$,其中 Ω 是由平面 $x=0, y=0, z=0, z=1$ 与 $x+y=1$ 围成的区域;

(2) $\iiint\limits_{\Omega} y\cos(x+z)\mathrm{d}v$,其中 Ω 是由柱面 $y=\sqrt{x}$,平面 $y=0,z=0$ 及 $x+z=\dfrac{\pi}{2}$ 围成的区域;

(3) $\iiint\limits_{\Omega}(x+1)\mathrm{d}v$,其中 Ω 是由平面 $x+\dfrac{y}{2}+\dfrac{z}{3}=1$ 与三个坐标面围成的区域;

(4) $\iiint\limits_{\Omega} z\mathrm{d}v$,其中 Ω 是由 $z=x^2+y^2$ 与 $z=\sqrt{x^2+y^2}$ 围成的区域;

(5) $\iiint\limits_{\Omega}(x^2+y^2)\mathrm{d}v$,其中 Ω 是由 $z=0,x^2+y^2=1$ 及 $z=2-(x^2+y^2)$ 围成的区域.

2. 在柱面坐标系下计算下列三重积分:

(1) $\iiint\limits_{\Omega}(x^2+y^2)\mathrm{d}v$,其中 Ω 是由 $z=0,z=1$ 与 $x^2+y^2=a^2$ 围成的区域;

(2) $\iiint\limits_{\Omega} z\mathrm{d}v$,其中 Ω 中由 $z=0$ 与 $z=\sqrt{R^2-x^2-y^2}$ 围成的半球体;

(3) $\iiint\limits_{\Omega} z\mathrm{d}v$,其中 Ω 是由 $z=x^2+y^2$ 与 $z=\sqrt{x^2+y^2}$ 围成的区域;

(4) $\iiint\limits_{\Omega}(x^2+y^2)\mathrm{d}v$,其中 Ω 是由 $z=0,x^2+y^2=1$ 及 $z=2-(x^2+y^2)$ 围成的区域;

(5) $\iiint\limits_{\Omega}\sqrt{x^2+y^2}\mathrm{d}v$,其中 Ω 是 $z=x^2+y^2$ 与 $z=1$ 围成的区域;

(6) $\iiint\limits_{\Omega}(x^2+y^2-z)\mathrm{d}v$,其中 Ω 是由旋转抛物面 $z=x^2+y^2$ 的内部被平面 $z=1$ 与 $z=4$ 切下的有限部分.

3. 在球面坐标系下计算下列三重积分:

(1) $\iiint\limits_{\Omega} z\mathrm{d}v$,其中 Ω 中由 $z=0$ 与 $z=\sqrt{R^2-x^2-y^2}$ 围成的半球体;

(2) $\iiint\limits_{\Omega}\sqrt{x^2+y^2+z^2}\ \mathrm{d}v$,其中 Ω 是由球面 $x^2+y^2+z^2\leqslant 2Rz(R>0)$ 围成的区域.

4. 选择适当的坐标系计算下列三重积分:

(1) $\iiint\limits_{\Omega} z\mathrm{d}v$,其中 Ω 是由 $z=x^2+y^2$ 与 $z=2-x^2-y^2$ 围成的区域;

(2) $\iiint\limits_{\Omega}(z-x)\mathrm{d}v$,其中 Ω 是由 $z=0,y+z=1$ 及 $y=x^2$ 围成的空间区域;

(3) $\iiint\limits_{\Omega}\sqrt{x^2+y^2}\mathrm{d}v$,其中 Ω 是由 $z=0,z=\sqrt{x^2+y^2}$ 与 $x^2+y^2=1$ 围成的区域;

(4) $\iiint\limits_{\Omega} z\mathrm{d}v$,其中 Ω 是由 $z=\sqrt{2R^2-x^2-y^2}$ 与 $z=\sqrt{x^2+y^2}$ 围成的区域.

5. 利用三重积分计算下列几何体 Ω 的体积:

(1) Ω 由 $z=\sqrt{R^2-x^2-y^2}$ 与 $z=R-\sqrt{R^2-x^2-y^2}$ 围成;

(2) Ω 是由 $x^2+y^2+z^2=4R^2$ 与 $x^2+y^2=R^2$ 围成的,且位于 $x^2+y^2=R^2$ 内部;

(3) Ω 由 $z=x^2+y^2$ 与 $z=\sqrt{x^2+y^2}$ 围成.

6. 将下列直角坐标下的三次积分写为柱面坐标下的三次积分:

(1) $\int_{-1}^{1}dx\int_{-\sqrt{1-x^2}}^{\sqrt{1-x^2}}dy\int_{x^2+y^2}^{1}f(x,y,z)dz$;

(2) $\int_{0}^{R}dx\int_{-\sqrt{Rx-x^2}}^{\sqrt{Rx-x^2}}dy\int_{0}^{\sqrt{R^2-x^2-y^2}}f(x,y,z)dz$;

(3) $\int_{0}^{1}dx\int_{0}^{\sqrt{1-x^2}}dy\int_{x^2+y^2}^{1}f(x,y,z)dz$.

第四节 对弧长的曲线积分的计算

第一节曾提到,当黎曼积分 $\int_{\Omega}f(M)d\Omega$ 的积分区域 Ω 是一有限长度的曲线时,该积分称为对弧长的曲线积分,也称为第一类曲线积分. 而在实际中,由于曲线又有平面曲线与空间曲线之分,所以对弧长的曲线积分又分为对平面曲线弧长的曲线积分和对空间曲线弧长的曲线积分.

下面两个定理表明了对弧长的曲线积分的计算方法.

定理1 设平面光滑曲线 L 的参数方程为 $x=x(t),y=y(t)(\alpha\leqslant t\leqslant\beta)$,函数 $f(x,y)$ 在 L 上连续,则有

$$\int_{L}f(x,y)ds = \int_{\alpha}^{\beta}f[x(t),y(t)]\sqrt{x'^2(t)+y'^2(t)}dt.$$

定理2 设空间光滑曲线 Γ 的参数方程为 $x=x(t),y=y(t),z=z(t)(\alpha\leqslant t\leqslant\beta)$,函数 $f(x,y,z)$ 在 Γ 上连续,则有

$$\int_{\Gamma}f(x,y,z)ds = \int_{\alpha}^{\beta}f[x(t),y(t),z(t)]\sqrt{x'^2(t)+y'^2(t)+z'^2(t)}dt.$$

定理证明从略,只作以下几点说明:

(1) 在公式中的 $\sqrt{x'^2(t)+y'^2(t)+z'^2(t)}dt$ 和 $\sqrt{x'^2(t)+y'^2(t)}dt$ 实际上对应于积分式中的 ds .

(2) 将对弧长的曲线积分化为定积分计算时,定积分的下限一定要小于定积分的上限.

(3) 若平面曲线 L 由方程 $y=y(x)(a\leqslant x\leqslant b)$ 给出,这时 L 的方程可认为是以 x 为参数的参数方程: $x=x,y=y(x)$,因而有

$$\int_{\Gamma}f(x,y)ds = \int_{a}^{b}f[x,y(x)]\sqrt{1+y'^2(x)}dx;$$

类似地,当曲线 L 由方程 $x=x(y)(c\leqslant y\leqslant d)$ 确定时,有

$$\int_{L}f(x,y)ds = \int_{c}^{d}f[x(y),y]\sqrt{1+x'^2(y)}dy.$$

例1 若曲线 L 为右半单位圆,求 $I=\int_{L}|y|ds$.

解一 右半单位圆方程为 $x = \sqrt{1 - y^2}$，则

$$\mathrm{d}s = \sqrt{1 + (x')^2}\,\mathrm{d}y = \frac{1}{\sqrt{1 - y^2}}\mathrm{d}y.$$

所以

$$I = \int_{-1}^{1} |y|\, \frac{1}{\sqrt{1 - y^2}}\mathrm{d}y = 2\int_{0}^{1} \frac{y}{\sqrt{1 - y^2}}\mathrm{d}y = 2.$$

解二 右半单位圆的方程为 $y = \pm\sqrt{1 - x^2}\,(x > 0)$，则

$$\mathrm{d}s = \sqrt{1 + (y')^2}\,\mathrm{d}x = \frac{1}{\sqrt{1 - x^2}}\mathrm{d}x.$$

所以

$$I = \int_{L} |y|\,\mathrm{d}s = 2\int_{0}^{1} \sqrt{1 - x^2}\,\frac{1}{\sqrt{1 - x^2}}\mathrm{d}x = 2.$$

解三 右半单位圆的方程为

$$x = \cos t,\ y = \sin t,\ -\frac{\pi}{2} \leqslant t \leqslant \frac{\pi}{2},$$

则

$$\mathrm{d}s = \sqrt{x'^2 + y'^2}\,\mathrm{d}t = \sqrt{\sin^2 t + \cos^2 t}\ \mathrm{d}t = \mathrm{d}t,$$

所以

$$I = \int_{-\frac{\pi}{2}}^{\frac{\pi}{2}} |\sin t|\ \mathrm{d}t = 2\int_{0}^{\frac{\pi}{2}} \sin t\,\mathrm{d}t = 2.$$

例 2 求 $I = \int_{L} \sqrt{y}\,\mathrm{d}s$，其中 L 是抛物线 $y = x^2$ 上点 $O(0,0)$ 与 $B(1,1)$ 之间的一段弧.

解 因为

$$\mathrm{d}s = \sqrt{1 + y'^2}\ \mathrm{d}x = \sqrt{1 + 4x^2}\ \mathrm{d}x,$$

所以

$$I = \int_{0}^{1} \sqrt{x^2}\ \sqrt{1 + 4x^2}\,\mathrm{d}x = \frac{1}{8}\int_{0}^{1} \sqrt{1 + 4x^2}\,\mathrm{d}(1 + 4x^2)$$

$$= \frac{1}{8} \cdot \frac{2}{3}\left[(1 + 4x^2)^{\frac{3}{2}}\right]_{0}^{1} = \frac{1}{12}(5\sqrt{5} - 1).$$

例 3 求 $I = \int_{L}(x + y)\,\mathrm{d}s$，其中 L 为联结三点 $O(0,0)$，$A(1,0)$，$B(1,1)$ 的封闭折线.

解 因为 $L_{OA}: y = 0$，所以

$$\sqrt{1 + y'^2}\,\mathrm{d}x = \mathrm{d}x,$$

$$\int_{L_{OA}} (x + y)\, ds = \int_0^1 (x + 0)\, dx = \frac{1}{2}.$$

又因为 L_{AB}: $x = 1$, 所以

$$\sqrt{1 + x'^2}\, dy = dy,$$

$$\int_{L_{AB}} (x + y)\, ds = \int_0^1 (1 + y)\, dy = \frac{3}{2}.$$

同理

$$\int_{L_{OB}} (x + y)\, ds = \int_0^1 (x + x)\sqrt{2}\, dx = \sqrt{2}.$$

所以

$$I = \frac{1}{2} + \frac{3}{2} + \sqrt{2} = 2 + \sqrt{2}.$$

例4 计算对弧长的曲线积分 $\int_\Gamma (x + y)\, ds$, 其中 Γ 是连接两点 $O(0,0,0)$, $A(1,2,2)$ 的直线段.

解 直线段 OA 的方程为 $x = \dfrac{y}{2} = \dfrac{z}{2}$, 其参数方程为 $x = t, y = 2t, z = 2t (0 \leqslant t \leqslant 1)$, 所以

$$ds = \sqrt{x'^2 + y'^2 + z'^2}\, dt = 3\, dt,$$

$$\int_\Gamma (x + y)\, ds = \int_0^1 3t \cdot 3\, dt = \frac{9}{2}.$$

例5 计算曲线积分 $\int_\Gamma \sqrt{x^2 + y^2 + z^2}\, ds$, 其中 Γ 是球面 $x^2 + y^2 + z^2 = R^2$ 与平面 $x + y + z = 0$ 的交线.

解 因为 Γ 是球面 $x^2 + y^2 + z^2 = R^2$ 上的大圆, 且对球面上任意一点 $P(x, y, z)$ 有 $x^2 + y^2 + z^2 = R^2$, 所以

$$\int_\Gamma \sqrt{x^2 + y^2 + z^2}\, ds = \int_\Gamma R\, ds = 2\pi R^2.$$

习 题 9-4

1. 计算曲线积分 $\oint_L x\, ds$, 其中 L 为直线 $y = x$ 与抛物线 $y = x^2$ 所围区域的整个边界.

2. 计算曲线积分 $\int_\Gamma \dfrac{1}{x^2 + y^2 + z^2}\, ds$, 其中 Γ 为曲线 $x = e^t \cos t, y = e^t \sin t, z = e^t$ 上对应于 t 从 0 变到 2π 的弧.

3. 计算曲线积分 $\int_C x\mathrm{d}s$，其中 C 为对数螺线 $\rho = ae^{k\theta}(k > 0)$ 在圆 $r = a$ 的内部的部分.

4. 计算曲线积分 $\int_C y\mathrm{d}s$，其中设 C 为曲线 $y = -|x|$ 上从 $x = -1$ 到 $x = 1$ 的一段.

5. 设 C 为正方形 $|x| + |y| = a(a > 0)$ 的边界，计算积分 $\oint_C xy\mathrm{d}s$.

6. 计算 $\oint_C \sqrt{x^2 + y^2}\mathrm{d}s$，其中 C 为圆周 $x^2 + y^2 = ax(a > 0)$.

7. 设 C 为椭圆 $\dfrac{x^2}{a^2} + \dfrac{y^2}{b^2} = 1$ 位于第一象限的部分，计算积分 $\int_C xy\mathrm{d}s$.

8. 计算 $\int_C \dfrac{z^2}{x^2 + y^2}\mathrm{d}s$，其中 C 为螺旋线上一段 $x = a\cos t, y = a\sin t, z = at(0 \leqslant t \leqslant 2\pi)$.

第五节　数量值函数的曲面积分

当黎曼积分 $\int_\Omega f(M)\mathrm{d}\Omega$ 的积分区域 Ω 是一有限面积的曲面时，该积分称为对面积的曲面积分，也称为第一类曲面积分. 计算对面积的曲面积分的关键是计算面积元素，而在第二节中，已推导出曲面的面积元素. 下面就所给的曲面方程的不同形式，给出计算第一类曲面积分的公式.

（1）若 Σ 表示为 $z = z(x, y)$，则有

$$\iint_\Sigma f(x, y, z)\mathrm{d}S = \iint_{D_{xy}} f(x, y, z(x, y)) \sqrt{1 + z_x^2 + z_y^2}\ \mathrm{d}x\mathrm{d}y,$$

其中，D_{xy} 是曲面 Σ 在 xOy 平面上的投影.

（2）若 Σ 表示为 $y = y(x, z)$，则有

$$\iint_\Sigma f(x, y, z)\mathrm{d}S = \iint_{D_{xz}} f(x, y(x, z), z) \sqrt{1 + y_x^2 + y_z^2}\ \mathrm{d}x\mathrm{d}z,$$

其中，D_{xz} 是曲面 Σ 在 zOx 平面上的投影.

（3）若 Σ 表示为 $x = x(y, z)$，则有

$$\iint_\Sigma f(x, y, z)\mathrm{d}S = \iint_{D_{yz}} f(x(y, z), y, z) \sqrt{1 + x_y^2 + x_z^2}\ \mathrm{d}y\mathrm{d}z,$$

其中，D_{yz} 是曲面 Σ 在 yOz 平面上的投影.

例1　计算 $I = \iint_\Sigma (x + y + z)\mathrm{d}S$，其中 Σ 是球面 $x^2 + y^2 + z^2 = a^2$ 的上半部分.

解　利用对称性，

$$I = \iint_\Sigma (x + y + z)\mathrm{d}S = 0 + \iint_\Sigma z\mathrm{d}S.$$

曲面 Σ 的方程为 $z = \sqrt{a^2 - x^2 - y^2}$，则

$$z_x = \frac{-x}{\sqrt{a^2 - x^2 - y^2}}, \quad z_y = \frac{-y}{\sqrt{a^2 - x^2 - y^2}}, \quad \mathrm{d}S = \frac{a}{\sqrt{a^2 - x^2 - y^2}} \mathrm{d}x\mathrm{d}y.$$

Σ 在 xOy 平面上的投影区域为 $D_{xy}: x^2 + y^2 \leqslant a^2$，所以

$$I = \iint\limits_{D_{xy}} \sqrt{a^2 - x^2 - y^2} \frac{a}{\sqrt{a^2 - x^2 - y^2}} \mathrm{d}x\mathrm{d}y = \iint\limits_{D_{xy}} a\mathrm{d}x\mathrm{d}y = \pi a^3.$$

例2　计算 $\iint\limits_{\Sigma} xyz\mathrm{d}S$，其中 Σ 是由平面 $x = 0, y = 0, z = 0$ 和 $x + y + z = 1$ 所围成的四面体的整个边界曲面.

解　分别记 Σ 在 xOy, yOz, zOx 平面和 $x + y + z = 1$ 上的部分为 $\Sigma_1, \Sigma_2, \Sigma_3, \Sigma_4$，则有

$$\iint\limits_{\Sigma} xyz\mathrm{d}S = \iint\limits_{\Sigma_1} xyz\mathrm{d}S + \iint\limits_{\Sigma_2} xyz\mathrm{d}S + \iint\limits_{\Sigma_3} xyz\mathrm{d}S + \iint\limits_{\Sigma_4} xyz\mathrm{d}S.$$

对 Σ_1：$x = 0$，有 $xyz = 0$，所以

$$\iint\limits_{\Sigma_1} xyz\mathrm{d}S = 0.$$

同理

$$\iint\limits_{\Sigma_2} xyz\mathrm{d}S = \iint\limits_{\Sigma_3} xyz\mathrm{d}S = 0.$$

对 Σ_4：$z = 1 - x - y$，因为 $z_x = z_y = -1$，所以，$\mathrm{d}S = \sqrt{3}\mathrm{d}x\mathrm{d}y$，且 Σ_4 在 xOy 平面上的投影区域为

$$D_{xy} = \{(x,y) \mid 0 \leqslant y \leqslant 1 - x, 0 \leqslant x \leqslant 1\},$$

故

$$\iint\limits_{\Sigma_4} xyz\mathrm{d}S = \sqrt{3} \iint\limits_{D_{xy}} xy(1 - x - y)\mathrm{d}x\mathrm{d}y$$

$$= \sqrt{3} \int_0^1 \mathrm{d}x \int_0^{1-x} (xy - x^2y - xy^2)\mathrm{d}y$$

$$= \sqrt{3} \int_0^1 \left(\frac{1}{6}x - \frac{1}{2}x^2 + \frac{1}{2}x^3 - \frac{1}{6}x^4\right)\mathrm{d}x$$

$$= \frac{\sqrt{3}}{120}.$$

所以

$$\iint\limits_{\Sigma} xyz\mathrm{d}S = 0 + 0 + 0 + \frac{\sqrt{3}}{120} = \frac{\sqrt{3}}{120}.$$

习　题　9-5

1. 计算曲面积分 $\iint\limits_{\Sigma} 2 \mathrm{d}S$，其中 Σ 由方程 $z = z_0 + \sqrt{1 - x^2 - y^2}$ 确定.

2. 设 S 是球面 $x^2 + y^2 + z^2 = a^2$，计算曲面积分 $\iint\limits_{S} (x^2 + y^2 + z^2) \mathrm{d}S$.

3. 设 Σ 为 $x^2 + y^2 + z^2 = a^2$ 在 $z \geqslant h (0 < h < a)$ 的部分，计算积分 $\iint\limits_{\Sigma} z \mathrm{d}S$.

4. 已知 Σ 是介于 $z = 0$ 及 $z = H$ 之间的圆柱面 $x^2 + y^2 = R^2$，计算积分 $\iint\limits_{\Sigma} \dfrac{\mathrm{d}S}{x^2 + y^2 + z^2}$.

5. 设 Σ 为平面 $x + y + z = 1$ 与三个坐标平面所围成的四面体的表面，计算积分 $\iint\limits_{\Sigma} \dfrac{\mathrm{d}S}{(x + y + 1)^2}$.

6. 计算 $\iint\limits_{\Sigma} (x^2 + y^2) \mathrm{d}S$，其中 Σ 为曲面 $z = \sqrt{x^2 + y^2}$ 及平面 $z = 1$ 所围成的立体的表面.

7. 计算曲面积分 $\iint\limits_{\Sigma} z \mathrm{d}S$，其中 Σ 是锥面 $z = \sqrt{x^2 + y^2}$ 在柱体 $x^2 + y^2 \leqslant 2x$ 内的部分.

8. 计算 $\iint\limits_{\Sigma} |xyz| \mathrm{d}S$，其中 Σ 为曲面 $z = x^2 + y^2 (0 \leqslant z \leqslant 1)$.

第六节　积分在物理学中的应用

一、物体的质量与质心

我们已知知道，形状为 Ω，且密度函数为 $\rho(M)(M \in \Omega)$ 的物体质量 M 可用黎曼积分表示为

$$M = \int_{\Omega} \rho(M) \mathrm{d}\Omega.$$

而对 Ω 的不同形状，上述黎曼积分又表现为不同的形式. 下面给出不同形状的物体计算其质量和质心的公式.

若 Ω 为 xOy 平面上的区域 D，且该物体在点 (x, y) 处的面密度（单位面积的质量）为 $\rho(x, y)$，则该物体的质量

$$M = \iint\limits_{D} \rho(x, y) \mathrm{d}x \mathrm{d}y,$$

质心坐标为

$$\bar{x} = \frac{1}{M} \iint\limits_{D} x\rho(x, y) \mathrm{d}x \mathrm{d}y, \quad \bar{y} = \frac{1}{M} \iint\limits_{D} y\rho(x, y) \mathrm{d}x \mathrm{d}y.$$

若 Ω 为空间区域，且该物体在点 (x,y,z) 处的体密度（单位体积的质量）为 $\rho(x,y,z)$，则该物体质量

$$M = \iiint\limits_{\Omega} \rho(x,y,z)\,\mathrm{d}v,$$

质心坐标为

$$\bar{x} = \frac{1}{M}\iiint\limits_{\Omega} x\rho(x,y,z)\,\mathrm{d}v, \quad \bar{y} = \frac{1}{M}\iiint\limits_{\Omega} y\rho(x,y,z)\,\mathrm{d}v, \quad \bar{z} = \frac{1}{M}\iiint\limits_{\Omega} z\rho(x,y,z)\,\mathrm{d}v.$$

若 Ω 为曲面 Σ，且该物体在点 (x,y,z) 处的面密度为 $\rho(x,y,z)$，则该物体质量

$$M = \iint\limits_{\Sigma} \rho(x,y,z)\,\mathrm{d}S,$$

质心坐标为

$$\bar{x} = \frac{1}{M}\iint\limits_{\Sigma} x\rho(x,y,z)\,\mathrm{d}S, \quad \bar{y} = \frac{1}{M}\iint\limits_{\Sigma} y\rho(x,y,z)\,\mathrm{d}S, \quad \bar{z} = \frac{1}{M}\iint\limits_{\Sigma} z\rho(x,y,z)\,\mathrm{d}S.$$

若 Ω 为空间曲线 Γ，且该物体在点 (x,y,z) 处的线密度（单位长度的质量）为 $\rho(x,y,z)$，则该物体质量

$$M = \int_{\Gamma} \rho(x,y,z)\,\mathrm{d}s,$$

质心坐标为

$$\bar{x} = \frac{1}{M}\int_{\Gamma} x\rho(x,y,z)\,\mathrm{d}s, \quad \bar{y} = \frac{1}{M}\int_{\Gamma} y\rho(x,y,z)\,\mathrm{d}s, \quad \bar{z} = \frac{1}{M}\int_{\Gamma} z\rho(x,y,z)\,\mathrm{d}s.$$

若 Ω 为 xOy 平面上的曲线 L，且其在点 (x,y) 处的线密度为 $\rho(x,y)$，则该物体质量

$$M = \int_{L} \rho(x,y)\,\mathrm{d}s,$$

质心坐标为

$$\bar{x} = \frac{1}{M}\int_{L} x\rho(x,y)\,\mathrm{d}s, \quad \bar{y} = \frac{1}{M}\int_{L} y\rho(x,y)\,\mathrm{d}s.$$

例 1 已知一平面薄板位于两圆 $r = \sin\theta$，$r = 2\sin\theta$ 之间，其在点 (x,y) 处的面密度等于该点到原点的距离，求该薄板的质量与质心坐标.

解 记位于两圆 $r = \sin\theta$，$r = 2\sin\theta$ 之间的平面区域为 D. 由题意知其面密度函数为 $\rho(x,y) = \sqrt{x^2 + y^2}$，则该薄板的质量为

$$M = \iint\limits_{D} \sqrt{x^2 + y^2}\,\mathrm{d}x\mathrm{d}y = \int_0^{\pi} \mathrm{d}\theta \int_{\sin\theta}^{2\sin\theta} r^2\,\mathrm{d}r$$

$$= \frac{7}{3}\int_0^{\pi} \sin^3\theta\,\mathrm{d}\theta = \frac{14}{3}\int_0^{\pi/2} \sin^3\theta\,\mathrm{d}\theta$$

$$= \frac{14}{3}I_3 = \frac{28}{9}.$$

这里用到了第四章第四节例 7 中的计算 $I_n = \int_0^{\pi/2} \sin^n \theta \mathrm{d}\theta$ 的公式.

因为

$$\iint_D y \sqrt{x^2 + y^2} \mathrm{d}x \mathrm{d}y = \int_0^{\pi} \mathrm{d}\theta \int_{\sin\theta}^{2\sin\theta} r^3 \sin\theta \mathrm{d}r = \frac{15}{4} \int_0^{\pi} \sin^5 \theta \mathrm{d}\theta = \frac{15}{2} I_5 = 4.$$

所以 $\bar{y} = \frac{9}{7}$. 又由对称性知 $\bar{x} = 0$, 所以该物体的质心坐标为 $\left(0, \frac{9}{7}\right)$.

例 2 设有一金属线 L, 其方程为 $x = a\cos t, y = a\sin t, z = bt (0 \leqslant t \leqslant 2\pi)$, 它在每一点处的线密度与该点的矢径平方成正比, 且在点 $P(a, 0, 0)$ 处的密度为 a^2, 求它的质量和质心坐标.

解 依题意, 设线密度函数为

$$\rho(x, y, z) = k(x^2 + y^2 + z^2),$$

其中, k 是比例系数. 因为 $\rho(a, 0, 0) = a^2$, 即 $ka^2 = a^2$, 所以 $k = 1$, 由此得该金属线的线密度函数为

$$\rho(x, y, z) = x^2 + y^2 + z^2.$$

所以该金属线的质量为

$$M = \int_L (x^2 + y^2 + z^2) \mathrm{d}s.$$

又因为

$$x' = -a\sin t, \ y' = a\cos t, \ z' = b, \ \mathrm{d}s = \sqrt{a^2 + b^2} \mathrm{d}t,$$

所以

$$M = \int_0^{2\pi} (a^2 + b^2 t^2) \sqrt{a^2 + b^2} \mathrm{d}t = \frac{2}{3}\pi \sqrt{a^2 + b^2} (3a^2 + 4b^2 \pi^3).$$

又由质心坐标公式, 得

$$\bar{x} = \frac{1}{M} \int_L x\rho(x, y, z) \mathrm{d}s = \frac{1}{M} \int_0^{2\pi} a\cos t \cdot (a^2 + b^2 t^2) \sqrt{a^2 + b^2} \mathrm{d}t$$

$$= \frac{4\pi ab^2 \sqrt{a^2 + b^2}}{M} = \frac{6ab^2}{3a^2 + 4b^2 \pi^3}.$$

同理可得

$$\bar{y} = \frac{1}{M} \int_L y\rho(x, y, z) \mathrm{d}s = \frac{6ab^2 \pi}{3a^2 + 4b^2 \pi^3}.$$

$$\bar{z} = \frac{1}{M} \int_L z\rho(x, y, z) \mathrm{d}s = \frac{3b\pi(a^2 + 2b^2 \pi^2)}{3a^2 + 4b^2 \pi^3}.$$

若物体是均匀的, 即 $\rho(M) \equiv m$ (常数), 这时该物体的质心即为 Ω 的形心, 因而几何形体 Ω 的形心为

$$\bar{x} = \frac{1}{\mu(\Omega)} \int_\Omega x \mathrm{d}\Omega, \ \bar{y} = \frac{1}{\mu(\Omega)} \int_\Omega y \mathrm{d}\Omega, \ \bar{z} = \frac{1}{\mu(\Omega)} \int_\Omega z \mathrm{d}\Omega,$$

其中,$\mu(\Omega)$ 为 Ω 的几何度量.

例3　求半球面 $x^2 + y^2 + z^2 = a^2 (z \geqslant 0)$ 的形心坐标.

解　由对称性知 $\bar{x} = \bar{y} = 0$,而

$$\bar{z} = \frac{1}{2\pi a^2} \iint\limits_{\Sigma} z \mathrm{d}S,$$

其中,

$$\iint\limits_{\Sigma} z \mathrm{d}s = \iint\limits_{D_{xy}} \sqrt{a^2 - x^2 - y^2} \frac{a}{\sqrt{a^2 - x^2 - y^2}} \mathrm{d}x \mathrm{d}y = \pi a^3.$$

所以 $\bar{z} = \dfrac{a}{2}$,因而所求的形心坐标为 $\left(0, 0, \dfrac{a}{2}\right)$.

二、转动惯量

设物体的形状为 Ω,其在点 $M \in \Omega$ 处的密度为 $\rho(M)$,若 Ω 是三维的(如空间曲线、空间曲面等),则该物体绕 x 轴、y 轴和 z 轴转动的转动惯量 I_x, I_y, I_z 分别为

$$I_x = \int_{\Omega} (y^2 + z^2) \rho(x, y, z) \mathrm{d}\Omega,$$

$$I_y = \int_{\Omega} (x^2 + z^2) \rho(x, y, z) \mathrm{d}\Omega,$$

$$I_z = \int_{\Omega} (x^2 + y^2) \rho(x, y, z) \mathrm{d}\Omega.$$

当 Ω 为二维的(如平面区域、平面曲线等),则该物体绕 x 轴、y 轴转动的转动惯量 I_x, I_y 分别为

$$I_x = \iint\limits_{D} y^2 \rho(x, y) \mathrm{d}x \mathrm{d}y, \quad I_y = \iint\limits_{D} x^2 \rho(x, y) \mathrm{d}x \mathrm{d}y.$$

例4　求位于两圆 $r = 2\sin\theta, r = 4\sin\theta$ 之间的均匀薄板分别绕 x 轴和 y 轴的转动惯量(设其密度为 $k (k > 0)$.

解　其绕 x 轴的转动惯量为

$$I_x = k \iint\limits_{D} y^2 \mathrm{d}x \mathrm{d}y = k \int_0^{\pi} \mathrm{d}\varphi \int_{2\sin\theta}^{4\sin\theta} r^3 \sin^2\theta \mathrm{d}r$$

$$= 60k \int_0^{\pi} \sin^6\theta \mathrm{d}\varphi = 120k I_6 = \frac{75}{4} k\pi,$$

$$I_y = k \iint\limits_{D} x^2 \mathrm{d}x \mathrm{d}y = k \int_0^{\pi} \mathrm{d}\varphi \int_{2\sin\theta}^{4\sin\theta} r^3 \cos^2\theta \mathrm{d}r$$

$$= 60k \int_0^{\pi} \sin^4\theta \cos^2\theta \mathrm{d}\theta = 120k (I_4 - I_6) = \frac{15}{4} k\pi.$$

例5　一圆锥形物体由曲面 $z = \sqrt{x^2 + y^2}$ 与平面 $z = 1$ 围成,其在点 (x, y, z) 处

的密度是 $\rho = \sqrt{x^2 + y^2}$,求该物体的质量,并求该物体绕 z 轴的转动惯量.

解 记由锥面 $z = \sqrt{x^2 + y^2}$ 与平面 $z = 1$ 围成的几何体为 Ω,则该物体的质量为

$$M = \iiint\limits_{\Omega} \sqrt{x^2 + y^2}\,\mathrm{d}v = \int_0^1 \mathrm{d}z \iint\limits_{D_z} \sqrt{x^2 + y^2}\,\mathrm{d}x\mathrm{d}y$$

$$= \int_0^1 \mathrm{d}z \int_0^{2\pi} \mathrm{d}\theta \int_0^z r^2\,\mathrm{d}r$$

$$= \frac{2\pi}{3} \int_0^1 z^3\,\mathrm{d}z = \frac{\pi}{6}.$$

其绕 z 轴的转动惯量为

$$I_z = \iiint\limits_{\Omega} (x^2 + y^2) \sqrt{x^2 + y^2}\,\mathrm{d}x\mathrm{d}y\mathrm{d}z$$

$$= \int_0^1 \mathrm{d}z \iint\limits_{D_z} (x^2 + y^2)^{\frac{3}{2}}\,\mathrm{d}x\mathrm{d}y$$

$$= \int_0^1 \mathrm{d}z \int_0^{2\pi} \mathrm{d}\varphi \int_0^z r^4\,\mathrm{d}r$$

$$= \frac{2\pi}{5} \int_0^1 z^5\,\mathrm{d}z = \frac{\pi}{15}.$$

习 题 9-6

1. 填空题:

(1) 设一曲线状物体,其形状为平面曲线段 L,它的线密度为 e^{x+y},则其质量 M 可表示为 _____,其形心的横坐标为 _____,其绕 x 转动的转动惯量是 _____.

(2) 有一曲面状物体,其形状是一空间曲面 Σ,其在任意一点处的密度为 $\rho(x,y,z)$,则物体的质量 $M = $ _____,若其质心坐标是 (x_0, y_0, z_0),则 x_0, y_0, z_0 分别等于 _____.

(3) 有薄板,其形状是 xOy 平面上的区域 D,其在任意一点处的密度为 $\rho = \rho(x, y)$,则该物体绕 x 轴旋转的转动惯量 $I_x = $ _____.

2. 设平面薄板所占的闭区域 D 由直线 $x + y = 2, y = x$ 和 x 轴所围成,它的面密度为 $\rho(x, y) = x + y + 1$,求该薄板的质量与质心坐标.

3. 一均匀物体占有闭区域 Ω,Ω 由曲面 $z = x^2 + y^2$ 与平面 $z = 1$ 所围成,求该物体的质心坐标,并求其绕 z 轴转动的转动惯量.

4. 一个由曲面 $x^2 + y^2 = z^2$ 与平面 $z = H(H > 0)$ 围成的,盛满液体的漏斗形容器,若液体的密度为 $\dfrac{1}{a^2 + x^2 + y^2}(a > 0)$,求漏斗中液体的质量.

5. 求下列几何体 Ω 的形心坐标:

(1) Ω 是平面曲线 $y = \sqrt{R^2 - x^2}$;

(2) Ω 是由平面曲线 $y = x^2$ 与 $y = 1$ 围成的平面区域;

(3) Ω 是旋转抛物面 $2z = x^2 + y^2$ 被平面 $z = 2$ 切下的有限部分;

(4) Ω 是旋转抛物面 $2z = x^2 + y^2$ 与平面 $z = 2$ 围成的空间区域.

6. 设有一均匀物体(其密度为常数 k),占空间区域 $\Omega = \{(x,y,z) \mid 1 \leqslant x^2 + y^2 \leqslant 4, 0 \leqslant z \leqslant 2\}$. 求该物体对位于坐标原点、质量为 m 的质点的引力.

第七节　综合例题与应用

例1　设 $f(x,y)$ 在区域 D 上连续,且 $f(x,y) = \mathrm{e}^{x^2+y^2} + xy \iint\limits_{D} xf(x,y)\mathrm{d}x\mathrm{d}y + 4x$,

其中,

$$D = \{(x,y) \mid -1 \leqslant x \leqslant 1, 0 \leqslant y \leqslant 1\},$$

求 $f(x,y)$ 的表达式.

解　首先注意到 $\iint\limits_{D} xf(x,y)\mathrm{d}\sigma$ 是常数,为方便记其为 k. 等式两端同乘 x,并在 D 上积分

$$k = \iint\limits_{D} x\mathrm{e}^{x^2+y^2}\mathrm{d}x\mathrm{d}y + k\iint\limits_{D} x^2 y\mathrm{d}x\mathrm{d}y + 4\iint\limits_{D} x^2\mathrm{d}x\mathrm{d}y,$$

易得

$$\iint\limits_{D} x^2 y\mathrm{d}x\mathrm{d}y = \frac{1}{3}, \quad \iint\limits_{D} x^2\mathrm{d}x\mathrm{d}y = \frac{2}{3}.$$

由于区域 D 关于 $x = 0$ 对称,且 $x\mathrm{e}^{x^2+y^2}$ 是关于 x 的奇函数,所以

$$\iint\limits_{D} x\mathrm{e}^{x^2+y^2}\mathrm{d}x\mathrm{d}y = 0.$$

将它们代入上式,求得 $k = 4$,所以

$$f(x,y) = \mathrm{e}^{x^2+y^2} + 4x(y+1).$$

例2　已知 $f(t)$ 在 $[0, +\infty)$ 上连续,计算极限 $\lim\limits_{t \to +0} \dfrac{1}{t^2} \iint\limits_{x^2+y^2 \leqslant t^2} f(\sqrt{x^2 + y^2})\mathrm{d}x\mathrm{d}y$.

解一　因为

$$\iint\limits_{x^2+y^2 \leqslant t^2} f(\sqrt{x^2 + y^2})\mathrm{d}x\mathrm{d}y = \int_0^{2\pi} \mathrm{d}\theta \int_0^t rf(r)\mathrm{d}r = 2\pi \int_0^t rf(r)\mathrm{d}r,$$

而 $f(t)$ 在 $[0, +\infty)$ 上的连续,所以当 $t > 0$ 时,$\int_0^t rf(r)\mathrm{d}r$ 可导,且

$$\left[\int_0^t rf(r)\mathrm{d}r\right]' = tf(t),$$

因此,

$$\lim_{t \to +0} \frac{1}{t^2} \iint\limits_{x^2+y^2 \leqslant t^2} f(\sqrt{x^2+y^2}) \mathrm{d}x\mathrm{d}y = 2\pi \lim_{t \to +0} \frac{\int_0^t rf(r)\mathrm{d}r}{t^2} = 2\pi \lim_{t \to +0} \frac{tf(t)}{2t} = f(0)\pi.$$

解二　因为 $f(t)$ 在 $[0, +\infty)$ 上的连续,所以由积分第一中值定理得

$$\iint\limits_{x^2+y^2 \leqslant t^2} f(\sqrt{x^2+y^2})\mathrm{d}x\mathrm{d}y = f(\sqrt{\xi^2+\eta^2}) \cdot \pi t^2,$$

其中,ξ,η 满足 $\xi^2 + \eta^2 \leqslant t^2$,所以

$$\lim_{t \to +0} \frac{1}{t^2} \iint\limits_{x^2+y^2 \leqslant t^2} f(\sqrt{x^2+y^2})\mathrm{d}x\mathrm{d}y = \pi \lim_{t \to +0} f(\sqrt{\xi^2+\eta^2}) = f(0)\pi.$$

例3　设 $f(x)$ 在 $[a,b]$ 上连续,且 $f(x) > 0$,证明

$$\int_a^b f(x)\mathrm{d}x \int_a^b \frac{1}{f(x)}\mathrm{d}x \geqslant (b-a)^2.$$

证　若记 $D = \{(x,y) \mid a \leqslant x \leqslant b, a \leqslant y \leqslant b\}$,则有

$$\int_a^b f(x)\mathrm{d}x \int_a^b \frac{1}{f(x)}\mathrm{d}x = \int_a^b f(x)\mathrm{d}x \int_a^b \frac{1}{f(y)}\mathrm{d}y = \iint\limits_D \frac{f(x)}{f(y)}\mathrm{d}x\mathrm{d}y$$

和

$$\int_a^b f(x)\mathrm{d}x \int_a^b \frac{1}{f(x)}\mathrm{d}x = \int_a^b f(y)\mathrm{d}y \int_a^b \frac{1}{f(x)}\mathrm{d}x = \iint\limits_D \frac{f(y)}{f(x)}\mathrm{d}x\mathrm{d}y.$$

所以

$$\begin{aligned}
\int_a^b f(x)\mathrm{d}x \int_a^b \frac{1}{f(x)}\mathrm{d}x &= \frac{1}{2} \iint\limits_D \left[\frac{f(x)}{f(y)} + \frac{f(y)}{f(x)} \right]\mathrm{d}x\mathrm{d}y \\
&= \frac{1}{2} \iint\limits_D \frac{f^2(x) + f^2(y)}{f(x)f(y)}\mathrm{d}x\mathrm{d}y \\
&\geqslant \frac{1}{2} \iint\limits_D \frac{2f(x)f(y)}{f(x)f(y)}\mathrm{d}x\mathrm{d}y \\
&= (b-a)^2.
\end{aligned}$$

例4　计算二重积分

$$I = \iint\limits_D (2 + x\sin y^3 + y\sin x^3)\mathrm{d}x\mathrm{d}y,$$

其中,D 是由直线 $y = x, x = -1$ 及 $y = 1$ 围成的平面区域.

解　作直线 $y = -x$,则 $y = -x$ 将区域 D 分为 D_1 与 D_2 两部分(见图9-19),其中 D_1 关于 $x = 0$ 对称,D_2 关于 $y = 0$ 对称,而函数 $x\sin y^3$ 与 $y\sin x^3$ 既是关于 x 的奇函数,也是关于 y 的奇函数,所以

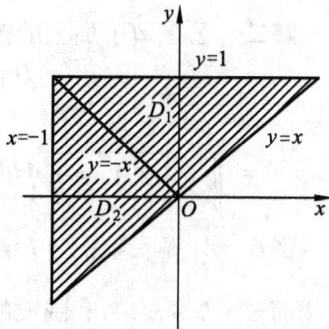

图9-19

$$\iint\limits_{D_1}(x\sin y^3 + y\sin x^3)\mathrm{d}x\mathrm{d}y = \int_0^1\mathrm{d}y\int_{-y}^y(x\sin y^3 + y\sin x^3)\mathrm{d}x = 0,$$

$$\iint\limits_{D_2}(x\sin y^3 + y\sin x^3)\mathrm{d}x\mathrm{d}y = \int_{-1}^0\mathrm{d}x\int_x^{-x}(x\sin y^3 + y\sin x^3)\mathrm{d}y = 0,$$

$$I = \iint\limits_D 2\mathrm{d}x\mathrm{d}y + \iint\limits_{D_1}(x\sin y^3 + y\sin x^3)\mathrm{d}x\mathrm{d}y + \iint\limits_{D_2}(x\sin y^3 + y\sin x^3)\mathrm{d}x\mathrm{d}y = 4.$$

注　若本题直接将其化为 D 上的二次积分，将会遇到 $\sin x^3$（或 $\sin y^3$）的积分，由于 $\sin t^3$ 的原函数不是初等函数，因而无法积分.

例 5　求抛物面 $2z = x^2 + y^2$ 位于平面 $z = \dfrac{1}{2}$ 与 $z = 2$ 之间的面积.

解一　所求曲面的面积可看作两部分面积的差. 设
$$\Sigma_1: 2z = x^2 + y^2, 0 \leqslant z \leqslant 2$$
和
$$\Sigma_2: 2z = x^2 + y^2, 0 \leqslant z \leqslant \frac{1}{2}.$$
则 $A = A_1 - A_2$. 又易知 Σ_1, Σ_2 在 xOy 面上的投影区域分别为
$$D_1 = \{(x,y)\mid x^2 + y^2 \leqslant 4\}, \quad D_2 = \{(x,y)\mid x^2 + y^2 \leqslant 1\},$$
且 $z_x = x, z_y = y$，所以
$$\mathrm{d}A_1 = \sqrt{1 + x^2 + y^2}\mathrm{d}x\mathrm{d}y,$$
$$A_1 = \iint\limits_{D_1}\sqrt{1 + x^2 + y^2}\mathrm{d}x\mathrm{d}y = \int_0^{2\pi}\mathrm{d}\theta\int_0^2\sqrt{1 + r^2}\,r\mathrm{d}r = \frac{2}{3}(5\sqrt{5} - 1)\pi.$$
同理
$$A_2 = \iint\limits_{D_2}\sqrt{1 + x^2 + y^2}\mathrm{d}x\mathrm{d}y = \int_0^{2\pi}\mathrm{d}\theta\int_0^1\sqrt{1 + r^2}\,r\mathrm{d}r = \frac{2}{3}(2\sqrt{2} - 1)\pi.$$
所以
$$A = A_2 - A_1 = \frac{2}{3}(5\sqrt{5} - 2\sqrt{2})\pi.$$

解二　Σ 在 xOy 面上的投影区域为
$$D = \{(x,y)\mid 1 \leqslant x^2 + y^2 \leqslant 4\},$$
所以
$$A = \iint\limits_D\sqrt{1 + x^2 + y^2}\mathrm{d}x\mathrm{d}y = \int_0^{2\pi}\mathrm{d}\theta\int_1^2\sqrt{1 + r^2}\,r\mathrm{d}r = \frac{2}{3}(5\sqrt{5} - 2\sqrt{2})\pi.$$

例 6　计算三重积分 $I = \iiint\limits_\Omega(x^2 + 3y^2)\mathrm{d}v$，其中 Ω 是由圆锥面 $z = \sqrt{x^2 + y^2}$ 与抛物面 $z = 2 - x^2 - y^2$ 围成的空间区域.

解　由变量 x 与 y 的轮换对称性知 $\iiint\limits_\Omega x^2\mathrm{d}v = \iiint\limits_\Omega y^2\mathrm{d}v$，所以

$$I = 2\iiint_{\Omega} (x^2 + y^2)\,dv = 2\int_0^{2\pi} d\theta \int_0^1 r\,dr \int_r^{2-r^2} r^2\,dr$$

$$= 4\pi \int_0^1 (2r^3 - r^5 - r^4)\,dr$$

$$= 4\pi \left[\frac{1}{2}r^4 - \frac{1}{6}r^6 - \frac{1}{5}r^5 \right]_0^1 = \frac{8}{15}\pi.$$

例7 设 f 是一元连续函数，$F(t) = \iiint_{\Omega} [z^2 + f(x^2 + y^2)]\,dv$，其中 Ω 是由柱面 $x^2 + y^2 = t^2$ 与平面 $z = 0, z = h$ 围成的，求 $F'(t)$.

解 因为

$$F(t) = \int_0^{2\pi} d\theta \int_0^t r\,dr \int_0^h [z^2 + f(r^2)]\,dz = 2\pi \int_0^t \left(\frac{1}{3}h^3 + f(r^2)h \right) r\,dr$$

所以

$$F'(t) = 2\pi \left(\frac{1}{3}h^3 + f(t^2)h \right)t.$$

例8 一个体积为 V，表面积为 S 的雪堆的融化速度为 $\dfrac{dV}{dt} = -aS$，其中 a 是常数. 假设在融化期间雪堆的形状保持为 $z = h - \dfrac{1}{h}(x^2 + y^2)\,(z > 0)$，其中 $h = h(t)$，问一个高度为 h_0 的雪堆全部融化需要多长时间？

解 由 $z = h - \dfrac{1}{h}(x^2 + y^2)$ 有 $x^2 + y^2 = h^2 - 3h$. 当雪堆的高度为 h 时，雪堆的体积为

$$V = \iiint_{\Omega} dv = \int_0^h dz \iint_{D_z} dxdy = \pi \int_0^h (h^2 - hz)\,dz = \frac{1}{2}\pi h^3,$$

当 $z = 0$ 时，有 $x^2 + y^2 = h^2$. 表面积为

$$S = \iint_{x^2+y^2 \leqslant h^2} \sqrt{1 + z_x^2 + z_y^2}\,dxdy = \frac{1}{h} \iint_{x^2+y^2 \leqslant h^2} \sqrt{h^2 + 4(x^2 + y^2)}\,dxdy$$

$$= \frac{1}{h} \int_0^{2\pi} d\theta \int_0^h \sqrt{h^2 + 4r^2}\,r\,dr = \frac{\pi h^2}{6}(5\sqrt{5} - 1).$$

将 $\dfrac{dv}{dt} = \dfrac{3}{2}\pi h^2 \dfrac{dh}{dt}, S$ 代入 $\dfrac{dV}{dt} = -aS$，得

$$\frac{dh}{dt} = -\frac{a}{9}(5\sqrt{5} - 1),$$

所以，

$$h = -\frac{a}{9}(5\sqrt{5} - 1)t + C.$$

由 $h(0) = h_0$，得 $C = h_0$，因此

$$h = -\frac{a}{9}(5\sqrt{5}-1)t + h_0.$$

雪堆全部融化，即 $h=0$，得全部融化的时间为

$$t = \frac{9h_0}{(5\sqrt{5}-1)a} = \frac{9(5\sqrt{5}+1)h_0}{124a}.$$

例 9 求圆柱面 $x^2 + y^2 = 1$ 被平面 $z=0$ 与 $x+y+z=2$ 切下的有限部分的面积.

本题可用二重积分或对面积的曲面积分求解，计算虽不难，但过程复杂且计算量大.下面从另一角度考虑此类问题——柱面的侧面积的求解方法.

解 在 xOy 平面上的曲线 $L:x^2+y^2=1$ 上任取一长度为 $\mathrm{d}s$ 的曲线弧，当 $\mathrm{d}s$ 充分小时，其对应的柱面的面积（如图 9-20 中阴影部分）可看作是一矩形的面积：

$$\mathrm{d}A = z\mathrm{d}s = (2-x-y)\mathrm{d}s,$$

因而所求的曲面面积为

$$A = \int_L (2-x-y)\mathrm{d}s.$$

图 9-20

由对称性知 $\int_L x\mathrm{d}s = \int_L y\mathrm{d}s = 0$，所以

$$A = \int_L 2\mathrm{d}s = 4\pi.$$

例 10 在一个均匀的、半径为 R 的半球体的大圆上拼接一个密度相同、底圆半径为 R 的圆柱体，为了拼接后物体的质心正好在球心上，问圆柱体的高应为多少？

解 设球面方程为 $z = \sqrt{R^2-x^2-y^2}$，拼接上的圆柱体为

$$x^2 + y^2 \le R^2 \, (-h \le z \le 0),$$

则由对称性、均匀性得，拼接后的物体（记为 Ω）质心的横坐标与纵坐标均为零，其竖坐标为

$$\bar{z} = \frac{1}{\mu(\Omega)} \iiint_\Omega z\mathrm{d}v,$$

其中

$$\iiint_\Omega z\mathrm{d}v = \pi R^2 \int_{-h}^0 z\mathrm{d}z + \pi \int_0^R z(R^2-z^2)\mathrm{d}z = -\frac{1}{2}\pi R^2 h^2 + \frac{1}{4}\pi R^4.$$

为使 Ω 的质心在球心上，只需 $\bar{z}=0$，因而由 $-\frac{1}{2}\pi R^2 h^2 + \frac{1}{4}\pi R^4 = 0$ 得 $h = \frac{\sqrt{2}}{2}R$.

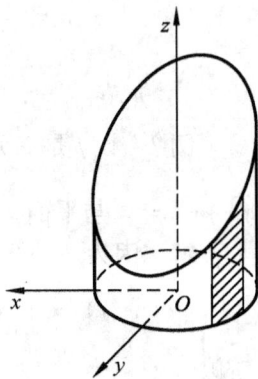

例 11 设 Σ 为椭球面 $\dfrac{x^2}{2} + \dfrac{y^2}{2} + z^2 = 1$ 的上半部分,点 $P(x,y,z) \in \Sigma, \pi$ 为 Σ 在点 P 处的切平面,$\rho(x,y,z)$ 为原点到 π 的距离,求 $\displaystyle\iint_{\Sigma} \dfrac{z}{\rho(x,y,z)} \mathrm{d}S$.

解 若记切平面 π 上的动点坐标为 (X,Y,Z),则易求得 π 的方程为

$$xX + yY + 2zZ - 2 = 0,$$

所以原点到 π 的距离为

$$\rho(x,y,z) = \frac{2}{\sqrt{x^2 + y^2 + 4z^2}},$$

则原积分化为

$$I = \frac{1}{2}\iint_{\Sigma} z \sqrt{x^2 + y^2 + 4z^2}\, \mathrm{d}S.$$

又因为

$$\mathrm{d}S = \sqrt{1 + z_x^2 + z_y^2}\, \mathrm{d}x\mathrm{d}y = \frac{\sqrt{x^2 + y^2 + 4z^2}}{2z}\mathrm{d}x\mathrm{d}y,$$

所以

$$I = \frac{1}{4}\iint_{D}(x^2 + y^2 + 4z^2)\, \mathrm{d}x\mathrm{d}y,$$

又 $x^2 + y^2 - 4z^2 = 4 - x^2 - y^2$,故

$$I = \frac{1}{4}\iint_{D}(4 - x^2 - y^2)\, \mathrm{d}x\mathrm{d}y = \frac{1}{4}\int_{0}^{2\pi}\mathrm{d}\theta\int_{0}^{\sqrt{2}}(4 - r^2)r\,\mathrm{d}r = \frac{3}{2}\pi,$$

其中,$D = \{(x,y)\,|\,x^2 + y^2 \leq 2\}$ 是 Σ 在 xOy 平面上的投影.

习 题 9-7

1. 计算曲线积分 $\displaystyle\int_{\Gamma}(x + y^2)\mathrm{d}s$,其中 Γ 是球面 $x^2 + y^2 + z^2 = R^2$ 与平面 $x + y + z = 0$ 的交线.

2. 利用对弧长的曲线积分求柱面 $y = \dfrac{2}{3}x^{\frac{3}{2}}\,(0 \leq x \leq 1)$ 被平面 $z = 0, z = x$ 切下的有限部分的面积.

3. 证明不等式 $\dfrac{61}{165}\pi \leq \displaystyle\iint_{D}\sin\sqrt{(x^2 + y^2)^3}\mathrm{d}x\mathrm{d}y \leq \dfrac{2}{5}\pi$,其中,$D = \{(x,y)\,|\,x^2 + y^2 \leq 1\}$.

4. 设 $f(x)$ 在 $[a,b]$ 上连续,证明

$$\left(\int_a^b f(x)\,\mathrm{d}x\right)^2 \leq (b - a)\int_a^b f^2(x)\,\mathrm{d}x.$$

5. 设半径为 R 的球面 Σ 的球心在定球面 $x^2 + y^2 + z^2 = a^2\,(a > 0)$ 上,问当 R 取何值时,球

面 Σ 在定球面内的那部分面积最大.

6. 设 $f(t)$ 在 $(-\infty, +\infty)$ 上连续,且满足 $f(t) = \dfrac{2}{\pi}\iint\limits_{x^2+y^2 \leqslant t^2}(x^2+y^2)f(\sqrt{x^2+y^2})\mathrm{d}x\mathrm{d}y + t^4$,求 $f(t)$ 的表达式.

7. 已知一物体由曲面 $z = 2 - x^2 - y^2$ 与平面 $z = 1$ 围成,其在任意一点处的密度等于该点到原点距离,求该物体对位于原点的单位质量的质点的引力.

8. 设 $F(t) = \iint\limits_{x^2+y^2+z^2 \leqslant t^2} f(\sqrt{x^2+y^2+z^2})\mathrm{d}v$,其中 $f(u)$ 为可导函数,$f(0) = 0$,求 $\lim\limits_{t\to 0}\dfrac{F(t)}{t}$.

第十章　多元向量值函数积分

上一章讨论了多元数量值函数的黎曼积分及其在几何、物理学中的应用,本章引入多元向量值函数对坐标的曲线积分与对坐标的曲面积分的概念及其计算方法,并给出了多元向量值函数积分与多元数量值函数积分之间的联系和重要公式,这些知识是多元函数积分学中又一重要内容.本章最后介绍场论的基本概念.

第一节　对坐标的曲线积分

一、定向曲线及其切向量

设 L 是一条与自身不相交的曲线(可以是封闭的曲线),当一动点沿曲线 L 连续地向同一方向移动时,该动点的移动方向就确定了曲线 L 的方向,我们称确定了方向的曲线为定向曲线或定向曲线弧. 一般地,一条定向曲线 L 的反向曲线记为 L^-. 若曲线 L 是以 A 为起点,B 为终点的定向曲线,则记为 $\overset{\frown}{AB}$. 对于定向曲线,$\overset{\frown}{AB}$ 和 $\overset{\frown}{BA}$ 是两条互为反向的定向曲线.

定向曲线 $\overset{\frown}{AB}$ 也可写为参数方程的形式

$$L_{\overset{\frown}{AB}}: x = x(t),\ y = y(t),\ z = z(t),\ t: a \to b.$$

这里用符号 $t: a \to b$ 表示变量 t 从 a 变到 b. 其中,$t = a$ 时对应的曲线上的点 $(x(a), y(a), z(a))$ 是定向曲线 $L_{\overset{\frown}{AB}}$ 的起点 A,$t = b$ 时对应曲线上的点 $(x(b), y(b), z(b))$ 是定向曲线 $\overset{\frown}{AB}$ 的终点 B. 定向曲线的参数方程也用如下向量形式表示

$$\boldsymbol{r}(t) = x(t)\boldsymbol{i} + y(t)\boldsymbol{j} + z(t)\boldsymbol{k},\ t: a \to b.$$

对光滑的定向曲线 $\boldsymbol{r}(t)(t: a \to b)$,其在任意一点处的切向量 $\boldsymbol{\tau}$ 是指曲线在该点切线的方向向量 $\pm \boldsymbol{r}'(t)$ 中与曲线的方向一致的向量.

由一元向量值函数导数的几何意义知,$\boldsymbol{r}'(t)$ 是曲线切线的方向向量中,方向指向参数增大的方向,所以定向曲线 $\boldsymbol{r}(t)(t: a \to b)$ 的切向量为

$$\boldsymbol{\tau} = \begin{cases} \boldsymbol{r}'(t), & a < b, \\ -\boldsymbol{r}'(t), & a > b. \end{cases}$$

如空间定向曲线 Γ 的参数方程为

$$x = t, \ y = t^2, \ z = t^3, \ t:0 \to 1.$$

则 Γ 的切向量为

$$\boldsymbol{\tau} = (1, 2t, 3t^2).$$

又如平面定向曲线 L 的方程为 $y = x^2$, $x:0 \to 1$,则该定向曲线的切向量为

$$\boldsymbol{\tau} = (1, 2x);$$

若定向曲线 L 的方程为 $y = x^2$, $x:1 \to 0$,则其切向量为

$$\boldsymbol{\tau} = -(1, 2x).$$

二、变力沿定向曲线对质点做功

设质点 P 在 xOy 平面上从点 A 沿分段光滑曲线 L 移动到点 B,在移动的过程中,受到一连续变化的力

$$\boldsymbol{F}(x,y) = P(x,y)\boldsymbol{i} + Q(x,y)\boldsymbol{j}$$

的作用,如何求力 $\boldsymbol{F}$ 对质点 P 所做的功?

已有的方法只能解决一些特殊情况下的变力做功问题. 例如,如果力 $\boldsymbol{F}$ 是常力,即大小与方向不变,且 L 为直线段,则其所做的功可用向量的数量积表示为

$$W = \boldsymbol{F} \cdot \overrightarrow{AB} = |\boldsymbol{F}| \cdot |\overrightarrow{AB}| \cos(\widehat{\boldsymbol{F}, \overrightarrow{AB}}).$$

又若力 $\boldsymbol{F}$ 大小发生改变但方向不变,且 L 为直线段,则其所做的功可用定积分计算.

对于一般情形下变力做功问题,我们需要引进新的方法. 为此,首先用曲线 L 上的点 $A = M_0, M_1, \cdots, M_{n-1}, M_n = B$,将曲线 L 任意地分割成 n 个小曲线段. 当 $\widehat{M_{i-1}M_i}(0 \leqslant i \leqslant n)$ 很短时,可近似地认为它是一定向直线段,其长度记为 Δs_i,方向用 $\widehat{M_{i-1}M_i}$ 上任意一点 (ξ_i, η_i) 的切向量代替. 由于 $\boldsymbol{F}$ 是连续变化的,所以这时力 $\boldsymbol{F}$ 在该小段上变化也很小,因而可近似地认为它是不变的,所以力 $\boldsymbol{F}$ 在 $\widehat{M_{i-1}M_i}$ 这一小弧段上对质点所做的功为

$$\Delta W_i \approx [\boldsymbol{F}(\xi_i, \eta_i) \cdot \mathbf{e}_\tau(\xi_i, \eta_i)] \Delta s_i,$$

其中,$\mathbf{e}_\tau(\xi_i, \eta_i)$ 是定向曲线 $\widehat{AB}$ 在点 (ξ_i, η_i) 处的单位切向量,所以

$$W = \lim_{\lambda \to 0} \sum_{i=1}^n [\boldsymbol{F}(\xi_i, \eta_i) \cdot \mathbf{e}_\tau(\xi_i, \eta_i)] \Delta s_i,$$

其中,$\lambda = \max_{1 \leqslant i \leqslant n} \{\Delta s_i\}$. 由黎曼积分的定义,上式即为向量值函数 $\boldsymbol{F}(x,y)$ 在曲线段 $\widehat{AB}$ 上的黎曼积分——对弧长的曲线积分

$$W = \int_L \left[\boldsymbol{F}(x,y) \cdot \mathbf{e}_\tau(x,y) \right] \mathrm{d}s.$$

在工程技术与科学研究中,类似于上式的积分经常出现,因而下面将上式的积分抽象为一般的数学概念.

三、对坐标的曲线积分的概念与性质

定义　设 $L: \boldsymbol{r} = \boldsymbol{r}(t)\,(t: a \to b)$ 是 xOy 平面上一条分段光滑的定向曲线,二元向量值函数

$$\boldsymbol{F}(x,y) = P(x,y)\boldsymbol{i} + Q(x,y)\boldsymbol{j}$$

在 L 上有界, $\mathbf{e}_\tau = (\cos\alpha, \cos\beta)$ 是定向曲线 L 在点 $(x,y) \in L$ 处的单位切向量,如果对弧长的曲线积分

$$\int_L \boldsymbol{F} \cdot \mathbf{e}_\tau \mathrm{d}s$$

存在,则称此积分为向量值函数 $\boldsymbol{F}(x,y)$ 在定向曲线 L 上的积分,也称为第二类曲线积分,其中 L 称为积分曲线.

根据第五章第二节有关弧微元(弧微分)的公式,可得到 $\mathrm{d}s \cdot \cos\alpha = \mathrm{d}x, \mathrm{d}s \cdot \cos\beta = \mathrm{d}y$(见图 10-1),所以

$$\mathbf{e}_\tau \mathrm{d}s = \mathrm{d}x\boldsymbol{i} + \mathrm{d}y\boldsymbol{j},$$

若将其记为 $\mathrm{d}\boldsymbol{s}$,即

$$\mathrm{d}\boldsymbol{s} = \mathrm{d}x\boldsymbol{i} + \mathrm{d}y\boldsymbol{j},$$

并称为定向弧微元,因而第二类曲线积分通常写为下面的向量形式

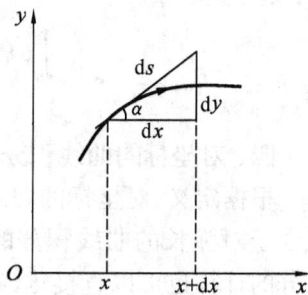

图 10-1

$$\int_L \boldsymbol{F} \cdot \mathrm{d}\boldsymbol{s}.$$

又因为 $\boldsymbol{F} \cdot \mathrm{d}\boldsymbol{s} = P(x,y)\mathrm{d}x + Q(x,y)\mathrm{d}y$,所以第二类曲线积分可表示为

$$\int_L P(x,y)\mathrm{d}x + Q(x,y)\mathrm{d}y,$$

由此,第二类曲线积分又称为对坐标的曲线积分.

根据上面的讨论,变力 $\boldsymbol{F} = P(x,y)\boldsymbol{i} + Q(x,y)\boldsymbol{j}$ 沿定向曲线 L 对质点做功,可用对坐标的曲线积分表示为

$$W = \int_L P(x,y)\mathrm{d}x + Q(x,y)\mathrm{d}y.$$

类似地,可定义空间定向曲线 Γ 上的向量值函数的积分,即空间上第二类空间曲线积分或对坐标的曲线积分.

设 $\boldsymbol{F} = P\boldsymbol{i} + Q\boldsymbol{j} + R\boldsymbol{k}$ 为空间上的向量值函数,

$$\Gamma : \boldsymbol{r}(t) = x(t)\boldsymbol{i} + y(t)\boldsymbol{j} + z(t)\boldsymbol{k} \quad (t:\alpha \rightarrow \beta)$$

是一空间上的定向曲线,其定向弧元素为 $\mathrm{d}\boldsymbol{s} = \mathrm{d}x\boldsymbol{i} + \mathrm{d}y\boldsymbol{j} + \mathrm{d}z$,则第二类空间曲线积分或对坐标的空间曲线积分的定义为

$$\int_{\Gamma} \boldsymbol{F} \cdot \mathrm{d}\boldsymbol{s} = \int_{\Gamma} P\mathrm{d}x + Q\mathrm{d}y + R\mathrm{d}z.$$

由对坐标的曲线积分的定义和其物理背景(变力做功),我们不难得到如下性质(以平面上对坐标的曲线积分为例,空间上对坐标的曲线积分的性质类似):

(1)若积分曲线改变方向,则曲线积分变号,即

$$\int_{L} P\mathrm{d}x + Q\mathrm{d}y = -\int_{L^{-}} P\mathrm{d}x + Q\mathrm{d}y.$$

(2)对积分曲线的可加性,即若 $L = L_1 + L_2$,则

$$\int_{L} P\mathrm{d}x + Q\mathrm{d}y = \int_{L_1} P\mathrm{d}x + Q\mathrm{d}y + \int_{L_2} P\mathrm{d}x + Q\mathrm{d}y.$$

(3)对被积分函数的可加性,如

$$\int_{L} P\mathrm{d}x + Q\mathrm{d}y = \int_{L} P\mathrm{d}x + \int_{L} Q\mathrm{d}y;$$

$$\int_{L} (P_1 + P_2)\mathrm{d}x = \int_{L} P_1\mathrm{d}x + \int_{L} P_2\mathrm{d}x.$$

四、对坐标的曲线积分的计算

根据定义,对坐标的曲线积分的计算可以转化为对弧长的曲线积分的计算.但由于对弧长的曲线积分的计算是通过化为定积分计算的,因此,对坐标的曲线积分的计算也可以直接化为定积分计算.

定理 1 设定向曲线 L 的参数方程为 $x = x(t)$,$y = y(t)$($t:a \rightarrow b$),其中 $x(t)$,$y(t)$ 有一阶连续的导数,向量值函数 $\boldsymbol{F} = P\boldsymbol{i} + Q\boldsymbol{j}$ 是 L 上的连续函数,则有

$$\int_{L} P\mathrm{d}x + Q\mathrm{d}y = \int_{a}^{b} [P(x(t),y(t))x'(t) + Q(x(t),y(t))y'(t)]\mathrm{d}t.$$

注 右端定积分的下限和上限分别对应于定向曲线 L 起点和终点的参数值.

推论 1 设定向曲线 L 的方程为 $y = y(x)$($x:a \rightarrow b$),其中 $y(x)$ 有连续的一阶导数,向量值函数 $\boldsymbol{F} = P\boldsymbol{i} + Q\boldsymbol{j}$ 是 L 上的连续函数,则有

$$\int_{L} P\mathrm{d}x + Q\mathrm{d}y = \int_{a}^{b} [P(x,y(x)) + Q(x,y(x))y'(x)]\mathrm{d}x.$$

推论 2 设定向曲线 L 的方程为 $x = x(y)$($y:c \rightarrow d$),其中 $x(y)$ 有连续的一阶导数,向量值函数 $\boldsymbol{F} = P\boldsymbol{i} + Q\boldsymbol{j}$ 是 L 上的连续函数,则有

$$\int_{L} P\mathrm{d}x + Q\mathrm{d}y = \int_{c}^{d} [P(x(y),y)x'(y) + Q(x(y),y)]\mathrm{d}y.$$

空间上对坐标的曲线积分,有类似的结果.

定理 2 设空间定向曲线 Γ 的方程为 $r(t) = x(t)i + y(t)j + z(t)k(t:a \to b)$，其中 $x(t), y(t)$ 和 $z(t)$ 有一阶连续的导数，向量值函数 $F = Pi + Qj + Rk$ 是 Γ 上的连续函数，则有

$$\int_L P(x,y,z)\,dx + Q(x,y,z)\,dy + R(x,y,z)\,dz$$

$$= \int_a^b \big[P(x(t),y(t),z(t))x'(t) + Q(x(t),y(t),z(t))y'(t) + $$

$$R(x(t),y(t),z(t))z'(t) \big]\,dt.$$

例 1 计算 $\int_L xy\,dx$，其中 L 为抛物线 $y^2 = x$ 上从点 $A(1,-1)$ 到点 $B(1,1)$ 的一段弧.

解一 设定向曲线 $L = L_1 + L_2$，其中曲线 L_1 表示为

$$y = -\sqrt{x},\ x:1 \to 0;$$

曲线 L_2 表示为

$$y = \sqrt{x},\ x:0 \to 1,$$

所以

$$\int_L xy\,dx = \int_{L_1} xy\,dx + \int_{L_2} xy\,dx = \int_1^0 x(-\sqrt{x})\,dx + \int_0^1 x\sqrt{x}\,dx = \frac{4}{5}.$$

解二 定向曲线 L 的方程写为

$$x = y^2,\ y:-1 \to 1,$$

则有

$$\int_L xy\,dx = \int_{-1}^1 y^2 y 2y\,dy = \frac{4}{5}.$$

例 2 计算 $\int_L (x^2 + y^2)\,dx + (x^2 - y^2)\,dy$，其中 L 从原点经折线 $y = 1 - |1 - x|$ 到点 $P(1,1)$，再到点 $B(2,0)$.

解 因为 $L = L_{OP} + L_{PB}$，其中直线 L_{OP} 表示为

$$y = x,\ x:0 \to 1,$$

直线 L_{PB} 表示为

$$y = 2 - x,\ x:1 \to 2,$$

所以

$$\int_L (x^2 + y^2)\,dx + (x^2 - y^2)\,dy$$

$$= \int_{L_{OP}} (x^2 + y^2)\,dx + (x^2 - y^2)\,dy + \int_{L_{PB}} (x^2 + y^2)\,dx + (x^2 - y^2)\,dy$$

$$= \int_0^1 2x^2\,dx + \int_1^2 \big[x^2 + (2-x)^2 + (x^2 - (2-x)^2) \cdot (-1) \big]\,dx = \frac{4}{3}.$$

例3 计算 $\int_L y^2 \mathrm{d}x$,其中 L 为

(1)以原点为圆心,半径为 a ,按逆时针方向绕行的上半圆周;

(2)从点 $A(a,0)$ 沿 x 轴到点 $B(-a,0)$ 的直线段.

解 (1)设 L 的方程为 $x = a\cos t, y = a\sin t, t:0 \to \pi$,则有

$$\int_L y^2 \mathrm{d}x = \int_0^\pi a^2 \sin^2 t \cdot a\mathrm{d}(\cos t) = a^3 \left[\cos t - \frac{1}{3}\cos^3 t \right]_0^\pi = -\frac{4}{3}a^3.$$

(2)此时 L 的方程为 $y = 0, x:a \to -a$,所以

$$\int_L y^2 \mathrm{d}x = \int_a^{-a} 0\mathrm{d}x = 0.$$

例4 计算曲线积分 $I = \oint_L \dfrac{(x+y)\mathrm{d}x - (x-y)\mathrm{d}y}{x^2 + y^2}$,其中 L 是圆周 $x^2 + y^2 = a^2$ 按逆时针方向一周.

解 取 $A(a,0)$ 为起点,则 L 的方程为 $x = a\cos t, y = a\sin t, x:0 \to 2\pi$,则有

$$I = \int_0^{2\pi} \frac{(a\cos t + a\sin t)(-a\sin t) - (a\cos t - a\sin t)a\cos t}{a^2\cos^2 t + a^2\sin^2 t}\mathrm{d}t$$

$$= \int_0^{2\pi} (-\sin^2 t - \cos^2 t)\mathrm{d}t = -2\pi.$$

例5 计算 $I = \int_\Gamma x^3 \mathrm{d}x + 3y^2 z\mathrm{d}y - x^2 y\mathrm{d}z$,其中 Γ 是从点 $A(3,2,1)$ 到点 $B(0,0,0)$ 的直线段.

解 Γ 的方程为

$$x = 3t, \ y = 2t, \ z = t, \ t:1 \to 0,$$

所以

$$I = \int_1^0 (27t^3 \cdot 3 + 3t \cdot 4t^2 \cdot 2 - 9t^2 \cdot 2t)\mathrm{d}t$$

$$= \int_1^0 87t^3 \mathrm{d}t = -\frac{87}{4}.$$

事实上,也可以用对坐标的曲线积分的定义计算对坐标的曲线积分,即将对坐标的曲线积分转化为对弧长的曲线积分的计算,如上例可转化为对弧长的曲线积分的计算.

因为直线 Γ 的切向量为

$$\boldsymbol{\tau} = -(x'(t),y'(t),z'(t)) = -(3,2,1),$$

为书写方便,记 $\boldsymbol{F} = x^3 \boldsymbol{i} + 3y^2 z\boldsymbol{j} - x^2 y\boldsymbol{k}$,则

$$I = \int_\Gamma \boldsymbol{F} \cdot \mathrm{d}\boldsymbol{s} = \int_\Gamma \boldsymbol{F} \cdot \boldsymbol{e}_\tau \mathrm{d}s = -\frac{1}{\sqrt{14}}\int_\Gamma (3x^3 + 6y^2 z - x^2 y)\mathrm{d}s,$$

其中, $\mathrm{d}s = \sqrt{x'^2(t) + y'(t)^2 + z'^2(t)}\mathrm{d}t = \sqrt{14}\mathrm{d}t$,所以

$$I = -\int_0^1 (27t^3 \cdot 3 + 3t \cdot 4t^2 \cdot 2 - 9t^2 \cdot 2t) \, \mathrm{d}t = -\frac{87}{4}.$$

习 题 10-1

1. 计算下列平面上对坐标的曲线积分:

(1) $\int_L (x+y)\,\mathrm{d}x + x\,\mathrm{d}y$, 其中 L 是平面上以点 $A(1,0), B(0,1), O(0,0)$ 为顶点的三角形区域边界的正向曲线;

(2) $\int_L xy^2\,\mathrm{d}x + x^2 y\,\mathrm{d}y$, 其中 L 是抛物线 $y = x^2$ 上从点 $(-1,1)$ 到点 $(1,1)$ 的一段;

(3) $\int_L (x+y)^2\,\mathrm{d}x$, 其中 L 是 $\boldsymbol{r} = t\boldsymbol{i} + 2t^2\boldsymbol{j}, t:0\rightarrow 1$;

(4) $\int_L (x^2+y^2)\,\mathrm{d}x + xy\,\mathrm{d}y$, 其中 L 是圆周 $x^2 + y^2 = a^2 (a>0)$ 顺时针方向;

(5) $\int_L y\,\mathrm{d}x + x\,\mathrm{d}y$, 其中 L 是 $y = \sin x, x:0\rightarrow \pi$.

2. 计算下列空间上对坐标的曲线积分:

(1) $\int_\Gamma z^2\,\mathrm{d}x + xy\,\mathrm{d}y + y^2\,\mathrm{d}z$, 其中 Γ 是从点 $A(1,1,1)$ 到点 $B(2,2,2)$ 的直线;

(2) $\int_\Gamma z\,\mathrm{d}x + x\,\mathrm{d}y + y\,\mathrm{d}z$, 其中 Γ 是柱面螺线 $x = a\cos t, y = a\sin t, z = bt$ 上对应于 $t = 0$ 到 $t = 2\pi$ 的一段;

(3) $\int_\Gamma y\,\mathrm{d}x + x\,\mathrm{d}y + z\,\mathrm{d}z$, 其中 Γ 是 $\boldsymbol{r}(t) = \boldsymbol{i}(1-\cos t) + \boldsymbol{j}\sin t + \boldsymbol{k}t^2, t:0\rightarrow \pi$;

(4) $\int_\Gamma y\,\mathrm{d}x - x\,\mathrm{d}y + xy\,\mathrm{d}z$, 其中 Γ 是 $z = x^2 + y^2$ 与 $z = \sqrt{x^2+y^2}$ 的交线, 从 z 轴正向看去, Γ 是逆时针方向.

3. 求力 $\boldsymbol{F} = xy\boldsymbol{i} + y\boldsymbol{j} - yz\boldsymbol{k}$ 沿曲线 $\boldsymbol{r}(t) = t\boldsymbol{i} + t^2\boldsymbol{j} + t\boldsymbol{k}(0 \leqslant t \leqslant 1)$ 在 t 增加方向对质点做的功.

4. 求 $\boldsymbol{F} = \mathbf{grad}\,(x+y)^2$ 以逆时针方向从点 $(2,0)$ 开始, 环绕 $x^2 + y^2 = 4$ 一周对质点所做的功.

第二节 格林公式及其应用

一、格林公式

1. 单连通区域与区域正向边界曲线

设 D 是平面区域, 如果 D 中任意一条闭曲线都可以不经过 D 外的点而能连续地收缩为一点, 即 D 内任意一条闭曲线所围的点集都属于 D, 则称该区域为单连通区域(见图 10-2a), 否则称为复连通区域(见图 10-2b). 通俗地讲, 单连通区域是中间没有"洞"的区域.

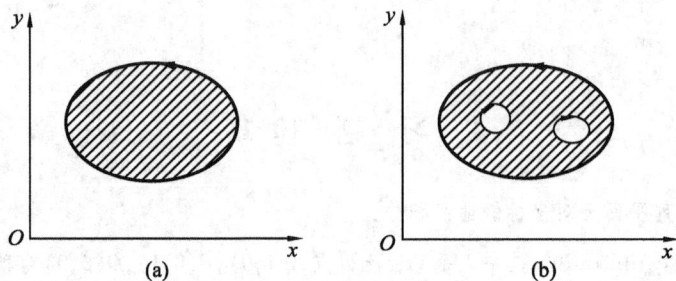

图 10-2

设 L 是平面区域 D 的整个边界曲线,规定其正向如下:当观察者沿 L 的某个方向行走时,区域 D 内在他近处的那一部分总在他的左边. 因而,若 D 是单连通区域,则 D 的边界曲线的正向是逆时针方向(如图 10-2a);若 D 是复连通区域,则 D 的外围边界曲线的正向是逆时针方向,其余的边界曲线的正向是顺时针方向(如图 10-2b). 我们把区域 D 的正向边界曲线记为 ∂D^+.

如区域 $D = \{(x,y) \mid x^2 + y^2 \leq 4\}$ 是单连通区域,其正向边界曲线为逆时针方向的圆周 $x^2 + y^2 = 4$.

又如,区域 $D = \{(x,y) \mid 1 \leq x^2 + y^2 \leq 4\}$ 是复连通区域,其正向边界曲线由两部分组成,$\partial D^+ = L_1 + L_2$,其中,$L_1 : x^2 + y^2 = 1$ 是顺时针方向,$L_2 : x^2 + y^2 = 4$ 是逆时针方向.

2. 格林定理

定理 1(格林定理) 设 D 是由分段光滑的曲线围成的有界闭区域,函数 $P(x,y)$,$Q(x,y)$ 在 D 内具有一阶连续的偏导数,则有

$$\int_{\partial D^+} P \mathrm{d}x + Q \mathrm{d}y = \iint_D \left[\frac{\partial Q}{\partial x} - \frac{\partial P}{\partial y} \right] \mathrm{d}x\mathrm{d}y. \tag{1}$$

证 要证明本定理,需就区域 D 的情形分别证明.

(1) D 是单连通的,且既是 X 型也是 Y 型区域(见图 10-3).

由于区域 D 是 X 型区域,因而 D 可写为

$$D = \{(x,y) \mid y_1(x) \leq y \leq y_2(x), a \leq x \leq b\},$$

则

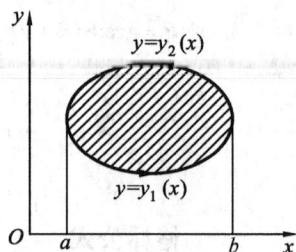

图 10-3

$$\iint_D \frac{\partial P}{\partial y} \mathrm{d}x\mathrm{d}y = \int_a^b \mathrm{d}x \int_{y_1(x)}^{y_2(x)} \frac{\partial P}{\partial y} \mathrm{d}y$$

$$= \int_a^b [P(x, y_2(x)) - P(x, y_1(x))] \mathrm{d}x.$$

另一方面

$$\oint_{\partial D^+} P(x,y)\mathrm{d}x = -\int_a^b \left[P(x,y_2(x)) - P(x,y_1(x)) \right]\mathrm{d}x,$$

所以

$$-\iint_D \frac{\partial P}{\partial y}\mathrm{d}x\mathrm{d}y = \oint_{\partial D^+} P(x,y)\mathrm{d}x. \tag{2}$$

同理可证

$$\iint_D \frac{\partial Q}{\partial x}\mathrm{d}x\mathrm{d}y = \oint_{\partial D^+} Q(x,y)\mathrm{d}y. \tag{3}$$

由式(2),式(3)可得式(1)成立.

(2) D 不是 X 型(Y 型)的单连通区域.

设区域 D 如图 10-4 所示. 作辅助直线 AB,则直线 AB 将区域 D 分割成了简单区域 D_1,D_2.

$\partial D_1^+ = \overline{AB} \cup \widehat{BCA}$,$\partial D_2^+ = \overline{BA} \cup \widehat{AEB}$,分别在区域 D_1 和 D_2 上用格林定理得

$$\int_{\partial D_1^+} P\mathrm{d}x + Q\mathrm{d}y = \iint_{D_1}\left[\frac{\partial Q}{\partial x} - \frac{\partial P}{\partial y} \right]\mathrm{d}x\mathrm{d}y,$$

$$\int_{\partial D_2^+} P\mathrm{d}x + Q\mathrm{d}y = \iint_{D_2}\left[\frac{\partial Q}{\partial x} - \frac{\partial P}{\partial y} \right]\mathrm{d}x\mathrm{d}y.$$

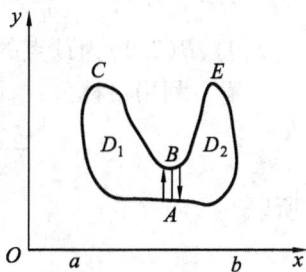

图 10-4

注意到在直线段 $\overline{AB}$ 与 $\overline{BA}$ 上的积分相互抵消. 于是

$$\int_{\partial D^+} P\mathrm{d}x + Q\mathrm{d}y = \int_{\partial D_1^+} P\mathrm{d}x + Q\mathrm{d}y + \int_{\partial D_2^+} P\mathrm{d}x + Q\mathrm{d}y$$

$$= \iint_{D_1}\left(\frac{\partial Q}{\partial x} - \frac{\partial P}{\partial y} \right)\mathrm{d}x\mathrm{d}y + \iint_{D_2}\left(\frac{\partial Q}{\partial x} - \frac{\partial P}{\partial y} \right)\mathrm{d}x\mathrm{d}y$$

$$= \iint_D\left(\frac{\partial Q}{\partial x} - \frac{\partial P}{\partial y} \right)\mathrm{d}x\mathrm{d}y.$$

因此,对这种区域,格林定理也成立.

(3) D 是复连通区域.

不妨设区域 D 如图 10-5 所示,作辅助线 L_1,L_2,则 L_1,L_2 将 D 分割为单连通区域,利用情形(2)知在这种情况下格林定理也成立,需要注意的是,在这种情形,区域 D 的正向应包含外围曲线的逆时针方向和两条内部曲线的顺时针方向.

结合情形(1)、(2)、(3),格林定理得证.

格林定理中的公式(1)称为格林公式,格林公式实际上表明了二重积分与第二类曲线积分的关系,特别地,

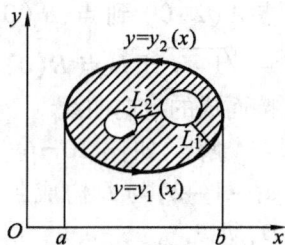

图 10-5

若取 $P(x,y) = -y, Q(x,y) = x$,并记 $\mu(D)$ 为区域 D 的面积,则由格林公式得

$$\oint_{\partial D^+} x\mathrm{d}y - y\mathrm{d}x = \iint_D [1 - (-1)]\mathrm{d}x\mathrm{d}y = 2\mu(D) \tag{4}$$

或

$$\mu(D) = \frac{1}{2}\oint_{\partial D^+} x\mathrm{d}y - y\mathrm{d}x. \tag{5}$$

这说明,可用对坐标的曲线积分求由分段光滑的平面曲线所围成的平面区域的面积.

下面举例说明格式公式的应用.

例 1 计算 $I = \oint_L (\mathrm{e}^x \sin y + y)\mathrm{d}x + (\mathrm{e}^x \cos y + 2x)\mathrm{d}y$,其中 L 是以点 $O(0,0)$, $A(2,0), B(2,2)$ 为顶点的三角形区域边界的正向曲线.

解 利用格林公式,因为 $P = y + \mathrm{e}^x \sin y, Q = 2x + \mathrm{e}^x \cos y$,故

$$\frac{\partial Q}{\partial x} = \mathrm{e}^x \cos y + 2, \qquad \frac{\partial P}{\partial y} = \mathrm{e}^x \cos y + 1,$$

所以

$$I = \iint_D \mathrm{d}x\mathrm{d}y = \mu(D) = 2.$$

例 2 计算星形线 $x = a\cos^3 t, y = a\sin^3 t (0 \leqslant t \leqslant 2\pi)$ 所围的区域面积.

解 由式(5)得

$$A = \frac{1}{2}\oint_L x\mathrm{d}y - y\mathrm{d}x$$

$$= \frac{1}{2}\int_0^{2\pi} 3a^2 [\cos^4 t \sin^2 t + \cos^2 t \sin^4 t]\mathrm{d}t$$

$$= \frac{3}{2}a^2 \int_0^{2\pi} \cos^2 t \sin^2 t \, \mathrm{d}t = 6a^2(I_2 - I_4) = \frac{3}{8}\pi a^3.$$

例 3 计算 $I = \int_L (x^2 - 2y)\mathrm{d}x + (3x + y\mathrm{e}^y)\mathrm{d}y$,其中 L 是由直线 $x + 2y = 2$ 上从点 $A(2,0)$ 到点 $B(0,1)$ 的直线段及圆弧 $x = -\sqrt{1 - y^2}$ 上从点 $B(0,1)$ 到点 $C(-1,0)$ 的一段连接而成的定向曲线.

解 如图 10-6 所示,定向线段 $L_{CA}: y = 0$, $x: -1 \to 2$,与 L 构成封闭曲线,其围成的区域记为 D,所以

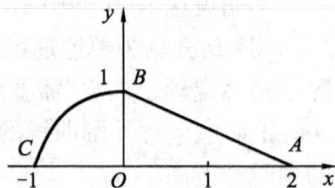

图 10-6

$$\oint_{L+L_{CA}} (x^2 - 2y)\mathrm{d}x + (3x + y\mathrm{e}^y)\mathrm{d}y = \iint_D 5\mathrm{d}x\mathrm{d}y = 5 + \frac{5}{4}\pi,$$

而
$$\int_{L_{CA}} (x^2 - 2y)\,\mathrm{d}x + (3x + ye^y)\,\mathrm{d}y = \int_{-1}^{2} x^2\,\mathrm{d}x = 3,$$

因此

$$\int_L (x^2 - 2y)\,\mathrm{d}x + (3x + ye^y)\,\mathrm{d}y = \oint_{L+L_{CA}} (x^2 - 2y)\,\mathrm{d}x + (3x + ye^y)\,\mathrm{d}y -$$

$$\int_{L_{CA}} (x^2 - 2y)\,\mathrm{d}x + (3x + ye^y)\,\mathrm{d}y$$

$$= 5 + \frac{5}{4}\pi - 3 = \frac{5}{4}\pi + 2.$$

例 4　计算 $I = \oint_L \dfrac{x\mathrm{d}y - y\mathrm{d}x}{x^2 + y^2}$，其中 L 为一条无重点、分段光滑且包含原点的闭曲线，其方向为逆时针方向.

解　因为

$$P = \frac{-y}{x^2 + y^2}, \quad Q = \frac{x}{x^2 + y^2},$$

所以当 $x^2 + y^2 \neq 0$ 时，有

$$\frac{\partial Q}{\partial x} = \frac{y^2 - x^2}{(x^2 + y^2)^2} = \frac{\partial P}{\partial y}.$$

因为 L 包含原点，而 P,Q 在原点处没定义，所以不满足格林公式的条件，为此任取一足够小的正数 r，使得曲线 $l: x^2 + y^2 \leqslant r^2$ 完全落在 L 所围成的区域 D 内（见图 10-7），l 的方向取顺时针方向，则由格林公式，得

$$\oint_L \frac{x\mathrm{d}y - y\mathrm{d}x}{x^2 + y^2} + \oint_l \frac{x\mathrm{d}y - y\mathrm{d}x}{x^2 + y^2} = \iint_D \left[\frac{\partial Q}{\partial x} - \frac{\partial P}{\partial y}\right]\mathrm{d}x\mathrm{d}y = 0,$$

所以

$$\oint_L \frac{x\mathrm{d}y - y\mathrm{d}x}{x^2 + y^2} = -\oint_l \frac{x\mathrm{d}y - y\mathrm{d}x}{x^2 + y^2} = \int_0^{2\pi} \frac{r^2\cos^2 t + r^2\sin^2 t}{r^2}\mathrm{d}t = 2\pi.$$

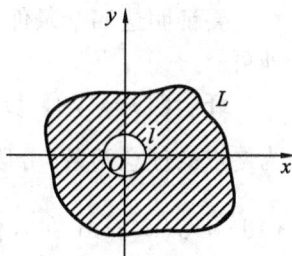

图 10-7

二、平面曲线积分与路径无关的条件

设 G 是平面上的一个开区域，点 M_0, M 是区域 G 内的任意两点，L 是 G 内连接 M_0, M 的任意一条（分段）光滑曲线段，如果曲线积分 $\int_L P(x,y)\,\mathrm{d}x + Q(x,y)\,\mathrm{d}y$ 只与 L 的两个端点有关，而与 L 的形状（方程）无关，则称该曲线积分在 G 内是与路径无关的，否则称该积分与路径有关.

若对坐标的曲线积分 $\int_L P(x,y)\,\mathrm{d}x + Q(x,y)\,\mathrm{d}y$ 与路径无关，点 $M_0(x_0, y_0)$，$M(x_1, y_1)$ 是 L 的起点和终点，则通常将该积分写为

$$\int_{(x_0,y_0)}^{(x_1,y_1)} P(x,y)\,\mathrm{d}x + Q(x,y)\,\mathrm{d}y.$$

下面的定理给出第二类曲线积分与路径无关的等价条件.

定理 2 设 G 是平面上的单连通开区域, $\boldsymbol{F}(x,y) = P(x,y)\boldsymbol{i} + Q(x,y)\boldsymbol{j}$ 在 G 内有一阶连续的偏导数, 则以下四个条件等价:

(1) 对 G 内任意一条分段光滑的闭曲线 L, 有

$$\oint_L P(x,y)\,\mathrm{d}x + Q(x,y)\,\mathrm{d}y = 0;$$

(2) 曲线积分 $\displaystyle\int_L P(x,y)\,\mathrm{d}x + Q(x,y)\,\mathrm{d}y$ 在 G 内与路径无关;

(3) 表达式 $P(x,y)\,\mathrm{d}x + Q(x,y)\,\mathrm{d}y$ 在 G 内是某个二元函数的全微分, 即存在函数 $u(x,y)$, 使得

$$\mathrm{d}u = P(x,y)\,\mathrm{d}x + Q(x,y)\,\mathrm{d}y;$$

(4) 在 G 内任意点处有

$$\frac{\partial Q}{\partial x} = \frac{\partial P}{\partial y}.$$

要证明这四个条件等价, 只需按如下顺序证明: $(1)\Rightarrow(2)\Rightarrow(3)\Rightarrow(4)\Rightarrow(1)$ 即可.

证 $(1)\Rightarrow(2)$. 设 M_0, M 是 G 内的任意两点, L_1, L_2 是 G 内以 M_0 为起点, M 为终点的任意两条(分段)光滑曲线. 由 $\displaystyle\oint_L P(x,y)\,\mathrm{d}x + Q(x,y)\,\mathrm{d}y = 0$ 要证 $\displaystyle\int_L P(x,$ $y)\,\mathrm{d}x + Q(x,y)\,\mathrm{d}y$ 在 G 内与路径无关, 只需证 $\displaystyle\int_{L_1} P\mathrm{d}x + Q\mathrm{d}y = \int_{L_2} P\mathrm{d}x + Q\mathrm{d}y$.

记 $L = L_1 - L_2$, 则 L 是 G 内的一条(分段)光滑闭曲线, 由条件(1)得

$$\int_{L_1} P\mathrm{d}x + Q\mathrm{d}y - \int_{L_2} P\mathrm{d}x + Q\mathrm{d}y = \oint_L P\mathrm{d}x + Q\mathrm{d}y = 0.$$

所以(2)得证.

$(2)\Rightarrow(3)$. 设 $M_0(x_0,y_0)$ 是 G 内一定点, $M(x,y)$ 是 G 内一动点, L 是 G 内任意一条以 M_0 为起点, M 为终点的(分段)光滑的定向曲线(参见图 10-8), 由于 $\displaystyle\int_L P(x,y)\,\mathrm{d}x + Q(x,y)\,\mathrm{d}y$ 在 G 内与路径无关, 只依赖于起点 M_0 和终点 M 的坐标, 因此记

$$u = \int_{(x_0,y_0)}^{(x,y)} P(x,y)\,\mathrm{d}x + Q(x,y)\,\mathrm{d}y,$$

则 $u(x,y)$ 是点 $M(x,y)$ 的函数. 由于 $P(x,y), Q(x,y)$ 是 G 内的连续函数, 所以只需证明

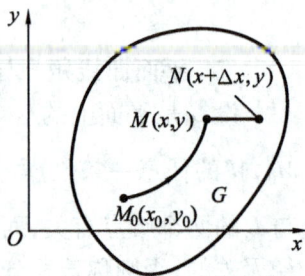

图 10-8

$$\frac{\partial u}{\partial x} = P(x,y), \ \frac{\partial u}{\partial y} = Q(x,y).$$

因为

$$
\begin{aligned}
u(x + \Delta x, y) - u(x,y) &= \int_{(x_0,y_0)}^{(x+\Delta x,y)} P(x,y)\,\mathrm{d}x + Q(x,y)\,\mathrm{d}y \\
&\quad - \int_{(x_0,y_0)}^{(x,y)} P(x,y)\,\mathrm{d}x + Q(x,y)\,\mathrm{d}y \\
&= \int_{(x,y)}^{(x+\Delta x,y)} P(x,y)\,\mathrm{d}x + Q(x,y)\,\mathrm{d}y,
\end{aligned}
$$

由图 10-8 知 $\int_{(x,y)}^{(x+\Delta x,y)} Q(x,y)\,\mathrm{d}y = 0$，所以

$$
\begin{aligned}
u(x + \Delta x, y) - u(x,y) &= \int_x^{x+\Delta x} P(x,y)\,\mathrm{d}x \\
&= P(x + \theta\Delta x, y)\Delta x,
\end{aligned}
$$

其中，$0 \leqslant \theta \leqslant 1$. 上面的第二个等式由积分中值定理而得. 再由偏导数的定义及 $P(x,y)$ 是 G 内的连续函数，可得

$$\frac{\partial u}{\partial x} = \lim_{\Delta x \to 0} P(x + \theta\Delta x, y) = P(x,y).$$

同理可证

$$\frac{\partial u}{\partial y} = Q(x,y).$$

（3）$\Rightarrow$（4）. 设 $u(x,y)$ 是定义在 G 内的函数，且满足

$$\mathrm{d}u = P\mathrm{d}x + Q\mathrm{d}y = \frac{\partial u}{\partial x}\mathrm{d}x + \frac{\partial u}{\partial y}\mathrm{d}y,$$

所以

$$P = \frac{\partial u}{\partial x}, \ Q = \frac{\partial u}{\partial y}$$

或

$$\frac{\partial P}{\partial y} = \frac{\partial^2 u}{\partial x \partial y}, \ \frac{\partial Q}{\partial x} = \frac{\partial^2 u}{\partial y \partial x}.$$

因为 P,Q 在 G 内的一阶偏导数连续，所以 $\dfrac{\partial^2 u}{\partial x \partial y} = \dfrac{\partial^2 u}{\partial y \partial x}$，因此 $\dfrac{\partial Q}{\partial x} = \dfrac{\partial P}{\partial y}$.

（4）$\Rightarrow$（1）. 设 L 是 G 内任意一条闭曲线，D 是 L 围成的区域，则由格林公式得

$$\int_L P\mathrm{d}x + Q\mathrm{d}y = \pm \iint_D \left[\frac{\partial Q}{\partial x} - \frac{\partial P}{\partial y}\right]\mathrm{d}x\mathrm{d}y = 0,$$

其中，当 $L = \partial D^+$ 时，符号取正，反之符号取负.

利用曲线积分与路径无关的条件，可以简化计算第二类曲线积分. 下面举例说明本定理的应用.

例5 计算 $\int_L (x^2 y + 3xe^x)\mathrm{d}x + \left(\dfrac{1}{3}x^3 - y\sin y\right)\mathrm{d}y$，其中 L 为摆线

$$x = t - \sin t, \ y = 1 - \cos t$$

上，从点 $O(0,0)$ 到点 $A(\pi,2)$ 的定向弧.

解 $\quad P = x^2 y + 3xe^x, \ Q = \dfrac{1}{3}x^3 - y\sin y,$

满足 $Q_x = x^2 = P_y$，因而该曲线积分与路径无关，取积分路径为折线 Γ:

$$O(0,0) \to B(\pi,0) \to A(\pi,2),$$

则有

$$I = \int_\Gamma (x^2 y + 3xe^x)\mathrm{d}x + \left(\frac{1}{3}x^3 - y\sin y\right)\mathrm{d}y = \int_0^\pi 3xe^x\mathrm{d}x + \int_0^2\left(\frac{\pi^3}{3} - y\sin y\right)\mathrm{d}y$$

$$= 3e^\pi(\pi - 1) + \frac{2\pi^3}{3} + 3 + 2\cos 2 - \sin 2.$$

例6 验证 $\dfrac{x\mathrm{d}y - y\mathrm{d}x}{x^2 + y^2}$ 在右半平面 $(x > 0)$ 内是某函数的全微分，并求这样的一个函数.

解 因为

$$P = \frac{-y}{x^2 + y^2}, \ Q = \frac{x}{x^2 + y^2},$$

则当 $x > 0$ 时，有

$$\frac{\partial Q}{\partial x} = \frac{y^2 - x^2}{(x^2 + y^2)^2} = \frac{\partial P}{\partial y}$$

且当 $x > 0$ 时，$\dfrac{y^2 - x^2}{(x^2 + y^2)^2}$ 是连续函数，所以 P, Q 的一阶偏导数连续且相等，因而 $\dfrac{x\mathrm{d}y - y\mathrm{d}x}{x^2 + y^2}$ 在右半平面内是某函数的全微分，记该函数为 $u(x,y)$，则有

$$u(x,y) = \int_{(1,1)}^{(x,y)} \frac{x\mathrm{d}y - y\mathrm{d}x}{x^2 + y^2}.$$

取 $(1,1) \to (1,x) \to (x,y)$ 为积分路径，则

$$u(x,y) = \int_1^x \frac{-\mathrm{d}x}{x^2 + 1} + \int_1^y \frac{x\mathrm{d}y}{x^2 + y^2} = \arctan\frac{y}{x} - \frac{\pi}{4}.$$

上面介绍的无论是格林公式，还是积分与路径无关的条件，都与积分式 $\int_L P\mathrm{d}x + Q\mathrm{d}y$ 中函数 P, Q 的两个偏导数 $\dfrac{\partial Q}{\partial x}, \dfrac{\partial P}{\partial y}$ 有密切关系，因而在计算积分 $\int_L P\mathrm{d}x + Q\mathrm{d}y$ 时，一般要先计算偏导数 $\dfrac{\partial Q}{\partial x}, \dfrac{\partial P}{\partial y}$，再根据 $\dfrac{\partial Q}{\partial x} - \dfrac{\partial P}{\partial y}$ 的值，选择计算积分 $\int_L P\mathrm{d}x + Q\mathrm{d}y$ 的方法.

习　题　10-2

1. 用对坐标的曲线积分,求下列曲线所围成的平面图形的面积:

(1) 椭圆 $x = a\cos t, y = b\sin t$,其中 a, b 均为正数;

(2) 心形线 $\rho = a(1 + \cos \varphi), 0 \le \varphi \le 2\pi$.

2. 用格林公式计算下列对坐标的曲线积分:

(1) $\int_L xy\mathrm{d}x + (x + y)\mathrm{d}y$,其中 L 是由 $y = x^2$ 与 $y = x$ 所围区域的正向边界;

(2) $\int_L (x + y)\mathrm{d}x - (x - y)\mathrm{d}y$,其中 L 是 $\dfrac{x^2}{a^2} + \dfrac{y^2}{b^2} = 1$ 的顺时针方向;

(3) $\int_L y(x^2 + e^x)\mathrm{d}x + (e^x + xy^2)\mathrm{d}y$,其中 L 是圆周 $x^2 + y^2 = x$ 的正向;

(4) $\int_L \left(y + \dfrac{1}{x}e^y\right)\mathrm{d}x + e^y\ln x\mathrm{d}y$,其中 L 是 $y = 1 + \sqrt{1 - x^2}$ 上从点 $(1,1)$ 到点 $(-1,1)$ 的一段弧.

3. 证明下列积分对坐标的曲线积分在 xOy 平面内与路径无关,并计算积分值:

(1) $\int_{(0,0)}^{(1,2)} (x + y)\mathrm{d}x + (x - y)\mathrm{d}y$;

(2) $\int_{(1,0)}^{(2,3)} (y^2 + 2xy)\mathrm{d}x + (x + y)^2\mathrm{d}y$;

(3) $\int_{(0,0)}^{(1,\pi)} e^{-x}\sin y\mathrm{d}x - e^{-x}\cos y\mathrm{d}y$;

(4) $\int_{(1,2)}^{(0,1)} (6xy + 2y^2)\mathrm{d}x + (3x^2 + 4xy)\mathrm{d}y$.

4. 证明下列 $P(x,y)\mathrm{d}x + Q(x,y)\mathrm{d}y$ 在 xOy 平面上是某一函数 $u(x,y)$ 的全微分,并求一个这样的 $u(x,y)$:

(1) $(x^4 + 4xy^3)\mathrm{d}x + (6x^2y^2 - 5y^4)\mathrm{d}y$;

(2) $(e^y\cos x - 2y)\mathrm{d}x + (e^y\sin x - 2x)\mathrm{d}y$.

5. 分别对下列不同的平面曲线 L,计算对坐标的曲线积分 $\int_L \dfrac{-y}{x^2 + y^2}\mathrm{d}x + \dfrac{x}{x^2 + y^2}\mathrm{d}y$:

(1) L 是 $x^2 + y^2 = 1$ 的逆时针方向;

(2) L 是 $(x - 2)^2 + (y - 2)^2 = 1$ 的逆时针方向;

(3) L 是从点 $(-1,0)$ 沿 $y = x + 1$ 到点 $(0,1)$,再沿 $y = 1 - x$ 到点 $(1,0)$ 的折线段;

(4) L 是任意的光滑闭曲线的正向,且原点不属于以 L 为边界的闭区域;

(5) L 是不过原点的分段光滑闭曲线的正向,且原点属于以 L 为边界的闭区域.

6. 已知函数 $f(x)$ 具有连续的导数,当 $f(x)$ 满足什么条件时,曲线积分 $\int_L \left[1 + \dfrac{1}{x}f(x)\right]y\mathrm{d}x - f(x)\mathrm{d}y$ 与路径无关. 又若 $f(1) = \dfrac{1}{2}$,求 $f(x)$.

第三节　对坐标的曲面积分

一、对坐标的曲面积分的概念

1. 单侧曲面与双侧曲面

设 Σ 是空间上(分片)的光滑曲面,在 Σ 上取定一点 M_0,并作点 M_0 的法线. 该法线有两个方向,任意取定其中一个方向作为从 M_0 点的出发方向. 当一动点 M 从 M_0 出发,沿完全落在 Σ 上、不经过 Σ 的边界的任意一条闭曲线运动,再回到点 M_0 时,法线方向可能与原先的出发方向相同,也可能与原先的出发方向相反. 若相同,则称该曲面为双侧曲面,否则称为单侧曲面.

我们在日常生活中所遇到的曲面一般都是双侧曲面,至于单侧曲面也是存在的,如"莫比乌斯带"(见图 10-9)就是单侧曲面的例子.

本书如不作特别说明,所讨论的曲面都是双侧曲面.

图 10-9

2. 定向曲面及其法向量

设 Σ 是一双侧曲面,若取定其一侧,则称 Σ 是定向曲面,当用 Σ 表示一定向曲面时,若选定其相反的侧,则记为 Σ^-. 值得注意的是,对于定向曲面,Σ 与 Σ^- 是两个不同的曲面.

设 Σ 是一定向曲面,其上每一点有两个法线方向,我们规定:定向曲面上每一点的法线方向总是指向其取定的一侧. 如不作说明,一般规定空间直角坐标系中的 x 轴的正向指向读者,y 轴的正向指向读者的右方,z 轴的正向指向读者的上方.

设光滑曲面 Σ 的方程为 $z=f(x,y)$,其在点 (x,y,z) 处的法向量的方向有两个 $\pm(-z_x,-z_y,1)$. 若取 Σ 为上侧,即法向量的方向向上,因而其与 z 轴正向的夹角 γ 为锐角,这时的法向量为 $(-z_x,-z_y,1)$;若 Σ 取下侧,则其法线方向为 $-(-z_x,-z_y,1)$.

类似地,若光滑曲面 Σ 的方程为 $y=h(x,z)$,则当 Σ 取右侧时的法线方向为 $(-y_x,-y_z,1)$,取左侧时的法线方向为 $-(-y_x,-y_z,1)$. 若光滑曲面 Σ 的方向为 $x=g(y,z)$,当 Σ 取前侧时,法线方向为 $(1,-x_y,-x_z)$,取后侧时,法线方向为 $-(1,-x_y,-x_z)$.

如果 Σ 是封闭曲面,它的两侧是明显的,通常分为外侧和内侧,其法线的方向也是明确的. 如球面 $x^2+y^2+z^2=R^2$,它的外侧对于上半球面($z>0$),取的是上侧,下半球面($z<0$)取的是下侧;对于前半球面($x>0$),取的是前侧,后半球面取的是后侧;对于右半球面,取的是右侧,左半球面取的是左侧.

3. 流体流向曲面一侧的流量

设稳定流动(流速与时间 t 无关)的不可压缩流体(密度为常数,假定为 1)的流速为

$$\boldsymbol{v} = P(x,y,z)\boldsymbol{i} + Q(x,y,z)\boldsymbol{j} + R(x,y,z)\boldsymbol{k},$$

Σ 是(分片)光滑的定向曲面,求单位时间内流向 Σ 指定侧的流体的质量,即流量 Φ.

如果流体是匀速流过平面上的一个闭区域,即 $\boldsymbol{v}$ 是一个常向量, Σ 是一个平面区域,若 $\boldsymbol{e}_n$ 表示定向平面 Σ 的单位法向量,那么单位时间内流体通过 Σ 指定一侧的流量构成了一个底面积为 $A = S_\Sigma$,斜高为 $|\boldsymbol{v}|$ 的柱体(见图 10-10),当 $\boldsymbol{v}$ 与 $\boldsymbol{e}_n$ 的夹角 θ 小于 $\dfrac{\pi}{2}$ 时,其体积为

$$A|\boldsymbol{v}|\cos\theta = A\boldsymbol{v} \cdot \boldsymbol{e}_n. \qquad (1)$$

这就是流体通过 Σ 的流量. 若 $\boldsymbol{v}$ 与 $\boldsymbol{e}_n$ 的夹角 θ 大于 $\dfrac{\pi}{2}$,这时的流量为负值,其表示流体流过 Σ 指

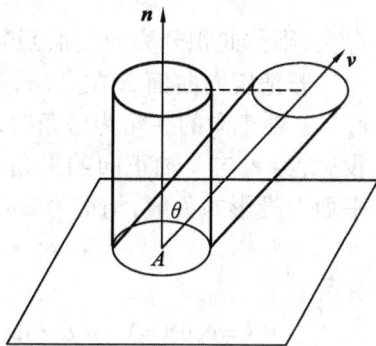

图 10-10

定一侧的相反侧;若 $\boldsymbol{v}$ 与 $\boldsymbol{e}_n$ 的夹角 θ 等于 $\dfrac{\pi}{2}$,这时流体流过 Σ 的流量为 0.

现讨论的不是平面闭区域,而是空间上的曲面 Σ,流速 $\boldsymbol{v}$ 也不是常向量,因而不能用公式(1)计算该流体通过 Σ 的流量,但可用类似于前面引入其他积分时所用的方法:

(1)分割 对 Σ 任意分割成 n 小块 $\Delta\Sigma_i$ $(1 \leqslant i \leqslant n)$,每一小块的面积记为 ΔS_i.

(2)近似 当分割的足够细时,每一小块曲面都可近似看作是平面,而这时通过每一小块曲面的流体可近似看作是稳定流动的,并用 $\Delta\Sigma_i$ 上任意一点 (ξ_i, η_i, ζ_i) 处的流速作为 $\Delta\Sigma_i$ 上的流速,因而通过 $\Delta\Sigma_i$ 的流体流量 $\Delta\Phi_i$ 为

$$\Delta\Phi_i \approx [\boldsymbol{v}(\xi_i, \eta_i, \zeta_i) \cdot \boldsymbol{e}_n]\Delta S_i,$$

所以

$$\Phi \approx \sum_{i=1}^{n} [\boldsymbol{v}(\xi_i, \eta_i, \zeta_i) \cdot \boldsymbol{e}_n]\Delta S_i.$$

(3)取极限 若记 $\Delta\Sigma_i(1 \leqslant i \leqslant n)$ 的最大直径为 λ,则流体流过 Σ 的流量为

$$\Phi = \lim_{\lambda \to 0} \sum_{i=1}^{n} \boldsymbol{v}(\xi_i, \eta_i, \zeta_i) \cdot \boldsymbol{e}_n \Delta S_i = \iint\limits_{\Sigma} \boldsymbol{v} \cdot \boldsymbol{e}_n \mathrm{d}S. \qquad (2)$$

4. 对坐标的曲面积分的定义与性质

在工程技术与科学研究中,经常会遇到形如式(2)的积分,因而我们将积分

(2)抽象为一般的数学概念.

定义1 设 Σ 是一(分片)光滑的定向曲面,向量值函数

$$\boldsymbol{F} = P(x,y,z)\boldsymbol{i} + Q(x,y,z)\boldsymbol{j} + R(x,y,z)\boldsymbol{k}$$

在 Σ 上有界,$\boldsymbol{e}_n$ 是定向曲面 Σ 上点 (x,y,z) 处的单位法向量,如果对面积的曲面积分

$$\iint\limits_{\Sigma} [\boldsymbol{F} \cdot \boldsymbol{e}_n]\mathrm{d}S = \iint\limits_{\Sigma} \boldsymbol{F}(x,y,z) \cdot \mathrm{d}\boldsymbol{S}$$

存在,则称此积分为向量值函数 $\boldsymbol{F}$ 在定向曲面 Σ 上的第二类曲面积分.

若记定向曲面 Σ 在点 (x,y,z) 处法向量的方向余弦为 $\cos\alpha, \cos\beta, \cos\gamma$,则当 $\boldsymbol{e}_n$ 与 x 轴正向的夹角为锐角时,$\cos\alpha \cdot \mathrm{d}S$ 表示 Σ 上面积元素 $\mathrm{d}S$ 在 xOy 平面上的投影,当 $\boldsymbol{e}_n$ 与 x 轴正向的夹角为钝角时,$\cos\alpha \cdot \mathrm{d}S$ 表示 Σ 上面积元素 $\mathrm{d}S$ 在 xOy 平面上投影的负值,均记为 $\cos\alpha \cdot \mathrm{d}S = \mathrm{d}y\mathrm{d}z$;同样地,记

$$\cos\beta \cdot \mathrm{d}S = \mathrm{d}z\mathrm{d}x, \cos\gamma \cdot \mathrm{d}S = \mathrm{d}x\mathrm{d}y,$$

并称

$$\mathrm{d}\boldsymbol{S} = \boldsymbol{e}_n\mathrm{d}S = (\cos\alpha \cdot \mathrm{d}S, \cos\beta \cdot \mathrm{d}S, \cos\gamma \cdot \mathrm{d}S) = (\mathrm{d}y\mathrm{d}z, \mathrm{d}z\mathrm{d}x, \mathrm{d}x\mathrm{d}y)$$

为定向曲面的微元,这时

$$\iint\limits_{\Sigma} [\boldsymbol{F} \cdot \boldsymbol{e}_n]\mathrm{d}S = \iint\limits_{\Sigma} \boldsymbol{F} \cdot \mathrm{d}\boldsymbol{S} = \iint\limits_{\Sigma} P\mathrm{d}y\mathrm{d}z + Q\mathrm{d}z\mathrm{d}x + R\mathrm{d}x\mathrm{d}y.$$

所以第二类曲面积分也称为对坐标的曲面积分. 若 Σ 是封闭曲面,在 Σ 上对坐标的曲面积分也记为

$$\oiint\limits_{\Sigma} P\mathrm{d}y\mathrm{d}z + Q\mathrm{d}z\mathrm{d}x + R\mathrm{d}x\mathrm{d}y.$$

关于对坐标的曲面积分的性质,与前面定义的几类积分类似(比如对定向积分曲面的可加性和被积函数的线性性)不再一一列举,但要强调的是

$$\iint\limits_{\Sigma} P\mathrm{d}y\mathrm{d}z + Q\mathrm{d}z\mathrm{d}x + R\mathrm{d}x\mathrm{d}y = -\iint\limits_{\Sigma^-} P\mathrm{d}y\mathrm{d}z + Q\mathrm{d}z\mathrm{d}x + R\mathrm{d}x\mathrm{d}y.$$

二、对坐标曲面积分的计算

根据定义,对坐标的曲面积分实际上是一种特殊的对面积的曲面积分;因此,如同计算对面积的曲面积分一样,对坐标的曲面积分一般也是通过化为二重积分来计算的. 同时,根据定义,对于坐标的曲面积分

$$I = \iint\limits_{\Sigma} P\mathrm{d}y\mathrm{d}z + Q\mathrm{d}z\mathrm{d}x + R\mathrm{d}x\mathrm{d}y,$$

实际上这是三个积分

$$\iint\limits_{\Sigma} P\mathrm{d}y\mathrm{d}z, \iint\limits_{\Sigma} Q\mathrm{d}z\mathrm{d}x, \iint\limits_{\Sigma} R\mathrm{d}x\mathrm{d}y$$

的和,我们分别称这三个对坐标的曲面积分为 YZ 型积分、ZX 型积分和 XY 型积分.

求 XY 型积分时,先将曲面 Σ 的方程写为 $z = z(x,y), (x,y) \in D_{xy}$ 的形式,然后将其化二重积分

$$\iint\limits_{\Sigma} R(x,y,z)\mathrm{d}x\mathrm{d}y = \pm \iint\limits_{\Sigma} R(x,y,z(x,y))\mathrm{d}x\mathrm{d}y,$$

积分号前的符号当 Σ 取上侧时为正,下侧时为负,D_{xy} 是 Σ 在 xOy 平面上的投影.

求 YZ 型积分时,先将曲面 Σ 的方程写为 $x = x(y,z), (y,z) \in D_{yz}$ 的形式,然后将其化二重积分

$$\iint\limits_{\Sigma} P(x,y,z)\mathrm{d}y\mathrm{d}z = \pm \iint\limits_{\Sigma} P(x(y,z),y,z)\mathrm{d}y\mathrm{d}z,$$

积分号前的符号当 Σ 取前侧时为正,后侧时为负,D_{yz} 是 Σ 在 xOz 平面上的投影.

求 ZX 型积分时,先将曲面 Σ 的方程写为 $y = y(x,z), (x,z) \in D_{zx}$ 的形式,然后将其化二重积分

$$\iint\limits_{\Sigma} Q(x,y,z)\mathrm{d}z\mathrm{d}x = \pm \iint\limits_{\Sigma} Q(x,y(x,z),z)\mathrm{d}z\mathrm{d}x,$$

积分号前的符号当 Σ 取右侧时为正,左侧时为负,D_{zx} 是 Σ 在 xOz 平面上的投影.

例 1 计算曲面积分 $\iint\limits_{\Sigma} xyz\mathrm{d}x\mathrm{d}y$,其中 Σ 是球面 $x^2 + y^2 + z^2 = 1$ 的外侧,且 $x \geq 0$,$y \geq 0$.

分析 这是一个 XY 型积分,应注意定向积分曲面取上侧还是取下侧. 可以看出,这里的 Σ 既有取上侧的部分(第一卦限部分),又有取下侧的部分(第五卦限部分);因此,首先要将 Σ 分成取上侧的部分 Σ_1 和取下侧的部分 Σ_2,然后分别在 Σ_1 和 Σ_2 上将积分转化为二重积分.

解 将 Σ 分成两个部分 Σ_1 和 Σ_2,其中,

$\Sigma_1 : z = \sqrt{1 - x^2 - y^2}$,取上侧,$D_{xy} = \{(x,y) \mid x^2 + y^2 \leq 1, x \geq 0, y \geq 0\}$,

$\Sigma_2 : z = -\sqrt{1 - x^2 - y^2}$,取下侧,$D_{xy} = \{(x,y) \mid x^2 + y^2 \leq 1, x \geq 0, y \geq 0\}$.

由于

$$\iint\limits_{\Sigma_2} xyz\mathrm{d}x\mathrm{d}y = \iint\limits_{D_{xy}} xy\sqrt{1 - x^2 - y^2}\mathrm{d}x\mathrm{d}y$$

$$= \int_0^{\frac{\pi}{2}} \mathrm{d}\theta \int_0^1 r^2 \sin\theta\cos\theta\sqrt{1 - r^2}r\mathrm{d}r$$

$$= \frac{1}{15}.$$

$$\iint\limits_{\Sigma_2} xyz\mathrm{d}x\mathrm{d}y = -\iint\limits_{D_{xy}} xy(-\sqrt{1 - x^2 - y^2})\mathrm{d}x\mathrm{d}y = \frac{1}{15}.$$

所以

$$\iint\limits_{\Sigma} xyz \mathrm{d}x\mathrm{d}y = \frac{2}{15}.$$

例2 计算 $\iint\limits_{\Sigma}(x+1)\mathrm{d}y\mathrm{d}z + y\mathrm{d}z\mathrm{d}x + \mathrm{d}x\mathrm{d}y$，其中 Σ 是由 $x+y+z=1, x=0, y=0$，与 $z=0$ 围成的四面体的外侧.

解 将 Σ 分成为四个部分的和 $\Sigma = \Sigma_1 + \Sigma_2 + \Sigma_3 + \Sigma_4$，其中

$\Sigma_1: z=0$，取下侧，$D_{xy} = \{(x,y) \mid 0 \le y \le 1-x, 0 \le x \le 1\}$；

$\Sigma_2: x=0$，取后侧，$D_{xy} = \{(y,z) \mid 0 \le y \le 1-z, 0 \le z \le 1\}$；

$\Sigma_3: y=0$，取左侧，$D_{xy} = \{(x,z) \mid 0 \le z \le 1-x, 0 \le x \le 1\}$；

$\Sigma_4: x+y+z=1$，取上侧，其在三个坐标面上的投影分别为 D_{xy}, D_{yz}, D_{zx}.

则有

$$\iint\limits_{\Sigma_1}(x+1)\mathrm{d}y\mathrm{d}z + y\mathrm{d}z\mathrm{d}x + \mathrm{d}x\mathrm{d}y = \iint\limits_{\Sigma_1}\mathrm{d}x\mathrm{d}y = -\iint\limits_{D_{xy}}\mathrm{d}x\mathrm{d}y = -\frac{1}{2},$$

$$\iint\limits_{\Sigma_2}(x+1)\mathrm{d}y\mathrm{d}z + y\mathrm{d}z\mathrm{d}x + \mathrm{d}x\mathrm{d}y = \iint\limits_{\Sigma_2}(x+1)\mathrm{d}y\mathrm{d}z = -\iint\limits_{D_{yz}}(0+1)\mathrm{d}y\mathrm{d}z = -\frac{1}{2},$$

$$\iint\limits_{\Sigma_3}(x+1)\mathrm{d}y\mathrm{d}z + y\mathrm{d}z\mathrm{d}x + \mathrm{d}x\mathrm{d}y = \iint\limits_{\Sigma_3}y\mathrm{d}x\mathrm{d}z = -\iint\limits_{D_{xz}}0\mathrm{d}x\mathrm{d}z = 0,$$

$$\iint\limits_{\Sigma_4}(x+1)\mathrm{d}y\mathrm{d}z + y\mathrm{d}z\mathrm{d}x + \mathrm{d}x\mathrm{d}y = \iint\limits_{\Sigma_4}(x+1)\mathrm{d}y\mathrm{d}z + \iint\limits_{\Sigma_4}y\mathrm{d}z\mathrm{d}x + \iint\limits_{\Sigma_4}\mathrm{d}x\mathrm{d}y,$$

其中，

$$\iint\limits_{\Sigma_4}(x+1)\mathrm{d}y\mathrm{d}z = \int_0^1 \mathrm{d}y \int_0^{1-y}(2-y-z)\mathrm{d}z = \frac{2}{3},$$

$$\iint\limits_{\Sigma_4}y\mathrm{d}z\mathrm{d}x = \int_0^1 \mathrm{d}x \int_0^{1-x}(1-x-z)\mathrm{d}z = \frac{1}{6},$$

$$\iint\limits_{\Sigma_4}\mathrm{d}x\mathrm{d}y = \iint\limits_{D_{xy}}\mathrm{d}x\mathrm{d}y = \mu(D_{xy}) = \frac{1}{2}.$$

所以

$$\iint\limits_{\Sigma}(x+1)\mathrm{d}y\mathrm{d}z + y\mathrm{d}z\mathrm{d}x + \mathrm{d}x\mathrm{d}y = \frac{1}{3}.$$

上面介绍的对坐标的曲面积分的计算方法，需要将积分曲面写成不同的形式，并将其投影到不同的坐标面上，因此常被称为"分面投影法". 该方法形式简单，特别适用于单个类型的积分计算. 当计算一个对坐标的曲面积分包含有三种类型的积分，而积分曲面又由多个曲面组成时，这种方法的计算量将会变得很大. 在这种情况下，可以试用下面的"合一投影法"，其基本思想是根据定义将对坐标

的曲面积分计算转化为对面积的曲面积分计算,再转化为二重积分的计算,由曲面在点(x,y,z)处的切平面的法向量表达式不难证明以下结论:

（1）如果Σ的方程为$z = z(x,y)$,$(x,y) \in D_{xy}$（D_{xy}是Σ在xOy平面上的投影区域）,函数P,Q,R在Σ上连续,则有

$$\iint\limits_{\Sigma} P(x,y,z)\mathrm{d}y\mathrm{d}z + Q(x,y,z)\mathrm{d}z\mathrm{d}x + R(x,y,z)\mathrm{d}x\mathrm{d}y$$

$$= \pm \iint\limits_{D_{xy}} \{P[x,y,z(x,y)][-z_x(x,y)] + Q[x,y,z(x,y)][-z_y(x,y)] + R[x,y,z(x,y)]\}\mathrm{d}x\mathrm{d}y,$$

积分号前的符号当Σ取上侧时为正,下侧时为负.

（2）如果Σ的方程为$y = y(x,z)$,$(x,z) \in D_{zx}$（D_{zx}是Σ在zOx平面上的投影区域）,函数P,Q,R在Σ上连续,则有

$$\iint\limits_{\Sigma} P(x,y,z)\mathrm{d}y\mathrm{d}z + Q(x,y,z)\mathrm{d}z\mathrm{d}x + R(x,y,z)\mathrm{d}x\mathrm{d}y$$

$$= \pm \iint\limits_{D_{zx}} \{P[x,y(x,z),z][-y_x(x,z)] + Q[x,y(x,z),z] + R[x,y(x,z),z][-y_z(x,z)]\}\mathrm{d}x\mathrm{d}z,$$

积分号前的符号当Σ取右侧时为正,左侧时为负.

（3）如果Σ的方程为$x = x(y,z)$,$(y,z) \in D_{yz}$（D_{yz}是Σ在yOz平面上的投影区域）,函数P,Q,R在Σ上连续,则有

$$\iint\limits_{\Sigma} P(x,y,z)\mathrm{d}y\mathrm{d}z + Q(x,y,z)\mathrm{d}z\mathrm{d}x + R(x,y,z)\mathrm{d}x\mathrm{d}y$$

$$= \pm \iint\limits_{D_{yz}} \{P[x(y,z),y,z] + Q[x(y,z),y,z][-x_y(y,z)] + R[x(y,z),y,z][-x_z(y,z)]\}\mathrm{d}y\mathrm{d}z,$$

积分号前的符号当Σ取前侧时为正,后侧时为负.

例3　用上述方法计算例2中的曲面积分.

解　采用例2中的记号,对于$\Sigma_1: z = 0$,因为$z_x = z_y = 0$,所以

$$\iint\limits_{\Sigma_1} (x+1)\mathrm{d}y\mathrm{d}z + y\mathrm{d}z\mathrm{d}x + \mathrm{d}x\mathrm{d}y = \iint\limits_{\Sigma_1}\mathrm{d}x\mathrm{d}y = -\iint\limits_{D_{xy}}\mathrm{d}x\mathrm{d}y = -\frac{1}{2}.$$

类似地,有

$$\iint\limits_{\Sigma_2} (x+1)\mathrm{d}y\mathrm{d}z + y\mathrm{d}z\mathrm{d}x + \mathrm{d}x\mathrm{d}y = \iint\limits_{\Sigma_2}(x+1)\mathrm{d}y\mathrm{d}z = -\iint\limits_{D_{yz}}(0+1)\mathrm{d}y\mathrm{d}z = -\frac{1}{2}.$$

$$\iint\limits_{\Sigma_3} (x+1)\mathrm{d}y\mathrm{d}z + y\mathrm{d}z\mathrm{d}x + \mathrm{d}x\mathrm{d}y = \iint\limits_{\Sigma_3}y\mathrm{d}x\mathrm{d}z = -\iint\limits_{D_{xz}}0 \cdot \mathrm{d}x\mathrm{d}z = 0.$$

将 Σ_4 的方程写为 $z = 1 - x - y$,所以 $z_x = z_y = -1$,又由于 Σ_4 取上侧,所以

$$
\iint_{\Sigma_4} (x + 1)\mathrm{d}y\mathrm{d}z + y\mathrm{d}z\mathrm{d}x + \mathrm{d}x\mathrm{d}y = \iint_{D_{xy}} [(x + 1) + y + 1]\mathrm{d}x\mathrm{d}y
$$

$$
= \int_0^1 \mathrm{d}x \int_0^{1-x} (x + y + 2)\mathrm{d}y
$$

$$
= \frac{4}{3}.
$$

所以

$$
\iint_{\Sigma} (x + 1)\mathrm{d}y\mathrm{d}z + y\mathrm{d}z\mathrm{d}x + \mathrm{d}x\mathrm{d}y = \frac{1}{3}.
$$

例 4 计算对坐标的曲面积分 $I = \iint_{\Sigma} z\mathrm{d}y\mathrm{d}z + yz\mathrm{d}z\mathrm{d}x + \mathrm{d}x\mathrm{d}y$,其中 Σ 是上半球面 $z = \sqrt{1 - x^2 - y^2}$ 的上侧.

解 因为 $z = \sqrt{1 - x^2 - y^2}$,所以

$$
D_{xy} = \{ (x,y) \mid x^2 + y^2 \leqslant 1 \},
$$

$$
z_x = \frac{-x}{\sqrt{1 - x^2 - y^2}} , \quad z_y = \frac{-y}{\sqrt{1 - x^2 - y^2}} .
$$

由此得

$$
I = \iint_{D_{xy}} (x + y^2 + 1)\mathrm{d}x\mathrm{d}y = 0 + \iint_{D_{xy}} y^2 \mathrm{d}x\mathrm{d}y + \iint_{D_{xy}} \mathrm{d}x\mathrm{d}y
$$

$$
= \int_0^{2\pi} \mathrm{d}\theta \int_0^1 r^3 \sin^2\theta \mathrm{d}r + \pi = \frac{5}{4}\pi.
$$

习 题 10-3

1. 根据对坐标的曲线积分的计算公式可知,对坐标的曲面积分可化为二重积分. 现设 D 是 xOy 平面上的定向区域,$f(x,y)$ 是 D 上的连续函数,请说明对坐标的曲面积分 $I_1 = \iint_D f(x,y)\mathrm{d}x\mathrm{d}y$ 与二重积分 $I_2 = \iint_D f(x,y)\mathrm{d}x\mathrm{d}y$ 的关系.

2. 分别用"分面投影法"与"合一投影法"计算下列对坐标的曲面积分:

(1) $\iint_{\Sigma} (x + y)\mathrm{d}y\mathrm{d}z + (x - y)\mathrm{d}x\mathrm{d}y$,其中 Σ 是平面 $x - 2y + 3z = 6$ 位于第一卦限部分的上侧;

(2) $\iint_{\Sigma} x\mathrm{d}y\mathrm{d}z + y\mathrm{d}z\mathrm{d}x + z\mathrm{d}x\mathrm{d}y$,其中 Σ 是上半球面 $z = \sqrt{1 - x^2 - y^2}$ 的下侧;

(3) $\iint_{\Sigma} (x^2 + y^2)\mathrm{d}y\mathrm{d}z + z\mathrm{d}x\mathrm{d}y$,其中 Σ 是圆锥面 $z = \sqrt{x^2 + y^2}$ 含于圆柱面 $x^2 + y^2 = 4$ 内部分的上侧;

（4）$\iint\limits_{\Sigma} y\mathrm{d}z\mathrm{d}x + x\mathrm{d}z\mathrm{d}y + z\mathrm{d}x\mathrm{d}y$，其中 Σ 是曲面 $z = 1 - x^2 - y^2 (x \geqslant 0, y \geqslant 0)$ 与坐标面围成区域的边界曲面的正向；

3. 计算对坐标的曲面积分 $\iint\limits_{\Sigma} \dfrac{xz\mathrm{d}y\mathrm{d}z + yz\mathrm{d}z\mathrm{d}x + z\mathrm{d}x\mathrm{d}y}{(x^2 + y^2 + z^2)^{\frac{3}{2}}}$，其中 Σ 是球面 $x^2 + y^2 + z^2 = R^2$ 的外侧.

4. 求流速为 $\boldsymbol{F} = x\boldsymbol{i} + y\boldsymbol{j} + xz\boldsymbol{k}$ 的某流体流出曲面 $x^2 + y^2 + z^2 = 1$ 的流量.

第四节　高斯公式与斯托克斯公式

一、高斯公式

前面介绍了格林公式，它描述了平面上第二类曲线积分与二重积分间的关系，下面的高斯公式，描述了第二类曲面积分与三重积分之间的关系.

定理1（高斯定理）　设 Ω 是由分片光滑的曲面 Σ 围成的空间有界闭区域，函数 $P(x,y,z), Q(x,y,z), R(x,y,z)$ 在 Ω 上具有一阶连续的偏导数，则有

$$\iiint\limits_{\Omega} \left(\frac{\partial P}{\partial x} + \frac{\partial Q}{\partial y} + \frac{\partial R}{\partial z} \right) \mathrm{d}v = \iint\limits_{\partial\Omega^+} P\mathrm{d}y\mathrm{d}z + Q\mathrm{d}z\mathrm{d}x + R\mathrm{d}x\mathrm{d}y,$$

其中，$\partial\Omega^+$ 表示 Ω 的边界曲面 Σ 的外侧.

上面的公式称为高斯公式，其证明与格林公式的证明类似，此略.

例1　计算 $\iint\limits_{\Sigma} (x + 1)\mathrm{d}y\mathrm{d}z + y\mathrm{d}z\mathrm{d}x + \mathrm{d}x\mathrm{d}y$，其中，$\Sigma$ 是由 $x + y + z = 1, x = 0, y = 0$ 与 $z = 0$ 围成的四面体的外侧.

解　因为 $P = x + 1, Q = y, R = 1$，故 $\dfrac{\partial P}{\partial x} + \dfrac{\partial Q}{\partial y} + \dfrac{\partial R}{\partial z} = 2$，所以

$$\iint\limits_{\Sigma} (x + 1)\mathrm{d}y\mathrm{d}z + y\mathrm{d}z\mathrm{d}x + \mathrm{d}x\mathrm{d}y = \iiint\limits_{\Omega} 2\mathrm{d}v.$$

又因为 Ω 的体积为 $\dfrac{1}{6}$，所以该积分等于 $\dfrac{1}{3}$.

例2　计算曲面积分 $I = \iint\limits_{\Sigma} x\mathrm{d}y\mathrm{d}z + y\mathrm{d}z\mathrm{d}x + z\mathrm{d}x\mathrm{d}y$，其中 Σ 为球面 $x^2 + y^2 + z^2 = R^2$ 的外侧.

解　因为 $P = x, Q = y, R = z$，满足 $\dfrac{\partial P}{\partial x} + \dfrac{\partial Q}{\partial y} + \dfrac{\partial R}{\partial z} = 3$，所以

$$I = \iiint\limits_{\Omega} 3\mathrm{d}v = 3\mu(\Omega) = 4\pi R^3.$$

例3　计算对坐标的曲面积分 $I = \iint\limits_{\Sigma} xy^2\mathrm{d}y\mathrm{d}z + yz^2\mathrm{d}z\mathrm{d}x + zx^2\mathrm{d}x\mathrm{d}y$，其中 Σ 是由

上半球面 $z = \sqrt{1 - x^2 - y^2}$ 与锥面 $z = \sqrt{x^2 + y^2}$ 所围成的区域 Ω 表面的外侧.

解 因为 $\dfrac{\partial P}{\partial x} + \dfrac{\partial Q}{\partial y} + \dfrac{\partial R}{\partial z} = x^2 + y^2 + z^2$,由高斯公式得

$$I = \iiint\limits_{\Omega} (x^2 + y^2 + z^2)\, \mathrm{d}v = \int_0^{2\pi} \mathrm{d}\theta \int_0^{\frac{\pi}{4}} \mathrm{d}\varphi \int_0^1 r^4 \sin\varphi\, \mathrm{d}r = \frac{2}{5} - \frac{\sqrt{2}}{5}\boldsymbol{\pi}.$$

例 4 计算 $\iint\limits_{\Sigma} xyz\,\mathrm{d}x\mathrm{d}y$,其中 Σ 是曲面 $z = x^2 + y^2$ 被曲面 $z = \sqrt{x^2 + y^2}$ 截下的有限部分的外侧.

解 联立方程组

$$\begin{cases} z = x^2 + y^2, \\ z = \sqrt{x^2 + y^2}, \end{cases}$$

解得 $z = 1$. 所以 Σ 即为曲面 $z = x^2 + y^2$ 被平面 $z = 1$ 截下的有限部分,记 $\Sigma_1 : z = 1 (x^2 + y^2 \leqslant 1)$,取上侧. 则 Σ 与 Σ_1 围成一封闭曲面,记其所围成的区域为 Ω,则有

$$I = \iint\limits_{\Sigma + \Sigma_1} xyz\,\mathrm{d}x\mathrm{d}y - \iint\limits_{\Sigma_1} xyz\,\mathrm{d}x\mathrm{d}y = \iiint\limits_{\Omega} xy\,\mathrm{d}v - \iint\limits_{\Sigma_1} xyz\,\mathrm{d}x\mathrm{d}y,$$

其中,

$$\iiint\limits_{\Omega} xy\,\mathrm{d}v = \int_0^{2\pi} \sin\theta\cos\theta\,\mathrm{d}\theta \int_0^1 r^3\,\mathrm{d}r \int_{r^2}^1 \mathrm{d}z = 0,$$

$$\iint\limits_{\Sigma_1} xyz\,\mathrm{d}x\mathrm{d}y = \int_0^{2\pi} \sin\theta\cos\theta\,\mathrm{d}\theta \int_0^1 r^3\,\mathrm{d}r = 0,$$

所以,$I = 0$.

例 5 计算对坐标的曲面积分 $I = \iint\limits_{\Sigma} (\sin y + xy^2)\,\mathrm{d}y\mathrm{d}z + (ze^x + yx^2)\,\mathrm{d}z\mathrm{d}x$,其中 Σ 是圆柱面 $x^2 + y^2 = R^2$ 介于平面 $z = 0$ 与 $z = R$ 之间的内侧.

解 为应用高斯公式计算该积分,引入曲面

$\Sigma_1 : z = 0 (x^2 + y^2 \leqslant R^2)$,取上侧;$\Sigma_2 : z = R (x^2 + y^2 \leqslant R^2)$,取下侧,

则 $\Sigma, \Sigma_1, \Sigma_2$ 构成一个封闭的曲面. 记其所围的区域为 Ω,则由高斯公式

$$I = \iint\limits_{\Sigma + \Sigma_1 + \Sigma_2} (\sin y + xy^2)\,\mathrm{d}y\mathrm{d}z + (ze^x + yx^2)\,\mathrm{d}z\mathrm{d}x - \iint\limits_{\Sigma_1} (\sin y + xy^2)\,\mathrm{d}y\mathrm{d}z +$$

$$(ze^x + yx^2)\,\mathrm{d}z\mathrm{d}x - \iint\limits_{\Sigma_2} (\sin y + xy^2)\,\mathrm{d}y\mathrm{d}z + (ze^x + yx^2)\,\mathrm{d}z\mathrm{d}x$$

$$= -\iiint\limits_{\Omega} (x^2 + y^2)\,\mathrm{d}v - \iint\limits_{\Sigma_1} (\sin y + xy^2)\,\mathrm{d}y\mathrm{d}z + (ze^x + yx^2)\,\mathrm{d}z\mathrm{d}x -$$

$$\iint\limits_{\Sigma_2} (\sin y + xy^2)\,\mathrm{d}y\mathrm{d}z + (ze^x + yx^2)\,\mathrm{d}z\mathrm{d}x,$$

而

$$\iiint\limits_{\Omega} (x^2 + y^2)\,\mathrm{d}v = \int_0^{2\pi} \mathrm{d}\theta \int_0^R r\mathrm{d}r \int_0^R r^2\,\mathrm{d}z = \frac{\pi}{2}R^5,$$

$$\iint\limits_{\Sigma_1} (\sin y + xy^2)\,\mathrm{d}y\mathrm{d}z + (ze^x + yx^2)\,\mathrm{d}z\mathrm{d}x = 0,$$

$$\iint\limits_{\Sigma_2} (\sin y + xy^2)\,\mathrm{d}y\mathrm{d}z + (ze^x + yx^2)\,\mathrm{d}z\mathrm{d}x = 0,$$

所以

$$I = -\frac{\pi}{2}R^5 - 0 - 0 = -\frac{\pi}{2}R^5.$$

二、斯托克斯公式

前面介绍了格林公式和高斯公式. 它们分别描述了平面上沿闭曲线的第二类曲线积分与二重积分的关系和对封闭曲面的第二类曲面积分与三重积分的关系. 下面要介绍的斯托克斯公式,描述了空间上第二类曲线积分与第二类曲面积分的关系.

定理2(斯托克斯定理) 设 Γ 是分段光滑的空间定向曲线,Σ 是以 Γ 为边界的分片光滑的定向曲面,Γ 的正向与 Σ 的侧满足右手法则(见图10-11),函数 $P(x,y,z)$,$Q(x,y,z)$,$R(x,y,z)$ 在 Σ 上具有一阶连续的偏导数,则有

$$\iint\limits_{\Sigma} \left(\frac{\partial R}{\partial y} - \frac{\partial Q}{\partial z}\right)\mathrm{d}y\mathrm{d}z + \left(\frac{\partial P}{\partial z} - \frac{\partial R}{\partial x}\right)\mathrm{d}z\mathrm{d}x + \left(\frac{\partial Q}{\partial x} - \frac{\partial P}{\partial y}\right)\mathrm{d}x\mathrm{d}y = \oint_{\Gamma} P\mathrm{d}x + Q\mathrm{d}y + R\mathrm{d}z.$$

上面的公式称为斯托克斯公式,它说明了对坐标的曲线积分与对坐标的曲面积分的关系.

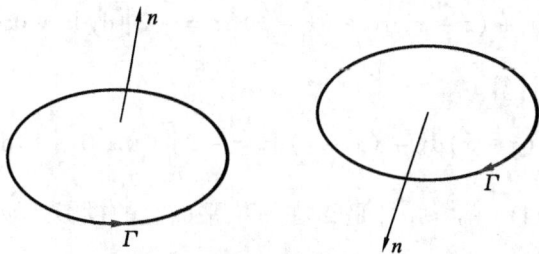

图 10-11

为方便记忆,可借助三阶行列式的形式运算,记

$$\begin{vmatrix} \mathrm{d}y\mathrm{d}z & \mathrm{d}z\mathrm{d}x & \mathrm{d}x\mathrm{d}y \\ \dfrac{\partial}{\partial x} & \dfrac{\partial}{\partial y} & \dfrac{\partial}{\partial z} \\ P & Q & R \end{vmatrix} = \left(\frac{\partial R}{\partial y} - \frac{\partial Q}{\partial z}\right)\mathrm{d}y\mathrm{d}z + \left(\frac{\partial P}{\partial z} - \frac{\partial R}{\partial x}\right)\mathrm{d}z\mathrm{d}x + \left(\frac{\partial Q}{\partial x} - \frac{\partial P}{\partial y}\right)\mathrm{d}x\mathrm{d}y,$$

其左边的三阶行列式的展开式中 $\dfrac{\partial}{\partial x}$ 与函数 R 的积理解为 $\dfrac{\partial R}{\partial x}$,其余类同. 则斯托克斯公式写为

$$\iint\limits_{\Sigma} \begin{vmatrix} \mathrm{d}y\mathrm{d}z & \mathrm{d}z\mathrm{d}x & \mathrm{d}x\mathrm{d}y \\ \dfrac{\partial}{\partial x} & \dfrac{\partial}{\partial y} & \dfrac{\partial}{\partial z} \\ P & Q & R \end{vmatrix} = \oint_{\Gamma} P\mathrm{d}x + Q\mathrm{d}y + R\mathrm{d}z.$$

注 定理中的定向曲面 Σ 称为由定向曲线 Γ 张成.

当 $R\equiv 0$,且 Γ 是 xOy 平面上的分段光滑的闭曲线 L,取正向;Σ 是 xOy 平面上由 L 围成的区域,取上侧时,由斯托克斯公式就得到格林公式,因而斯托克斯公式是格林公式的推广,格林公式又是斯托克斯公式的特例.

例6 计算 $\oint_{\Gamma} (y-z)\mathrm{d}x + (z-x)\mathrm{d}y + (x-y)\mathrm{d}z$,其中 Γ 是柱面 $x^2+y^2=a^2$ 和 $x+z=1$ 的交线,即 Γ 是椭圆的边界,从 x 轴正向看去,按逆时针方向.

解 将平面 $x+z=1$ 在柱面 $x^2+y^2=a^2$ 内的部分记为 Σ,并按右手法则,Σ 取上侧. 则由

$$P = y-z, \quad Q = z-x, \quad R = x-y,$$

知

$$\begin{vmatrix} \mathrm{d}y\mathrm{d}z & \mathrm{d}z\mathrm{d}x & \mathrm{d}x\mathrm{d}y \\ \dfrac{\partial}{\partial x} & \dfrac{\partial}{\partial y} & \dfrac{\partial}{\partial z} \\ y-z & z-x & x-y \end{vmatrix} = -4(\mathrm{d}y\mathrm{d}z + \mathrm{d}z\mathrm{d}x + \mathrm{d}x\mathrm{d}y).$$

所以,由斯托克斯公式得

$$\oint_{\Gamma} (y-z)\mathrm{d}x + (z-x)\mathrm{d}y + (x-y)\mathrm{d}z = -2\iint\limits_{\Sigma} \mathrm{d}y\mathrm{d}z + \mathrm{d}z\mathrm{d}x + \mathrm{d}x\mathrm{d}y.$$

用"合一投影法",计算

$$\oint_{\Gamma} (y-z)\mathrm{d}x + (z-x)\mathrm{d}y + (x-y)\mathrm{d}z = -2\iint\limits_{D_{xy}} (1+0+1)\mathrm{d}x\mathrm{d}y = -4\pi a^2,$$

其中,$D_{xy} = \{(x,y)\,|\,x^2+y^2 \leq a^2\}$ 是 Σ 在 xOy 平面上的投影区域.

习 题 10-4

1. 用高斯公式计算下列对坐标的曲面积分:

(1) $\iint\limits_{\Sigma} xy\mathrm{d}y\mathrm{d}z + yz\mathrm{d}z\mathrm{d}x + xy\mathrm{d}x\mathrm{d}y$,其中 Σ 是由 $x=\pm 1,y=\pm 1$ 与 $z=\pm 1$ 围成的封闭曲面的外侧;

（2）$\iint\limits_{\Sigma} (xy+1)\mathrm{d}y\mathrm{d}z + (x^2+z^2)\mathrm{d}z\mathrm{d}x + xyz\mathrm{d}x\mathrm{d}y$，其中 Σ 是由锥面 $z = 2\sqrt{x^2+y^2}$ 与平面 $z=2$ 围成的立体表面的内侧；

（3）$\iint\limits_{\Sigma} x^3\mathrm{d}y\mathrm{d}z + y^3\mathrm{d}z\mathrm{d}x + z^3\mathrm{d}x\mathrm{d}y$，其中 Σ 是上半球面 $z = \sqrt{R^2-x^2-y^2}$ 的上侧；

（4）$\iint\limits_{\Sigma} x\mathrm{d}y\mathrm{d}z + y\mathrm{d}z\mathrm{d}x + z\mathrm{d}x\mathrm{d}y$，其中 Σ 是圆柱面 $x^2+y^2=1$ 被平面 $z=0$ 与 $z=1$ 切下的有限部分的外侧；

（5）$\iint\limits_{\Sigma} (2x+3z)\mathrm{d}y\mathrm{d}z - (xz+y)\mathrm{d}z\mathrm{d}x + (y^2+2x)\mathrm{d}x\mathrm{d}y$，其中 Σ 是以点 $(3,-1,-1)$ 为球心，半径 $R=3$ 的球面外侧.

2. 用斯托克斯公式计算下列对坐标的曲线积分：

（1）$\oint_{\Gamma} (y-z)\mathrm{d}x + (z-x)\mathrm{d}y + (x-y)\mathrm{d}z$，其中 Γ 为球面 $x^2+y^2+z^2=a^2$ 与平面 $x+y+z=0$ 的交线，从 x 轴的正向看去，该圆周是取逆时针方向；

（2）$\oint_{\Gamma} 3y\mathrm{d}x - xz\mathrm{d}y + yz^2\mathrm{d}z$，其中 Γ 是抛物面 $x^2+y^2=2z$ 与平面 $z=2$ 的交线，从 z 轴正向看去是取逆时针方向；

（3）$\oint_{\Gamma} -y^2\mathrm{d}x + x\mathrm{d}y + z^2\mathrm{d}z$，其中 Γ 是平面 $y+z=2$ 与柱面 $x^2+y^2=1$ 的交线，从 z 轴正向看去是取逆时针方向.

3. 设 Σ 为柱体 $x^2+y^2\leqslant R^2 (0\leqslant z\leqslant R)$ 全表面，求流速为 $F = yz\boldsymbol{i} + xz\boldsymbol{j} + xy\boldsymbol{k}$ 的流体，流向 Σ 外侧的流量.

第五节 场论初步

如果在全空间（平面）或部分空间（平面）的每一点，都赋予某物理量的一个确定的值，则称在空间（平面）确定了该物理量的一个场. 如果该物理量是数量，则称这个场为数量场；若这个物理量是向量，则称这个场为向量场，也称为矢量场. 如温度场、密度场、电位场等为数量场，力场、速度场等为向量场.

向量场中分布在各点处的向量可以用一个向量值函数表示. 若向量场
$$F(x,y,z) = P(x,y,z)\boldsymbol{i} + Q(x,y,z)\boldsymbol{j} + R(x,y,z)\boldsymbol{k},$$
则称向量场 F 为空间向量场，若向量场
$$F(x,y) = P(x,y)\boldsymbol{i} + Q(x,y)\boldsymbol{j},$$
则称向量场 F 为平面向量场，简称平面场.

在本节中，我们总是假定向量场 F 中的数量值函数 P,Q 和 R 有一阶连续的偏导数.

一、向量场的通量与散度

由对坐标的曲面积分的物理背景可知,若一不可压缩的流体的流速为

$$\boldsymbol{F} = P(x,y,z)\boldsymbol{i} + Q(x,y,z)\boldsymbol{j} + R(x,y,z)\boldsymbol{k},$$

则该流体通过曲面 Σ 的流量可用对坐标的曲面积分表示为

$$\iint_{\Sigma} \boldsymbol{F} \cdot \mathrm{d}\boldsymbol{S} = \iint_{\Sigma} P\mathrm{d}y\mathrm{d}z + Q\mathrm{d}z\mathrm{d}x + R\mathrm{d}x\mathrm{d}y.$$

一般地,若 $\boldsymbol{F}$ 是向量场,Σ 是定向曲面,则称积分 $\iint_{\Sigma} \boldsymbol{F} \cdot \mathrm{d}\boldsymbol{S}$ 为向量场 $\boldsymbol{F}$ 穿过曲面 Σ 的通量.

以不可压缩流体的流量为例,流量 $\varPhi = \iint_{\Sigma} \boldsymbol{F} \cdot \mathrm{d}\boldsymbol{S}$ 应理解为流体流过定向曲面 Σ 的流量与流过 Σ^- 的流量的代数和. 若 Σ 是封闭曲面,且取外侧,则当 $\varPhi > 0$,表示流出多于流入,此时在 Σ 内必有产生流体的源,称为正源;当 $\varPhi < 0$ 表示流入多于流出,此时在 Σ 内必有吸收流体的源,称为负源;当 $\varPhi = 0$ 表示流入等于流出,此时在 Σ 内正源与负源的代数和为零,或者说 Σ 内没有源.

向量场在封闭曲面 Σ 上的通量由 Σ 内的源决定,它是一个积分量,因而它描绘的是闭合面内较大范围的源的分布情况,而在实际中,往往需要知道场中每一点处源的情况,为此,引入向量场的散度.

设有向量场 $\boldsymbol{F}$,M 是场中任一点,Σ 是包含点 M 的任一分片光滑的闭曲面 Σ(取外侧),Σ 所围成的区域记为 Ω,V 是 Ω 的体积,则若极限

$$\lim_{\Omega \to M} \frac{1}{V} \iint_{\Sigma} \boldsymbol{F} \cdot \mathrm{d}\boldsymbol{S}$$

存在,则称此极限值为向量场 $\boldsymbol{F}$ 在点 M 处的散度,记作 $\mathrm{div}\,\boldsymbol{F}$.

设函数 P,Q,R 在分片光滑曲面 Σ 所围成的区域内有一阶连续的偏导数,向量场 $\boldsymbol{F} = P\boldsymbol{i} + Q\boldsymbol{j} + R\boldsymbol{k}$,则由高斯公式与积分中值定理,得

$$\frac{1}{V} \iint_{\Sigma} \boldsymbol{F} \cdot \mathrm{d}\boldsymbol{S} = \frac{1}{V} \iiint_{\Omega} \left[\frac{\partial P}{\partial x} + \frac{\partial Q}{\partial y} + \frac{\partial R}{\partial z} \right] \mathrm{d}v = \left(\frac{\partial P}{\partial x} + \frac{\partial Q}{\partial y} + \frac{\partial R}{\partial z} \right) \Big|_{M'},$$

其中,$M' \in \Omega$. 由 P,Q,R 的一阶偏导数连续,两边取极限,得散度的表达式为

$$\mathrm{div}\,\boldsymbol{F} = \frac{\partial P}{\partial x} + \frac{\partial Q}{\partial y} + \frac{\partial R}{\partial z}.$$

因而,高斯公式又可表示为

$$\iint_{\Sigma} \boldsymbol{F} \cdot \mathrm{d}\boldsymbol{S} = \iiint_{\Omega} \mathrm{div}\,\boldsymbol{F}\mathrm{d}v.$$

由定义可知,向量场 $\boldsymbol{F}$ 的散度 $\mathrm{div}\,\boldsymbol{F}$ 是数量,表示场中一点处的通量对体积的变化率,称为该点处源的强度. 当 $\mathrm{div}\,\boldsymbol{F}$ 的值为正时,表示向量场 $\boldsymbol{F}$ 在该点处有产

生流体的正源;当 div $\boldsymbol{F}$ 的值为负时,表示向量场 $\boldsymbol{F}$ 在该点处有吸收流体的负源;当 div $\boldsymbol{F}$ 的值等于零时,则表示向量场 $\boldsymbol{F}$ 在该点处无源.

例1 设向量场 $\boldsymbol{F}_n = P_n \boldsymbol{i} + Q_n \boldsymbol{j} + R_n \boldsymbol{k} (n = 1, 2)$,$\lambda$ 是任意实数,求证:

(1) div$(\boldsymbol{F}_1 + \boldsymbol{F}_2)$ = div $\boldsymbol{F}_1$ + div $\boldsymbol{F}_2$;

(2) div$(\lambda \boldsymbol{F}_1)$ = λ div $\boldsymbol{F}_1$.

证 因为

$$\boldsymbol{F}_1 + \boldsymbol{F}_2 = (P_1 + P_2)\boldsymbol{i} + (Q_1 + Q_2)\boldsymbol{j} + (R_1 + R_2)\boldsymbol{k},$$

所以

$$\mathrm{div}(\boldsymbol{F}_1 + \boldsymbol{F}_2) = \frac{\partial}{\partial x}(P_1 + P_2) + \frac{\partial}{\partial y}(Q_1 + Q_2) + \frac{\partial}{\partial z}(R_1 + R_2)$$

$$= \left(\frac{\partial P_1}{\partial x} + \frac{\partial Q_1}{\partial y} + \frac{\partial R_1}{\partial z} \right) + \left(\frac{\partial P_2}{\partial x} + \frac{\partial Q_2}{\partial y} + \frac{\partial R_2}{\partial z} \right)$$

$$= \mathrm{div}\ \boldsymbol{F}_1 + \mathrm{div}\ \boldsymbol{F}_2.$$

等式(1)成立,同理可证等式(2).

例2 设 $\boldsymbol{F} = xy^2 \boldsymbol{i} + yz^2 \boldsymbol{j} + zx^2 \boldsymbol{k}$,求 div $\boldsymbol{F}$.

解 因为

$$P = xy^2,\ Q = yz^2,\ R = zx^2,$$

则

$$P_x = y^2,\ Q_y = z^2,\ R_z = x^2,$$

因此

$$\mathrm{div}\ \boldsymbol{F} = x^2 + y^2 + z^2.$$

二、向量场的环流量及旋度

设有向量场 $\boldsymbol{F} = P\boldsymbol{i} + Q\boldsymbol{j} + R\boldsymbol{k}$,$L$ 为场中的一条封闭的定向曲线,则称 $\oint_L \boldsymbol{F} \cdot \mathrm{d}\boldsymbol{s}$ 为向量场 $\boldsymbol{F}$ 按 L 的方向沿 L 的环流量.

由定义可知,环流量是一数量,如果某向量场的环流量不等于零,则在 L 内必有产生这种场的源,这种源称为旋涡源;如果向量场的环流量等于零,则在 L 内没有旋涡源.

设向量场 $\boldsymbol{F} = P\boldsymbol{i} + Q\boldsymbol{j} + R\boldsymbol{k}$,若记

$$\mathbf{rot}\ \boldsymbol{F} = \begin{vmatrix} \boldsymbol{i} & \boldsymbol{j} & \boldsymbol{k} \\ \dfrac{\partial}{\partial x} & \dfrac{\partial}{\partial y} & \dfrac{\partial}{\partial z} \\ P & Q & R \end{vmatrix} = \left(\frac{\partial R}{\partial y} - \frac{\partial Q}{\partial z} \right)\boldsymbol{i} + \left(\frac{\partial P}{\partial z} - \frac{\partial R}{\partial x} \right)\boldsymbol{j} + \left(\frac{\partial Q}{\partial x} - \frac{\partial P}{\partial y} \right)\boldsymbol{k},$$

则由斯托克斯公式,向量场 $\boldsymbol{F}$ 按定向曲线 L 的方向,沿 L 的环流量为

$$\oint_L \boldsymbol{F} \cdot \mathrm{d}\boldsymbol{s} = \iint_\Sigma \mathbf{rot}\ \boldsymbol{F} \cdot \mathrm{d}\boldsymbol{S},$$

其中,Σ 是由 L 张成的定向曲面. 由上式可见,向量场 $\boldsymbol{F}$ 按定向曲线 L 的方向,沿 L 的环流量与 $\mathbf{rot}\ \boldsymbol{F}$ 密切相关,我们称 $\mathbf{rot}\ \boldsymbol{F}$ 为向量场 $\boldsymbol{F}$ 的旋度.

例 3 设 D 是 xOy 平面上单连通区域,函数 $P = P(x,y)$,$Q = Q(x,y)$ 是 D 上具有一阶连续偏导数的函数,$\boldsymbol{F} = P\boldsymbol{i} + Q\boldsymbol{j}$,求 $\mathbf{rot}\ \boldsymbol{F}$.

解 因为函数 P,Q 只是 x,y 的函数,与 z 无关,所以 $\dfrac{\partial P}{\partial z} = \dfrac{\partial Q}{\partial z} \equiv 0$,且 $R \equiv 0$,所以

$$\mathbf{rot}\ \boldsymbol{F} = \begin{vmatrix} \boldsymbol{i} & \boldsymbol{j} & \boldsymbol{k} \\ \dfrac{\partial}{\partial x} & \dfrac{\partial}{\partial y} & 0 \\ P & Q & 0 \end{vmatrix} = \left(\dfrac{\partial Q}{\partial x} - \dfrac{\partial P}{\partial y} \right)\boldsymbol{k}.$$

三、保守场与势函数

设 $\boldsymbol{F} = P\boldsymbol{i} + Q\boldsymbol{j} + R\boldsymbol{k}$ 是一向量场,若存在函数 $u = u(x,y,z)$,使得 $\boldsymbol{F} = \mathbf{grad}\ u$,则称向量场 $\boldsymbol{F}$ 为有势场,这时称函数 u 为向量场 $\boldsymbol{F}$ 的势函数. 显然,若函数 u 是有势场 $\boldsymbol{F}$ 的势函数,则对任意的常数 C,$u + C$ 也是有势场 $\boldsymbol{F}$ 的势函数,因而有势场的势函数不唯一,且有无穷多个.

例 4 证明平面向量场 $\boldsymbol{F} = x(x+y)\boldsymbol{i} + \left(\dfrac{1}{2}x^2 + y^2 \right)\boldsymbol{j}$ 是有势场,并求它的一个势函数.

分析 要证一平面向量场 $\boldsymbol{F} = P\boldsymbol{i} + Q\boldsymbol{j}$ 是有势场,即证存在一函数 $u(x,y)$,使得 $\boldsymbol{F} = \mathbf{grad}\ u$,又由 $\mathbf{grad}\ u = u_x \boldsymbol{i} + u_y \boldsymbol{j}$ 得 $u_x = P$,$u_y = Q$,所以

$$\mathrm{d}u = u_x \mathrm{d}x + u_y \mathrm{d}y = P\mathrm{d}x + Q\mathrm{d}y.$$

因而 $P\mathrm{d}x + Q\mathrm{d}y$ 是函数 $u(x,y)$ 的全微分,由积分与路径无关的四个等价条件(本章第二节定理 1)知,只需证明 $\dfrac{\partial P}{\partial y} = \dfrac{\partial Q}{\partial x}$.

证 由 $P = x(x+y)$,$Q = \dfrac{1}{2}x^2 + y^2$,得

$$\dfrac{\partial P}{\partial y} = x = \dfrac{\partial Q}{\partial x},$$

所以 $\boldsymbol{F} = x(x+y)\boldsymbol{i} + \left(\dfrac{1}{2}x^2 + y^2 \right)\boldsymbol{j}$ 是有势场. 且

$$u(x,y) = \int_{(0,0)}^{(x,y)} (x^2 + xy)\mathrm{d}x + \left(\dfrac{1}{2}x^2 + y^2 \right)\mathrm{d}y$$

$$= \int_0^x x^2 \mathrm{d}x + \int_0^y \left(\frac{1}{2} x^2 + y^2 \right) \mathrm{d}y$$

$$= \frac{1}{3} x^3 + \frac{1}{2} x^2 y + \frac{1}{3} y^3$$

为所求的 F 的一个势函数.

若向量场 F 的旋度为零,即 $\mathbf{rot}\, F \equiv \mathbf{0}$,则称向量场 F 为无旋场;若空间中对坐标的曲线积分 $\int_L F \cdot \mathrm{d}s$ 与路径无关,则称向量场 F 为保守场.

设 $F = Pi + Qj$ 是 xOy 平面上的向量场,本章第二节定理 1 可叙述如下:

定理 1　设 F 是 xOy 平面上单连通区域 D 上的向量场,L 是 D 内的任一分段光滑的有向闭曲线,则下列四个条件等价

(1) F 按 L 的方向沿 L 的环流量等于零,即 $\oint_L F \cdot \mathrm{d}s = 0$;

(2) F 是保守场;

(3) F 是有势场;

(4) F 是无旋场.

事实上,上述定理对空间向量场也成立,特别指出:

定理 2　设 G 是空间的单连通区域,数量值函数 P,Q,R 在 G 内有一阶连续的偏导数,且 $F(x,y,z) = Pi + Qj + Rk$,Γ 是 G 内任一分段光滑的有向曲线,则 $\int_\Gamma F \mathrm{d}s$ 与路径无关的充分必要条件是 $\mathbf{rot}\, F \equiv \mathbf{0}$.

习　题　10-5

1. 求下列向量场 F 的散度:

(1) $F = \sin^2(x+y)i + \cos^2(x+y)j + [\sin 2(x+y) + z^2]k$;

(2) $F = (x^2+y^2)i + (x+y)^2 j$;

(3) $F = xy^2 i + yz^2 j + x^2 z k$.

2. 求下列向量场的旋度:

(1) $F = xi + yj + zk$;

(2) $F = xi + xyj + xyzk$;

(3) $F = xy^2 i + yz^2 j + x^2 z k$.

3. 设数量值函数 $f(x,y,z)$ 有二阶连续的偏导数,求 $\mathrm{div}(\mathbf{grad}\, f)$ 和 $\mathbf{rot}\,(\mathbf{grad}\, f)$.

4. 设 a,b 是两个向量场,证明 $\mathbf{rot}(a+b) = \mathbf{rot}\, a + \mathbf{rot}\, b$.

第六节 综合例题与应用

例1 计算曲线积分

$$I = \int_L (e^x \sin y - my) dx + (e^x \cos y - m) dy,$$

其中 L 为圆 $(x-a)^2 + y^2 = a^2 (a>0)$ 的上半圆周,方向是 $A(2a,0)$ 到 $O(0,0)$.

解 L 不是闭曲线,如果将 L 与直线段 OA 合并就是一条闭曲线的正向(见图 10-12),从而可运用格林公式.

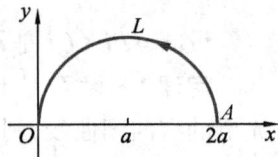

$$P = e^x \sin y - my, \quad Q = e^x \cos y - m,$$

$$\frac{\partial P}{\partial y} = e^x \cos y - m, \quad \frac{\partial Q}{\partial x} = \cos y e^x, \quad \frac{\partial Q}{\partial x} - \frac{\partial P}{\partial y} = m,$$

图 10-12

因而

$$\int_{L+\overline{OA}} (e^x \sin y - my) dx + (e^x \cos y - m) dy = \iint_D m dx dy = \frac{\pi}{2} ma^2.$$

而

$$\int_{\overline{OA}} (e^x \sin y - my) dx + (e^x \cos y - m) dy = 0,$$

故

$$I = \frac{\pi}{2} ma^2.$$

例2 在过点 $O(0,0)$ 和点 $A(\pi,0)$ 的曲线族 $y = a\sin x (a>0)$ 中,求一条曲线 L,使得 $I(a) = \int_L (1+y^3) dx + (2x+y) dy$ 取得最小值.

解 因为

$$I(a) = \int_0^\pi [1 + a^3 \sin^3 x + (2x + a\sin x) a\cos x] dx = \pi - 4a + \frac{4}{3} a^3,$$

所以 $I'(a) = 4(a^2-1)$. 由 $a>0$ 得唯一驻点 $a=1$. 又因为当 $0<a<1$ 时,$I'(a)<0$,当 $a>1$ 时,$I'(a)>0$. 所以当 $a=1$ 时,$I(a)$ 取得极小值,也是最小值.

例3 计算曲线积分 $\int_\Gamma y^2 dx + z^2 dy + x^2 dz$,其中 Γ 是上半球面 $z = \sqrt{a^2 - x^2 - y^2}$ 与右半圆柱面 $y = \sqrt{ax - x^2} (a>0, y>0)$ 的交线,从点 $A(0,0,a)$ 到点 $B(a,0,0)$ 的一段(见图 10-13).

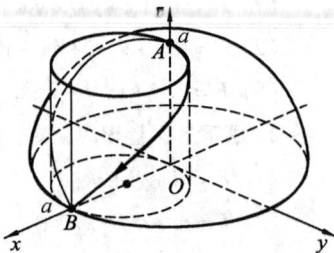

图 10-13

解　将柱面方程 $y = \sqrt{ax - x^2}$ 化为

$$\left(x - \frac{a}{2}\right)^2 + y^2 = \frac{a^2}{4}.$$

令 $y = \frac{a}{2}\sin t$，代入得

$$x = \frac{a}{2} + \frac{a}{2}\cos t,$$

再将它们代入球面方程，得

$$z = a\sin\frac{t}{2},$$

所以

$$\int_\Gamma y^2\,\mathrm{d}x + z^2\,\mathrm{d}y + x^2\,\mathrm{d}z = \frac{a^3}{8}\int_0^\pi\left[-\sin^3 t + 4\sin^2\frac{t}{2}\cos t + (1 + \cos t)^2\cos\frac{t}{2}\right]\mathrm{d}t$$

$$= \frac{a^3}{8}\left(\frac{44}{15} - \pi\right).$$

例4　设曲线积分 $I = \displaystyle\int_{(0,0)}^{(a,b)}\left[(x + 1)^n\sin x + \frac{n}{x + 1}f(x)\right]y\,\mathrm{d}x + f(x)\,\mathrm{d}y$ 与路径无关，求：

（1）函数 $f(x)$ 的表达式；　　　　　　（2）计算 I 的值.

解　由 $P = \left[(x + 1)^n\sin x + \dfrac{n}{x + 1}f(x)\right]y,\ Q = f(x)$ 得

$$\frac{\partial P}{\partial y} = (x + 1)^n\sin x + \frac{n}{x + 1}f(x),\ \frac{\partial Q}{\partial x} = f'(x).$$

由于该曲线积分与路径与无关，所以有

$$f'(x) = \frac{n}{x + 1}f(x) + (x + 1)^n\sin x.$$

这是关于 $f(x)$ 的一阶线性方程

$$f'(x) - \frac{n}{x + 1}f(x) = (x + 1)^n\sin x.$$

由通解公式得

$$f(x) = \left[\int(x + 1)^n\sin x \cdot \mathrm{e}^{-\int\frac{n}{x+1}\mathrm{d}x}\,\mathrm{d}x + C\right]\mathrm{e}^{\int\frac{n}{x+1}\mathrm{d}x}$$

$$= (C - \cos x)(x + 1)^n.$$

再由曲线积分与路径无关选择 $(0,0)\to(a,0)\to(a,b)$ 为积分路径，计算可得

$$I = 0 + \int_0^b f(a)\,\mathrm{d}y = f(a)b = (C - \cos a)(a + 1)^n b.$$

例5　设 C 为圆周 $(x - 1)^2 + (y - 1)^2 = 1$，取逆时针方向，又 $f(x)$ 为正值连续

函数,证明

$$\oint_C xf(y)\,dy - \frac{y}{f(x)}dx \geq 2\pi.$$

证　首先由格林公式得

$$I = \oint_C xf(y)\,dy - \frac{y}{f(x)}dx = \iint_D \left[f(y) + \frac{1}{f(x)} \right]dxdy.$$

由轮换对称性得

$$I = \iint_D \left[f(x) + \frac{1}{f(y)} \right]dxdy,$$

所以

$$2I = \iint_D \left[f(y) + \frac{1}{f(y)} + f(x) + \frac{1}{f(x)} \right]dxdy \geq 4\iint_D dxdy = 4\pi.$$

不等式得证.

例6　计算 $\oint_L \frac{\partial u}{\partial \boldsymbol{n}}ds$,其中 L 为光滑的平面曲线,$\boldsymbol{n}$ 是 L 的外法线方向,$u(x,y)$ 具有二阶连续的偏导数,且满足 $\frac{\partial^2 u}{\partial x^2} + \frac{\partial^2 u}{\partial y^2} = 0$.

解　任意取定 L 的方向. 设点 $P(x,y) \in L$,$\boldsymbol{n}$ 是 L 在 P 点处的单位外法向量(若 $\boldsymbol{n}$ 不是单位向量,只需将 $\boldsymbol{n}$ 单位化),$\boldsymbol{\tau}$ 是 L 在点 P 处的切向量(见图10-14),则有

$$\boldsymbol{n} = (\cos(\widehat{\boldsymbol{n},\boldsymbol{i}}),\cos(\widehat{\boldsymbol{n},\boldsymbol{j}})) = \{\cos(\widehat{\boldsymbol{\tau},\boldsymbol{j}}), -\cos(\widehat{\boldsymbol{\tau},\boldsymbol{i}})\},$$

由此得

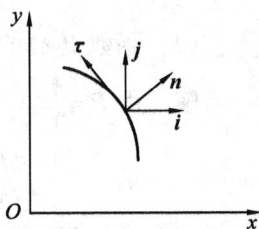

图 10-14

$$\frac{\partial u}{\partial \boldsymbol{n}}ds = \frac{\partial u}{\partial x}\cos(\widehat{\boldsymbol{n},\boldsymbol{i}})\,ds + \frac{\partial u}{\partial y}\cos(\widehat{\boldsymbol{n},\boldsymbol{j}})\,ds$$

$$= \frac{\partial u}{\partial x}\cos(\widehat{\boldsymbol{\tau},\boldsymbol{j}})\,ds - \frac{\partial u}{\partial y}\cos(\widehat{\boldsymbol{\tau},\boldsymbol{i}})\,ds$$

$$= \frac{\partial u}{\partial x}dy - \frac{\partial u}{\partial y}dx,$$

若记 L 所围成的区域为 D,则由格林公式得

$$\oint_L \frac{\partial u}{\partial \boldsymbol{n}}ds = \oint_L \frac{\partial u}{\partial x}dy - \frac{\partial u}{\partial y}dx = \pm \iint_D \left(\frac{\partial^2 u}{\partial x^2} + \frac{\partial^2 u}{\partial y^2} \right)dxdy = 0.$$

例7　计算曲面积分

$$I = \iint_\Sigma \frac{1}{b^2}xy^2\,dydz + \frac{1}{c^2}yz^2\,dzdx + \frac{1}{a^2}zx^2\,dxdy,$$

其中 Σ 是椭球面 $\frac{x^2}{a^2} + \frac{y^2}{b^2} + \frac{z^2}{c^2} = 1$ 的外侧.

证　由高斯公式得

$$I = \iiint_{\Omega}\left(\frac{x^2}{a^2} + \frac{y^2}{b^2} + \frac{z^2}{c^2}\right)\mathrm{d}v = \frac{1}{a^2}\iiint_{\Omega}x^2\mathrm{d}v + \frac{1}{b^2}\iiint_{\Omega}y^2\mathrm{d}v + \frac{1}{c^2}\iiint_{\Omega}z^2\mathrm{d}v.$$

又因为

$$\iiint_{\Omega}z^2\mathrm{d}v = 2\int_0^c z^2\mathrm{d}z\iint_{D_{xy}}\mathrm{d}x\mathrm{d}y = 2\pi ab\int_0^c z^2\left(1 - \frac{z^2}{c^2}\right)\mathrm{d}z = \frac{4}{15}\pi abc^3,$$

由轮换对称性,得

$$\iiint_{\Omega}x^2\mathrm{d}v = \frac{4}{15}\pi a^3bc, \quad \iiint_{\Omega}y^2\mathrm{d}v = \frac{4}{15}\pi ab^3c.$$

所以, $I = \frac{4}{5}\pi abc.$

例 8　设曲面 Σ 是锥面 $x = \sqrt{y^2 + z^2}$ 与两球面 $x^2 + y^2 + z^2 = 1$, $x^2 + y^2 + z^2 = 2$ 所围立体表面的外侧,计算曲面积分

$$\iint_{\Sigma}x^3\mathrm{d}y\mathrm{d}z + \left[y^3 + f(yz)\right]\mathrm{d}z\mathrm{d}x + \left[z^3 + f(yz)\right]\mathrm{d}x\mathrm{d}y,$$

其中 f 是连续可微的奇函数.

解　记 Σ 围成的区域为 Ω,由高斯公式得

$$I = \iiint_{\Omega}\left[3x^2 + 3y^2 + zf'(yz) + 3z^2 + yf'(yz)\right]\mathrm{d}v$$

$$= 3\iiint_{\Omega}(x^2 + y^2 + z^2)\mathrm{d}v + \iiint_{\Omega}\left[zf'(yz) + yf'(yz)\right]\mathrm{d}v,$$

其中,

$$3\iiint_{\Omega}(x^2 + y^2 + z^2)\mathrm{d}v = 3\int_0^{2\pi}\mathrm{d}\theta\int_0^{\frac{\pi}{4}}\sin\varphi\mathrm{d}\varphi\int_1^{\sqrt{2}}r^4\mathrm{d}r = 6\pi\left(\frac{9}{5\sqrt{2}} - 1\right).$$

因为 f 是奇函数,所以 f' 是偶函数,因而由对称性得

$$\iiint_{\Omega}\left[zf'(yz) + yf'(yz)\right]\mathrm{d}v = 0.$$

所以 $I = 6\pi\left(\frac{9}{5\sqrt{2}} - 1\right).$

例 9　设 Ω 由下半球面 $z = -\sqrt{a^2 - x^2 - y^2}$ 与平面 $z = 0$ 围成, Σ 是 Ω 的正向边界曲面,计算对坐标的曲面积分 $\iint_{\Sigma}\dfrac{ax\mathrm{d}y\mathrm{d}z + 2(x + a)y\mathrm{d}z\mathrm{d}x}{\sqrt{x^2 + y^2 + z^2 + 1}}.$

解　记

$$\Sigma_1: z = -\sqrt{a^2 - x^2 - y^2}\ (下侧),$$

$$\Sigma_2: z = 0\ (x^2 + y^2 \leqslant a^2)\ (上侧),$$

则

$$\iint\limits_{\Sigma_2} \frac{ax\mathrm{d}y\mathrm{d}z + 2(x+a)y\mathrm{d}z\mathrm{d}x}{\sqrt{x^2+y^2+z^2+1}} = 0,$$

所以

$$\iint\limits_{\Sigma} \frac{ax\mathrm{d}y\mathrm{d}z + 2(x+a)y\mathrm{d}z\mathrm{d}x}{\sqrt{x^2+y^2+z^2+1}} = \frac{1}{\sqrt{1+a^2}}\iint\limits_{\Sigma_1} ax\mathrm{d}y\mathrm{d}z + 2(x+a)y\mathrm{d}z\mathrm{d}x + 0$$

$$= \frac{1}{\sqrt{1+a^2}}\iint\limits_{\Sigma_2+\Sigma_1} ax\mathrm{d}y\mathrm{d}z + 2(x+a)y\mathrm{d}z\mathrm{d}x$$

$$= \frac{1}{\sqrt{1+a^2}}\iiint\limits_{\Omega}(3a+2x)\mathrm{d}v$$

$$= \frac{2\pi a^4}{\sqrt{1+a^2}}.$$

习 题 10-6

1. 计算对坐标的曲线积分 $\int_L (e^x\sin y - my)\mathrm{d}x + (e^x\cos y - m)\mathrm{d}y$,其中 L 为由点 $O(0,0)$ 到点 $A(2a,0)$ 的上半圆周 $x^2+y^2 \geqslant 2ax(a>0)$.

2. 设 $f(x)$ 在 $(-\infty,+\infty)$ 上连续,L 为从点 $A\left(3,\dfrac{2}{3}\right)$ 到点 $B(1,2)$ 的直线段,计算

$$I = \int_L \frac{1+y^2 f(xy)}{y}\mathrm{d}y + \frac{x}{y^2}(y^2 f(xy) - 1)\mathrm{d}y.$$

3. 计算 $\iint\limits_{\Sigma} \mathbf{rot}\,\boldsymbol{F}\cdot\mathrm{d}\boldsymbol{S}$,其中 $\boldsymbol{F} = (x-z, x^3+yz, -3xy^2)$,$\Sigma$ 是锥面 $z = 2 - \sqrt{x^2+y^2}$ 在 xOy 平面上方的部分,取上侧.

4. 若具有二阶连续偏导数的二元函数 $u = u(x,y)$ 满足 $\dfrac{\partial^2 u}{\partial x^2} + \dfrac{\partial^2 u}{\partial y^2} = 0$,则称 $u = u(x,y)$ 为调和函数. 证明 $u = u(x,y)$ 为调和函数的充要条件是对任意的无重点的闭曲线 C,有 $\oint_L \dfrac{\partial u}{\partial n}\mathrm{d}s = 0$,其中 $\boldsymbol{n}$ 是 C 的单位外法线方向.

5. 已知积分

$$\int_{(0,1)}^{(1,2)} y\varphi(y)\mathrm{d}x + \left(\frac{e^y}{y} - \varphi(y)\right)x\mathrm{d}y$$

与路径无关,其中 $\varphi(y)$ 是可微函数,且 $\varphi(1) = e$,求 $\varphi(y)$.

6. 在变力 $\boldsymbol{F} = yz\boldsymbol{i} + zx\boldsymbol{j} + xy\boldsymbol{k}$ 的作用下,质点由原点沿直线运动到椭球面 $\dfrac{x^2}{a^2} + \dfrac{y^2}{b^2} + \dfrac{z^2}{c^2} = 1$ 上第一卦限的点 $M(\xi,\eta,\zeta)$,问当 ξ,η,ζ 取何值时,力 $\boldsymbol{F}$ 所做的功 W 最大,并求 W 的最大值.

第十一章　无穷级数

无穷级数在表达函数、研究函数性质、计算函数值以及求解方程等方面都有着重要的应用. 本章首先介绍无穷级数的一些基本内容,然后再讨论常数项级数和函数项级数,并着重讨论如何将函数展开成幂级数和三角级数的问题.

第一节　数项级数

一、数项级数的概念

定义 1　设 $u_1, u_2, u_3, \cdots, u_n, \cdots$ 是一个给定的无穷数列,按照数列 $\{u_n\}$ 下标的大小依次相加,得

$$u_1 + u_2 + u_3 + \cdots + u_n + \cdots, \tag{1}$$

这个表达式称为常数项无穷级数,简称数项级数或级数,记作 $\displaystyle\sum_{n=1}^{\infty} u_n$,即

$$\sum_{n=1}^{\infty} u_n = u_1 + u_2 + u_3 + \cdots + u_n + \cdots.$$

式中的每一个数称为常数项级数的项,其中 u_n 称为级数(1)的一般项或通项.

如

$$\sum_{n=1}^{\infty} \frac{1}{10^n} = \frac{1}{10} + \frac{1}{10^2} + \frac{1}{10^3} + \cdots + \frac{1}{10^n} + \cdots,$$

$$\sum_{n=1}^{\infty} (-1)^n = -1 + 1 + (-1) + \cdots + (-1)^n + \cdots,$$

$$\sum_{n=1}^{\infty} \frac{1}{n(n+1)} = \frac{1}{1 \cdot 2} + \frac{1}{2 \cdot 3} + \frac{1}{3 \cdot 4} + \cdots + \frac{1}{n(n+1)} + \cdots$$

都是数项级数.

数项级数的定义只是形式上表达了无穷多个数的和. 由于任意有限个数的和是可以确定的,因此,可以通过考察无穷级数的前 n 项的和随着 n 的变化趋势认识该数项级数.

级数(1)的前 n 项的和

$$s_n = u_1 + u_2 + \cdots + u_n = \sum_{i=1}^{n} u_i \qquad (2)$$

称为级数(1)的前 n 项部分和. 当 n 依次取 $1,2,3,\cdots$ 时,则得到级数(1)的一个部分和数列

$$\{s_n\}: s_1 = u_1, s_2 = u_1 + u_2, \cdots, s_n = u_1 + u_2 + \cdots + u_n, \cdots.$$

根据数列 $\{s_n\}$ 是否存在极限,我们引进级数(1)的收敛与发散的概念.

定义2 如果级数 $\sum_{n=1}^{\infty} u_n$ 的部分和数列 $\{s_n\}$ 存在极限 s,即

$$\lim_{n \to \infty} s_n = s,$$

则称无穷级数 $\sum_{n=1}^{\infty} u_n$ 收敛,s 称为级数 $\sum_{n=1}^{\infty} u_n$ 的和,记作

$$s = \sum_{n=1}^{\infty} u_n = u_1 + u_2 + u_3 + \cdots + u_n + \cdots;$$

如果 $\{s_n\}$ 没有极限,即 $\lim_{n \to \infty} s_n$ 不存在,则称无穷级数 $\sum_{n=1}^{\infty} u_n$ 发散.

如果级数 $\sum_{n=1}^{\infty} u_n$ 收敛于 s,则部分和 $s_n \approx s$,它们之间的差

$$r_n = s - s_n = u_{n+1} + u_{n+2} + \cdots \qquad (3)$$

称为级数(1)的余项. 显然有 $\lim_{n \to \infty} r_n = 0$,而 $|r_n|$ 是用 s_n 近似代替 s 所产生的误差.

根据上述定义,级数 $\sum_{n=1}^{\infty} u_n$ 与数列 $\{s_n\}$ 收敛或发散的意义相同,在收敛时,有 $\sum_{n=1}^{\infty} u_n = \lim_{n \to \infty} s_n = s$. 而发散的级数没有"和"可言. 因此,对于一个级数来说,讨论其是否收敛是很重要的,这一过程也称为讨论级数的敛散性.

例1 讨论级数 $\sum_{n=1}^{\infty} \dfrac{1}{n(n+1)}$ 的敛散性.

解 由 $u_n = \dfrac{1}{n(n+1)} = \dfrac{1}{n} - \dfrac{1}{n+1}$,得

$$s_n = \frac{1}{1 \cdot 2} + \frac{1}{2 \cdot 3} + \cdots + \frac{1}{n(n+1)} = \left(1 - \frac{1}{2}\right) + \left(\frac{1}{2} - \frac{1}{3}\right) + \cdots + \left(\frac{1}{n} - \frac{1}{n+1}\right)$$

$$= 1 - \frac{1}{n+1},$$

所以

$$\lim_{n \to \infty} s_n = \lim_{n \to \infty} \left(1 - \frac{1}{n+1}\right) = 1,$$

故原级数收敛,且其和为 1.

例2　讨论级数 $\sum\limits_{n=1}^{\infty} \ln \dfrac{n+1}{n}$ 的敛散性.

解　由 $u_n = \ln \dfrac{n+1}{n} = \ln(n+1) - \ln n$,得

$$s_n = \ln \frac{2}{1} + \ln \frac{3}{2} + \cdots + \ln \frac{n+1}{n}$$

$$= (\ln 2 - \ln 1) + (\ln 3 - \ln 2) + \cdots + \left[\ln(n+1) - \ln n \right]$$

$$= \ln(n+1),$$

所以

$$\lim_{n \to \infty} s_n = \lim_{n \to \infty} \ln(n+1) = +\infty,$$

故原级数发散.

例3　讨论等比级数(又称几何级数)

$$\sum_{n=0}^{\infty} aq^n = a + aq + aq^2 + \cdots + aq^n + \cdots (a \neq 0)$$

的敛散性.

解　当 $|q| \neq 1$ 时,有

$$s_n = a + aq + aq^2 + \cdots + aq^{n-1} = \frac{a(1-q^n)}{1-q}.$$

如果 $|q| < 1$,有 $\lim\limits_{n \to \infty} q^n = 0$,则

$$\lim_{n \to \infty} s_n = \lim_{n \to \infty} \frac{a(1-q^n)}{1-q} = \frac{a}{1-q};$$

如果 $|q| > 1$,有 $\lim\limits_{n \to \infty} q^n = \infty$,则

$$\lim_{n \to \infty} s_n = \infty;$$

如果 $q = 1$,有 $s_n = na$,则

$$\lim_{n \to \infty} s_n = \infty;$$

如果 $q = -1$,则级数变为

$$s_n = a - a + a - a + \cdots + (-1)^{n-1} a = \begin{cases} 0, & \text{当 } n \text{ 为偶数}, \\ a, & \text{当 } n \text{ 为奇数}, \end{cases}$$

所以 $\lim\limits_{n \to \infty} s_n$ 不存在.

综上所述可得,当 $|q| < 1$ 时,等比级数收敛,且其和为 $\dfrac{a}{1-q}$;当 $|q| \geq 1$ 时,等比级数发散.

二、数项级数的性质

根据数项级数的定义、收敛和发散概念以及极限运算性质,可得到数项级数

的以下性质.

性质 1 级数 $\sum\limits_{n=1}^{\infty} u_n$ 与 $\sum\limits_{n=1}^{\infty} k u_n$($k$ 是不为零的常数)具有相同的敛散性. 特别地,若 $\sum\limits_{n=1}^{\infty} u_n = s$,则 $\sum\limits_{n=1}^{\infty} k u_n = ks$.

性质 2 若级数 $\sum\limits_{n=1}^{\infty} u_n = s$,$\sum\limits_{n=1}^{\infty} v_n = \sigma$,则 $\sum\limits_{n=1}^{\infty} (u_n \pm v_n) = s \pm \sigma$.

此性质说明,两个收敛的级数逐项相加(或相减)所成的新级数仍收敛,其和为原两个级数和的和(或差).

性质 3 在级数中去掉、加上或改变有限项,得到的新级数其敛散性不变,但对于收敛的级数,其和要改变.

性质 4 在一个收敛级数中,任意添加括号所得到的新级数仍收敛,且其和不变.

推论 若级数加括号后所成的新级数发散,则原级数也发散.

注 ① 由性质 2 可得,一个收敛级数与一个发散级数逐项相加(减)得到的新级数一定是发散级数;而两个发散级数逐项相加(减)得到的新级数,可能收敛也可能发散.

② 性质 4 的逆命题是不成立的,即一个级数加括号后所得到的新级数收敛而原级数未必收敛.

如例 3 中级数 $a - a + a - a + \cdots +$ 是发散的,其加括号后所得到的新级数

$$(a - a) + (a - a) + \cdots + = 0$$

是收敛的.

性质 5(级数收敛的必要条件) 若级数 $\sum\limits_{n=1}^{\infty} u_n$ 收敛,则 $\lim\limits_{n \to \infty} u_n = 0$.

由性质 5 知,若级数的一般项不趋于零,即 $\lim\limits_{n \to \infty} u_n \neq 0$,则级数 $\sum\limits_{n=1}^{\infty} u_n$ 发散. 这是判定级数发散的一种常用的方法.

应当指出,级数的一般项趋于零只是级数收敛的必要条件,并不是级数收敛的充分条件.

在下一节例 1,将说明级数 $\sum\limits_{n=1}^{\infty} \dfrac{1}{n}$ 是发散的,但其一般项满足 $\lim\limits_{n \to \infty} \dfrac{1}{n} = 0$.

例 4 判别级数 $\sum\limits_{n=1}^{\infty} \left[\dfrac{1}{2^n} + \dfrac{3}{n(n+1)} \right]$ 的敛散性. 若收敛,试求出其和.

解 由例 3 知,级数 $\sum\limits_{n=1}^{\infty} \dfrac{1}{2^n}$ 收敛,其和

$$s_1 = \frac{\frac{1}{2}}{1 - \frac{1}{2}} = 1.$$

由例 1 可知,级数 $\sum\limits_{n=1}^{\infty} \frac{1}{n(n+1)}$ 收敛,且其和为 1. 所以,由性质 1 可知,级数

$\sum\limits_{n=1}^{\infty} \frac{3}{n(n+1)} = 3$ 收敛,再由性质 2 知,级数

$$\sum_{n=1}^{\infty} \left[\frac{1}{2^n} + \frac{3}{n(n+1)} \right] = \sum_{n=1}^{\infty} \frac{1}{2^n} + \sum_{n=1}^{\infty} \frac{3}{n(n+1)} = 1 + 3 = 4$$

收敛.

例5 试证明下列级数是发散的:

(1) $\sum\limits_{n=1}^{\infty} \frac{n^3}{3n^3 + 2n^2}$;   (2) $\sum\limits_{n=1}^{\infty} \sin\frac{n\pi}{2}$.

解 (1) 因为

$$\lim_{n\to\infty} u_n = \lim_{n\to\infty} \frac{1}{3 + \frac{2}{n}} = \frac{1}{3} \neq 0,$$

所以由性质 5 知,级数 $\sum\limits_{n=1}^{\infty} \frac{n^3}{3n^3 + 2n^2}$ 发散.

(2) 因为

$$\lim_{n\to\infty} u_n = \lim_{n\to\infty} \sin\frac{n\pi}{2}$$

不存在,所以由性质 5 知,级数 $\sum\limits_{n=1}^{\infty} \sin\frac{n\pi}{2}$ 发散.

习 题 11-1

1. 填空题:

(1) 设 $\sum\limits_{n=1}^{\infty} u_n = S$,则 $\sum\limits_{n=1}^{\infty} (u_n + u_{n-1}) = $ _____.

(2) 若 $\lim\limits_{n\to\infty} a_n = a$,则级数 $\sum\limits_{n=1}^{\infty} (a_{n+1} - a_n)$ 的敛散性为_____,和为_____.

2. 写出下列级数的前五项:

(1) $\sum\limits_{n=1}^{\infty} \frac{1+n}{1+n^2}$;   (2) $\sum\limits_{n=1}^{\infty} \frac{1}{n\ln(n+1)}$;

(3) $\sum\limits_{n=1}^{\infty} \frac{n!}{n^n}$;   (4) $\sum\limits_{n=1}^{\infty} \frac{1\cdot 3\cdot\cdots\cdot(2n-1)}{2\cdot 4\cdot\cdots\cdot 2n}$.

3. 根据级数收敛与发散的定义判定下列级数的敛散性:

(1) $\displaystyle\sum_{n=1}^{\infty} \frac{1}{(2n-1)(2n+1)}$;

(2) $\displaystyle\sum_{n=1}^{\infty} \frac{1}{\sqrt{n}+\sqrt{n-1}}$.

4. 判别下列级数的敛散性:

(1) $\displaystyle\sum_{n=1}^{\infty} (\sqrt{n+1}-\sqrt{n})$;

(2) $\displaystyle\sum_{n=1}^{\infty} \left(\frac{\ln^n 2}{2^n}+\frac{2}{3^n}\right)$;

(3) $\displaystyle\sum_{n=1}^{\infty} \left(\frac{n+1}{n}\right)^n$;

(4) $\displaystyle\sum_{n=1}^{\infty} \frac{n}{2n+1}$;

(5) $\displaystyle\sum_{n=1}^{\infty} \frac{2+(-1)^n}{2^n}$;

(6) $\displaystyle\sum_{n=1}^{\infty} \frac{1}{n(n+3)}$.

第二节 数项级数的审敛法

一般情况下,利用定义判别级数的敛散性是很困难的. 因此,需要建立判别级数敛散比较方便的审敛法. 下面先讨论各项都是非负的数项级数的审敛法,在此基础上,讨论一般的数项级数的审敛法.

一、正项级数及其审敛法

定义1 若级数 $\displaystyle\sum_{n=1}^{\infty} u_n$ 满足 $u_n \geqslant 0 (n \in \mathbf{N}^+)$,则称级数 $\displaystyle\sum_{n=1}^{\infty} u_n$ 为正项级数.

易知正项级数 $\displaystyle\sum_{n=1}^{\infty} u_n$ 的部分和数列 $\{s_n\}$ 是单调增加数列,即

$$s_1 \leqslant s_2 \leqslant \cdots \leqslant s_n \leqslant \cdots,$$

根据数列的单调有界准则知,$\{s_n\}$ 收敛的充分必要条件是 $\{s_n\}$ 有界. 因此得到下述重要定理.

定理1 正项级数 $\displaystyle\sum_{n=1}^{\infty} u_n$ 收敛的充分必要条件是它的部分和数列 $\{s_n\}$ 有界.

利用上述定理,还可以推导出判别正项级数敛散性的其他一些判别法.

1. 比较审敛法

定理2 设有两个正项级数 $\displaystyle\sum_{n=1}^{\infty} u_n$ 和 $\displaystyle\sum_{n=1}^{\infty} v_n$,从某项起恒有 $u_n \leqslant v_n$. 若 $\displaystyle\sum_{n=1}^{\infty} v_n$ 收敛,则 $\displaystyle\sum_{n=1}^{\infty} u_n$ 也收敛;若 $\displaystyle\sum_{n=1}^{\infty} u_n$ 发散,则 $\displaystyle\sum_{n=1}^{\infty} v_n$ 也发散.

证 设 $\displaystyle\sum_{n=1}^{\infty} u_n$,$\displaystyle\sum_{n=1}^{\infty} v_n$ 的部分和分别为 A_n,B_n,不妨设两个级数从第一项起,恒有 $u_n \leqslant v_n$,则有

$$A_n = u_1 + u_2 + \cdots + u_n \leqslant v_1 + v_2 + \cdots + v_n = B_n.$$

(1) 若 $\sum\limits_{n=1}^{\infty} v_n$ 收敛,则其部分和数列 $\{B_n\}$ 有界,从而 $\sum\limits_{n=1}^{\infty} u_n$ 的部分和数列 $\{A_n\}$ 有界,故由定理 1 知 $\sum\limits_{n=1}^{\infty} u_n$ 收敛.

(2) 若 $\sum\limits_{n=1}^{\infty} u_n$ 发散,则 $\sum\limits_{n=1}^{\infty} v_n$ 发散.假如不然, $\sum\limits_{n=1}^{\infty} v_n$ 收敛,则由(1)知 $\sum\limits_{n=1}^{\infty} u_n$ 也收敛,与条件 $\sum\limits_{n=1}^{\infty} u_n$ 发散相矛盾,故 $\sum\limits_{n=1}^{\infty} v_n$ 发散.

例 1 判断调和级数 $\sum\limits_{n=1}^{\infty} \dfrac{1}{n}$ 的敛散性.

解 由第一节例 2 知级数 $\sum\limits_{n=1}^{\infty} \ln\left(1 + \dfrac{1}{n}\right)$ 发散. 而级数 $\sum\limits_{n=1}^{\infty} \dfrac{1}{n}$ 与 $\sum\limits_{n=1}^{\infty} \ln\left(1 + \dfrac{1}{n}\right)$ 都是正项级数,且有不等式

$$\ln(1 + x) < x \ (x > 0),$$

故

$$\ln\left(1 + \frac{1}{n}\right) < \frac{1}{n} \ (n \in \mathbf{N}^+),$$

所以由比较审敛法得级数 $\sum\limits_{n=1}^{\infty} \dfrac{1}{n}$ 发散.

例 2 讨论 p-级数 $\sum\limits_{n=1}^{\infty} \dfrac{1}{n^p}$ 的敛散性.

解 当 $p \leqslant 1$ 时, $\dfrac{1}{n} \leqslant \dfrac{1}{n^p}$,而调和级数 $\sum\limits_{n=1}^{\infty} \dfrac{1}{n}$ 是发散的,故由比较审敛法知,此时 p-级数是发散的.

当 $p > 1$ 时,由于

$$0 < \frac{1}{m^p} = \int_{m-1}^{m} \frac{1}{m^p} \mathrm{d}x < \int_{m-1}^{m} \frac{1}{x^p} \mathrm{d}x \ (m = 2, 3, \cdots),$$

故 p-级数的部分和

$$s_n = 1 + \sum_{m=2}^{n} \frac{1}{m^p} < 1 + \sum_{m=2}^{n} \int_{m-1}^{m} \frac{1}{x^p} \mathrm{d}x = 1 + \int_{1}^{n} \frac{1}{x^p} \mathrm{d}x$$

$$= 1 + \frac{1}{p-1} - \frac{n^{1-p}}{p-1} < 1 + \frac{1}{p-1} = \frac{p}{p-1}.$$

于是,由定理 2 可知,当 $p > 1$ 时, p-级数 $\sum\limits_{n=1}^{\infty} \dfrac{1}{n^p}$ 收敛.

综上所述, p-级数当 $p > 1$ 时收敛,当 $p \leqslant 1$ 时发散.

注 比较审敛法是判断正项级数敛散性的一个重要方法. 对于给定的正项级数,如果要用比较审敛法判别其敛散性,则首先要通过观察,找到另一个已知级数与其进行比较,再进行判断. 常见的已知级数的敛散性有等比级数和 p -级数. 因此,比较审敛法需要灵活应用,才能掌握.

例3 判别下列级数的敛散性:

(1) $\sum\limits_{n=1}^{\infty} \dfrac{1}{\sqrt{n(n+1)}}$;

(2) $\sum\limits_{n=1}^{\infty} \dfrac{2n+1}{(n+1)^2(n+2)^2}$;

(3) $\sum\limits_{n=1}^{\infty} \sin\dfrac{\pi}{2^n}$.

解 (1) 因为 $\dfrac{1}{\sqrt{n(n+1)}} > \dfrac{1}{n+1}$,而级数 $\sum\limits_{n=1}^{\infty} \dfrac{1}{n+1}$ 发散,所以,根据比较审敛法知,级数 $\sum\limits_{n=1}^{\infty} \dfrac{1}{\sqrt{n(n+1)}}$ 是发散的.

(2) 因为

$$\dfrac{2n+1}{(n+1)^2(n+2)^2} < \dfrac{2n+2}{(n+1)^2(n+2)^2} < \dfrac{2}{(n+1)^3} < \dfrac{2}{n^3},$$

而级数 $\sum\limits_{n=1}^{\infty} \dfrac{2}{n^3}$ 是收敛的,所以,由比较审敛法知,级数 $\sum\limits_{n=1}^{\infty} \dfrac{2n+1}{(n+1)^2(n+2)^2}$ 收敛.

(3) 因为 $\sin\dfrac{\pi}{2^n} \leqslant \dfrac{\pi}{2^n}$,而级数 $\sum\limits_{n=1}^{\infty} \dfrac{\pi}{2^n}$ 是收敛的,所以,由比较审敛法知,级数 $\sum\limits_{n=1}^{\infty} \sin\dfrac{\pi}{2^n}$ 收敛.

在一般情况下,比较审敛法的极限形式使用起来将更为方便.

推论 设正项级数 $\sum\limits_{n=1}^{\infty} u_n$ 和 $\sum\limits_{n=1}^{\infty} v_n(v_n \neq 0)$ 满足 $\lim\limits_{n\to\infty} \dfrac{u_n}{v_n} = l(0 \leqslant l < +\infty)$.

(1) 当 $0 < l < +\infty$ 时,这两个级数有相同的敛散性;

(2) 当 $l = 0$ 时,若级数 $\sum\limits_{n=1}^{\infty} v_n$ 收敛,则级数 $\sum\limits_{n=1}^{\infty} u_n$ 收敛;

(3) 当 $l = +\infty$ 时,若级数 $\sum\limits_{n=1}^{\infty} v_n$ 发散,则级数 $\sum\limits_{n=1}^{\infty} u_n$ 发散.

例4 判别下列级数的敛散性:

(1) $\sum\limits_{n=1}^{\infty} \ln\left(1+\dfrac{1}{n^2}\right)$;

(2) $\sum\limits_{n=1}^{\infty} \dfrac{1}{2^n-n}$;

(3) $\sum\limits_{n=1}^{\infty} \sqrt{n+1}\left(1-\cos\dfrac{\pi}{n}\right)$.

解　(1) 因为

$$\ln\left(1+\frac{1}{n^2}\right)\sim\frac{1}{n^2}\ (n\to\infty),$$

所以

$$\lim_{n\to\infty}\frac{\ln\left(1+\frac{1}{n^2}\right)}{\frac{1}{n^2}}=1,$$

而级数 $\sum\limits_{n=1}^{\infty}\frac{1}{n^2}$ 收敛,故由比较审敛法的极限形式知,级数 $\sum\limits_{n=1}^{\infty}\ln\left(1+\frac{1}{n^2}\right)$ 是收敛的.

(2) 因为

$$\lim_{n\to\infty}\frac{\frac{1}{2^n-n}}{\frac{1}{2^n}}=\lim_{n\to\infty}\frac{1}{\left(1-\frac{n}{2^n}\right)}=1,$$

而级数 $\sum\limits_{n=1}^{\infty}\frac{1}{2^n}$ 收敛,由比较审敛法的极限形式知,级数 $\sum\limits_{n=1}^{\infty}\frac{1}{2^n-n}$ 是收敛的.

(3) 因为

$$1-\cos\frac{\pi}{n}\sim\frac{1}{2}\left(\frac{\pi}{n}\right)^2(n\to\infty),$$

所以

$$\lim_{n\to\infty}\frac{\sqrt{n+1}\left(1-\cos\frac{\pi}{n}\right)}{\frac{1}{n^{\frac{3}{2}}}}=\frac{\pi^2}{2},$$

而级数 $\sum\limits_{n=1}^{\infty}\frac{1}{n^{\frac{3}{2}}}$ 收敛,故由比较审敛法的极限形式知,级数 $\sum\limits_{n=1}^{\infty}\sqrt{n+1}\left(1-\cos\frac{\pi}{n}\right)$ 是收敛的.

2. 比值审敛法(达朗贝尔(d'Alembert)审敛法)

下面介绍直接利用级数自身的通项判别其敛散性的重要方法.

定理3　设 $\sum\limits_{n=1}^{\infty}u_n$ 是正项级数,且 $\lim\limits_{n\to\infty}\frac{u_{n+1}}{u_n}=\rho$,则

(1) 当 $\rho<1$ 时,级数收敛;

(2) 当 $\rho>1$(或 $\rho=+\infty$)时,级数发散;

(3) 当 $\rho=1$ 时,级数可能收敛也可能发散.

证明从略.

例5　判别下列级数的敛散性:

(1) $\displaystyle\sum_{n=1}^{\infty} \frac{1}{(2n+1)3^{2n+1}}$;　　　　　(2) $\displaystyle\sum_{n=1}^{\infty} \frac{n!}{10^n}$;

(3) $\displaystyle\sum_{n=1}^{\infty} \frac{1+n}{1+n^2}$.

解 (1) 因为

$$\lim_{n\to\infty} \frac{u_{n+1}}{u_n} = \lim_{n\to\infty} \frac{\dfrac{1}{(2n+3)3^{2n+3}}}{\dfrac{1}{(2n+1)3^{2n+1}}} = \frac{1}{9} < 1,$$

所以由比值审敛法知,级数 $\displaystyle\sum_{n=1}^{\infty} \frac{1}{(2n+1)3^{2n+1}}$ 收敛.

(2) 因为

$$\lim_{n\to\infty} \frac{u_{n+1}}{u_n} = \lim_{n\to\infty} \frac{\dfrac{(n+1)!}{10^{n+1}}}{\dfrac{n!}{10^n}} = \lim_{n\to\infty} \frac{n+1}{10} = \infty,$$

所以由比值审敛法知,级数 $\displaystyle\sum_{n=1}^{\infty} \frac{n!}{10^n}$ 发散.

(3) 因为

$$\lim_{n\to\infty} \frac{u_{n+1}}{u_n} = \lim_{n\to\infty} \frac{\dfrac{n+2}{n^2+2n+2}}{\dfrac{n+1}{n^2+1}} = 1,$$

所以用比值审敛法不能判别该级数的敛散性,下面改用比较审敛法.

因为

$$\lim_{n\to\infty} \frac{\dfrac{n+1}{n^2+1}}{\dfrac{1}{n}} = 1,$$

而调和级数 $\displaystyle\sum_{n=1}^{\infty} \frac{1}{n}$ 发散,所以由比较审敛法的极限形式知,级数 $\displaystyle\sum_{n=1}^{\infty} \frac{1+n}{1+n^2}$ 发散.

二、交错级数及其审敛法

下面进一步讨论一般常数项级数的敛散性,其中典型的是一种特殊的级数——交错级数.

定义2 形如

$$u_1 - u_2 + u_3 - u_4 + \cdots + (-1)^{n-1}u_n + \cdots = \sum_{n=1}^{\infty} (-1)^{n-1}u_n$$

或

$$-u_1 + u_2 - u_3 + u_4 - \cdots + (-1)^n u_n + \cdots = \sum_{n=1}^{\infty} (-1)^n u_n \text{（其中 } u_n > 0, n \in \mathbf{N}^+\text{）}$$

的级数称为交错级数.

由于级数 $\sum_{n=1}^{\infty} (-1)^{n-1} u_n$ 与 $\sum_{n=1}^{\infty} (-1)^n u_n$ 的敛散性相同,因此下面只讨论

$\sum_{n=1}^{\infty} (-1)^{n-1} u_n$ 的情形.

定理4（莱布尼茨审敛法）　若交错级数 $\sum_{n=1}^{\infty} (-1)^{n-1} u_n$ 满足:

（1）数列 $\{u_n\}$ 单调减少,即 $u_n \geq u_{n+1}$（$n = 1, 2, \cdots$）,

（2）$\lim\limits_{n \to \infty} u_n = 0$,

则级数 $\sum_{n=1}^{\infty} (-1)^{n-1} u_n$ 收敛,并且它的和 $s \leq u_1$,余项 r_n 的绝对值 $|r_n| \leq u_{n+1}$.

证　由定理中的条件（1）可知,对任意的正整数 n,有

$$s_{2n} = u_1 - (u_2 - u_3) - \cdots - (u_{2n-2} - u_{2n-1}) - u_{2n} \leq u_1,$$

从而数列 $\{s_{2n}\}$ 有界;又

$$s_{2n} = (u_1 - u_2) + (u_3 - u_4) + \cdots + (u_{2n-1} - u_{2n}),$$

括号中每一项为正,因而数列 $\{s_{2n}\}$ 单调增加.故极限 $\lim\limits_{n \to \infty} s_{2n}$ 存在.

另一方面,由条件（2）可知 $\lim\limits_{n \to \infty} u_{2n+1} = 0$,从而

$$\lim_{n \to \infty} s_{2n+1} = \lim_{n \to \infty} (s_{2n} + u_{2n+1}) = \lim_{n \to \infty} s_{2n}.$$

由此可见,极限 $\lim\limits_{n \to \infty} s_n$ 存在,从而 $\sum_{n=1}^{\infty} (-1)^{n-1} u_n$ 收敛.且由 $s_{2n} \leq u_1$,可知

$$\sum_{n=1}^{\infty} (-1)^{n-1} u_n = s = \lim_{n \to \infty} s_{2n} \leq u_1.$$

不难看出余项 r_n 可写成

$$r_n = \pm (u_{n+1} - u_{n+2} + \cdots).$$

所以

$$|r_n| = u_{n+1} - u_{n+2} + \cdots.$$

此式右端是一个交错级数且满足交错级数收敛的两个条件,其和小于该级数的首项 u_{n+1},即 $|r_n| \leq u_{n+1}$.

例6　判别下列级数的敛散性:

（1）$\sum_{n=1}^{\infty} (-1)^n \dfrac{1}{\ln n}$;　　　　　　（2）$\sum_{n=1}^{\infty} (-1)^n \dfrac{\ln n}{n}$.

解　（1）因为

$$u_n = \frac{1}{\ln n} \geqslant \frac{1}{\ln(n+1)} = u_{n+1} \quad (n = 2,3\cdots),$$

又 $\lim\limits_{n\to\infty} u_n = \lim\limits_{n\to\infty} \frac{1}{\ln n} = 0$,所以由莱布尼茨审敛法知,级数 $\sum\limits_{n=1}^{\infty} (-1)^n \frac{1}{\ln n}$ 收敛.

（2）由于

$$u_n = \frac{\ln n}{n} > 0 \quad (n > 1),$$

所以级数 $\sum\limits_{n=1}^{\infty} (-1)^n \frac{\ln n}{n}$ 是交错级数. 由于 u_n 的单调性不易直接判断,我们可借助于函数的单调性来判断.

令 $f(x) = \frac{\ln x}{x}(x \geqslant 3)$,则

$$f'(x) = \frac{1 - \ln x}{x^2} < 0 \quad (x \geqslant 3),$$

即 $x \geqslant 3$ 时,$\frac{\ln x}{x}$ 是单减的,因此 $n \geqslant 3$ 时,$\left\{\frac{\ln n}{n}\right\}$ 是递减数列. 又

$$\lim_{n\to\infty} \frac{\ln n}{n} = \lim_{x\to+\infty} \frac{\ln x}{x},$$

这里的极限可利用洛必达法则得到

$$\lim_{x\to\infty} \frac{\ln x}{x} = \lim_{x\to+\infty} \frac{1}{x} = 0,$$

所以,

$$\lim_{n\to\infty} \frac{\ln n}{n} = 0.$$

故由莱布尼茨审敛法知,级数 $\sum\limits_{n=1}^{\infty} (-1)^n \frac{\ln n}{n}$ 收敛.

三、绝对收敛与条件收敛

定义3 设有级数

$$\sum_{n=1}^{\infty} u_n = u_1 + u_2 + u_3 + \cdots + u_n + \cdots,$$

其中 $u_n(n \in \mathbf{N}^+)$ 为任意实数,这样的级数称为任意项级数.

对于这个级数,可以构造一个正项级数

$$\sum_{n=1}^{\infty} |u_n| = |u_1| + |u_2| + |u_3| + \cdots + |u_n| + \cdots,$$

这个级数称为级数 $\sum\limits_{n=1}^{\infty} u_n$ 的绝对值级数.

上述两个级数的敛散性有一定的联系.

定理 5 如果级数 $\sum\limits_{n=1}^{\infty} |u_n|$ 收敛,则级数 $\sum\limits_{n=1}^{\infty} u_n$ 收敛.

证 由于

$$0 \leqslant u_n + |u_n| \leqslant 2|u_n|,$$

且级数 $\sum\limits_{n=1}^{\infty} 2|u_n|$ 收敛,故由比较审敛法知,级数 $\sum\limits_{n=1}^{\infty} (u_n + |u_n|)$ 收敛,又

$$\sum_{n=1}^{\infty} u_n = \sum_{n=1}^{\infty} \left[(u_n + |u_n|) - |u_n| \right],$$

所以级数 $\sum\limits_{n=1}^{\infty} u_n$ 收敛.

根据这个定理,我们可以将许多任意项级数的敛散性判别问题转化为正项级数的敛散性判别问题. 即当一个任意项级数所对应的绝对值级数收敛时,这个任意项级数必收敛. 对于级数的这种敛散性,我们给出以下定义.

定义 4 设 $\sum\limits_{n=1}^{\infty} u_n$ 为任意项级数,则

(1) 当 $\sum\limits_{n=1}^{\infty} |u_n|$ 收敛时,称 $\sum\limits_{n=1}^{\infty} u_n$ 绝对收敛;

(2) 当 $\sum\limits_{n=1}^{\infty} |u_n|$ 发散,但 $\sum\limits_{n=1}^{\infty} u_n$ 收敛时,称 $\sum\limits_{n=1}^{\infty} u_n$ 条件收敛.

根据上述定义,对于任意项级数,可以判别它是绝对收敛、条件收敛,还是发散的. 而判别任意项级数的绝对收敛时,可以借助正项级数的判别法讨论.

例 7 判别下列级数的敛散性. 如果收敛,指出是绝对收敛还是条件收敛.

(1) $\sum\limits_{n=1}^{\infty} (-1)^n \dfrac{1}{n^p}$; (2) $\sum\limits_{n=1}^{\infty} (-1)^{n-1} \dfrac{n^3}{2^n}$.

解 (1) 由

$$\sum_{n=1}^{\infty} \left| (-1)^n \frac{1}{n^p} \right| = \sum_{n=1}^{\infty} \frac{1}{n^p},$$

易见当 $p > 1$ 时,级数 $\sum\limits_{n=1}^{\infty} (-1)^n \dfrac{1}{n^p}$ 绝对收敛.

当 $0 < p \leqslant 1$ 时,

$$\sum_{n=1}^{\infty} \left| (-1)^n \frac{1}{n^p} \right| = \sum_{n=1}^{\infty} \frac{1}{n^p}$$

发散,而由莱布尼茨审敛法知,$\sum\limits_{n=1}^{\infty} (-1)^n \dfrac{1}{n^p}$ 收敛,从而级数 $\sum\limits_{n=1}^{\infty} (-1)^n \dfrac{1}{n^p}$ 条件收敛.

当 $p \leqslant 0$ 时,因为

$$\lim_{n \to \infty} (-1)^n \frac{1}{n^p} \neq 0,$$

所以级数 $\sum_{n=1}^{\infty} (-1)^n \frac{1}{n^p}$ 发散.

（2）因为

$$\sum_{n=1}^{\infty} \left| (-1)^{n-1} \frac{n^3}{2^n} \right| = \sum_{n=1}^{\infty} \frac{n^3}{2^n},$$

而

$$\lim_{n \to \infty} \frac{\dfrac{(n+1)^3}{2^{n+1}}}{\dfrac{n^3}{2^n}} = \lim_{n \to \infty} \frac{1}{2} \left(\frac{n+1}{n} \right)^3 = \frac{1}{2} < 1,$$

所以级数 $\sum_{n=1}^{\infty} (-1)^{n-1} \frac{n^3}{2^n}$ 绝对收敛.

习　题　11-2

1. 填空题：

（1）级数 $\sum_{n=1}^{\infty} \left(\frac{1}{n^2} + \frac{1}{n} \right)$ 的敛散性为_____.

（2）级数 $\sum_{n=1}^{\infty} \left(\frac{1}{n^{\frac{3}{2}}} - \frac{3}{2^n} \right)$ 的敛散性为_____.

（3）已知级数 $\sum_{n=1}^{\infty} (-1)^n \frac{1}{n^{p-3}}$，当_____时，级数绝对收敛；当_____时，级数条件收敛；当_____时，级数发散.

（4）设常数 $k \neq 0$，则级数 $\sum_{n=1}^{\infty} (-1)^{n-1} \frac{k}{n^2}$ 的敛散性为_____.

（5）设 $\lim_{n \to \infty} \frac{|a_{n+1}|}{|a_n|} = 2$，则 $\sum a_n x^{2n+1}$ 的收敛半径为_____.

（6）已知 $\lim_{n \to \infty} \sqrt[n]{a_n} = 4$，则幂级数 $\sum_{n=1}^{\infty} a_n x^{2n}$ 的收敛半径为_____.

2. 选择题：

（1）设 $0 \leqslant a_n < \frac{1}{n}$（$n = 1, 2, 3, \cdots$），则下列级数中肯定收敛的是（　　）.

A. $\sum_{n=1}^{\infty} a_n$　　　　B. $\sum_{n=1}^{\infty} (-1)^n a_n$　　　　C. $\sum_{n=1}^{\infty} \sqrt{a_n}$　　　　D. $\sum_{n=1}^{\infty} (-1)^n a_n^2$

（2）下列级数中，收敛的是（　　）.

A. $\sum_{n=1}^{\infty} \dfrac{1}{n}$　　B. $\sum_{n=1}^{\infty} \dfrac{1}{n\sqrt{n}}$　　C. $\sum_{n=1}^{\infty} \dfrac{1}{\sqrt[3]{n^2}}$　　D. $\sum_{n=1}^{\infty} (-1)^n$

(3) 下列级数中,收敛的是(　　).

A. $\sum_{n=1}^{\infty} \dfrac{(n!)^2}{2^{n^2}}$　　B. $\sum_{n=1}^{\infty} \dfrac{3^n n!}{n^n}$　　C. $\sum_{n=1}^{\infty} \dfrac{1}{n^2} \sin \dfrac{\pi}{n}$　　D. $\sum_{n=1}^{\infty} \dfrac{n+1}{n(n+2)}$

(4) 设 a 为非零常数,则当(　　)时,级数 $\sum_{n=1}^{\infty} \dfrac{a}{r^n}$ 收敛.

A. $r < 1$　　B. $|r| \leqslant 1$　　C. $|r| < |a|$　　D. $|r| > 1$

(5) 当 $k > 0$ 时,级数 $\sum_{n=1}^{\infty} (-1)^n \dfrac{k+n}{n^2}$ (　　).

A. 条件收敛　　　　　　　　　　B. 绝对收敛

C. 发散　　　　　　　　　　　　D. 敛散性与 k 值有关

3. 用比较审敛法或其极限形式判别下列级数的敛散性:

(1) $\sum_{n=1}^{\infty} \dfrac{1+n}{1+n^2}$;

(2) $\sum_{n=1}^{\infty} \dfrac{1}{n\sqrt{n+1}}$;

(3) $\sum_{n=1}^{\infty} \sin \dfrac{\pi}{3^n}$;

(4) $\sum_{n=1}^{\infty} \dfrac{n+1}{n(n^2+2)}$;

(5) $\sum_{n=1}^{\infty} \dfrac{1}{n \cdot 5^{n-1}}$;

(6) $\sum_{n=1}^{\infty} \dfrac{1}{1+a^n}$ $(a > 0)$.

4. 用比值审敛法判别下列级数的敛散性:

(1) $\sum_{n=1}^{\infty} \dfrac{3^n}{n \cdot 2^n}$;

(2) $\sum_{n=1}^{\infty} \dfrac{n!}{2^n}$;

(3) $\sum_{n=1}^{\infty} \dfrac{a^n}{n^k}$ $(a > 0)$;

(4) $\sum_{n=1}^{\infty} \dfrac{n^3}{(2n)!}$;

(5) $\sum_{n=1}^{\infty} \dfrac{2^n}{n^{20}}$;

(6) $\sum_{n=1}^{\infty} n\left(\dfrac{3}{5}\right)^n$.

5. 判别下列级数的敛散性. 如果收敛,指出是绝对收敛,还是条件收敛:

(1) $\sum_{n=1}^{\infty} (-1)^n \dfrac{1}{2^{n-1}}$;

(2) $\sum_{n=1}^{\infty} (-1)^{n-1} \dfrac{n}{10n+1}$;

(3) $\sum_{n=1}^{\infty} (-1)^{n-1} \dfrac{1}{n(1+\sqrt{n})}$;

(4) $\sum_{n=1}^{\infty} (-1)^n \ln\left(1+\dfrac{1}{n}\right)$;

(5) $\sum_{n=1}^{\infty} \dfrac{\cos n\pi}{n}$;

(6) $\sum_{n=1}^{\infty} \dfrac{\sin \dfrac{n\pi}{2}}{n^2}$;

(7) $\sum_{n=1}^{\infty} (-1)^n \dfrac{n}{2^n}$;

(8) $\sum_{n=2}^{\infty} (-1)^n \dfrac{2n}{n^2-1}$;

(9) $\sum_{n=2}^{\infty} (-1)^{n-1} \dfrac{\ln n}{n}$.

第三节 幂 级 数

一、函数项级数的概念

定义 1 设 $\{u_n(x)\}$ 是定义在数集 I 上的函数列,表达式

$$u_1(x) + u_2(x) + \cdots + u_n(x) + \cdots = \sum_{n=1}^{\infty} u_n(x) \qquad (1)$$

称为函数项级数,I 称为它的定义域.

例如,

$$1 + x + x^2 + x^3 + \cdots + x^{n-1} + \cdots = \sum_{n=1}^{\infty} x^{n-1},$$

$$\sin x + \frac{1}{3}\sin 3x + \frac{1}{5}\sin 5x + \cdots + \frac{1}{2n-1}\sin(2n-1)x + \cdots = \sum_{n=1}^{\infty} \frac{1}{2n-1}\sin(2n-1)x$$

等都是定义在 $(-\infty, +\infty)$ 上的函数项级数.

对 $x_0 \in I$,代入级数(1)中,则得到一个数项级数

$$u_1(x_0) + u_2(x_0) + \cdots + u_n(x_0) + \cdots = \sum_{n=1}^{\infty} u_n(x_0). \qquad (2)$$

若级数(2)收敛,则点 x_0 称为函数项级数(1)的收敛点;若级数(2)发散,则点 x_0 称为函数项级数(1)的发散点. 函数项级数(1)的所有收敛点组成的集合称为级数(1)的收敛域;所有发散点的集合,称为级数(1)的发散域.

设函数项级数(1)的收敛域为 D,对 D 内的每一点 x,级数(1)的部分和为 $s_n(x)$,若 $\lim_{n \to \infty} s_n(x)$ 存在,记 $\lim_{n \to \infty} s_n(x) = s(x)$,它是 x 的函数,称为函数项级数(1)的和函数,称

$$r_n(x) = s(x) - s_n(x) = u_{n+1}(x) + u_{n+2}(x) + \cdots$$

为函数项级数(1)的余项. 对于收敛域上的每一点 x,有 $\lim_{n \to \infty} r_n(x) = 0$.

如函数项级数

$$1 + x + x^2 + x^3 + \cdots + x^{n-1} + \cdots = \sum_{n=1}^{\infty} x^{n-1}$$

是公比为 x 的等比级数,当 $|x| < 1$ 时该级数收敛,所以它的收敛域为 $(-1,1)$,且该级数的和函数 $s(x) = \dfrac{1}{1-x}$;它的发散域为 $(-\infty, -1] \cup [1, +\infty)$.

二、幂级数及其收敛性

在函数项级数中,最常用的是以正整数指数的幂函数为通项的幂级数和以正弦、余弦函数为通项的三角级数,下面先讨论幂级数.

定义2 形如

$$a_0 + a_1(x - x_0) + a_2(x - x_0)^2 + \cdots + a_n(x - x_0)^n + \cdots = \sum_{n=0}^{\infty} a_n(x - x_0)^n \quad (3)$$

的函数项级数,称为 $(x - x_0)$ 的幂级数,其中 $a_0, a_1, \cdots, a_n, \cdots$ 称为幂级数的系数.

当 $x_0 = 0$ 时,式(3)变为

$$a_0 + a_1 x + a_2 x^2 + \cdots + a_n x^n + \cdots = \sum_{n=0}^{\infty} a_n x^n, \quad (4)$$

该级数称为 x 的幂级数.

如果作变换 $t = x - x_0$,则级数(3)变为级数(4)的形式,因此下面主要讨论式(4)的幂级数.

对每个幂级数(4),都在 $x = 0$ 处绝对收敛,因此,其收敛域是非空的. 前面已看到幂级数 $\sum_{n=1}^{\infty} x^{n-1}$ 的收敛域为 $(-1, 1)$,即其收敛域是一个以原点为中心的区间. 事实上,在不考虑区间端点的情形下,该结论对于一般 x 的幂级数都是成立的.

定理1(阿贝尔(Abel)定理) 如果级数 $\sum_{n=0}^{\infty} a_n x_0^n (x_0 \neq 0)$ 收敛,则对于满足不等式 $|x| < |x_0|$ 的一切 x,幂级数(4)绝对收敛;反之,如果级数 $\sum_{n=0}^{\infty} a_n x_0^n (x_0 \neq 0)$ 发散,则对于满足不等式 $|x| > |x_0|$ 的一切 x,幂级数(4)发散.

证 由于级数 $\sum_{n=0}^{\infty} a_n x_0^n (x_0 \neq 0)$ 收敛,根据级数收敛的必要条件,可得

$$\lim_{n \to \infty} a_n x_0^n = 0,$$

于是存在一个常数 M,使得

$$|a_n x_0^n| \leqslant M \ (n = 0, 1, 2, \cdots).$$

这样,幂级数(4)的一般项的绝对值

$$|a_n x^n| = \left| a_n x_0^n \cdot \frac{x^n}{x_0^n} \right| = |a_n x_0^n| \cdot \left| \frac{x}{x_0} \right|^n \leqslant M \left| \frac{x}{x_0} \right|^n.$$

因为当 $|x| < |x_0|$ 时,等比级数 $\sum_{n=0}^{\infty} M \left| \frac{x}{x_0} \right|^n$ 收敛$\left(公比 \left| \frac{x}{x_0} \right| < 1\right)$,所以级数 $\sum_{n=0}^{\infty} |a_n x^n|$ 收敛,也就是幂级数(4)绝对收敛.

定理的第二部分可用反证法证明. 倘若级数 $\sum_{n=0}^{\infty} a_n x_0^n (x_0 \neq 0)$ 发散,而有一点 x_1,适合 $|x_1| > |x_0|$ 并在 $x = x_1$ 使幂级数(4)收敛,则根据本定理的第一部分级数在 $x = x_0$ 时应收敛,这与所设矛盾,定理得证.

定理1的结论表明,如果幂级数在 $x = x_0 \neq 0$ 处收敛,则可断定对于开区间

$(-|x_0|, |x_0|)$内的任何x,幂级数必收敛;若已知幂级数在点$x=x_1$处发散,则可断定对闭区间$[-|x_1|, |x_1|]$外的任何x,幂级数必发散. 这样,如果幂级数在数轴上既有收敛点(不仅是原点)也有发散点,则从数轴的原点沿正向出发,最初只遇到收敛点,越过一个分界点P后,就只遇到发散点. 从原点沿负向出发的情形也是如此. 这两个分界点P,P'可能是收敛点,也可能是发散点. 两个边界点P与P'关于原点对称,如图11-1所示.

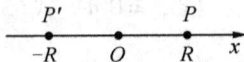

根据上述分析,可得到以下重要结论:

推论 如果幂级数(4)不是仅在$x=0$一点收敛,也不是在整个数轴上都收敛,则必存在一个完全确定的正数R,使得

(1)当$|x|<R$时,幂级数绝对收敛;

(2)当$|x|>R$时,幂级数发散;

(3)当$x=R$与$x=-R$时,幂级数可能收敛也可能发散.

上述推论中的正数R称为幂级数的收敛半径,$(-R,R)$称为幂级数的收敛区间. 若幂级数的收敛域为D,则$(-R,R) \subseteq D \subseteq [-R,R]$. 所以幂级数的收敛域$D$是收敛区间$(-R,R)$与收敛端点的并集.

特别地,如果幂级数只在$x=0$处收敛,则规定其收敛半径$R=0$,收敛域是只有一个点$x=0$的单元素集合$D=\{0\}$;如果幂级数对一切x都收敛,则规定收敛半径$R=+\infty$,此时收敛域为$D=(-\infty, +\infty)$.

关于幂级数收敛半径的求法,有如下定理.

定理2 设幂级数$\sum\limits_{n=0}^{\infty} a_n x^n$的所有系数$a_n \neq 0$,如果$\lim\limits_{n \to \infty} \left| \dfrac{a_{n+1}}{a_n} \right| = \rho$,则

(1)当$\rho \neq 0$时,此幂级数的收敛半径$R = \dfrac{1}{\rho}$;

(2)当$\rho = 0$时,此幂级数的收敛半径$R = +\infty$;

(3)当$\rho = +\infty$时,此幂级数的收敛半径$R = 0$.

证 考虑幂级数(4)的各项取绝对值所成的级数

$$|a_0| + |a_1 x| + \cdots + |a_n x^n| + \cdots. \tag{5}$$

该级数相邻两项之比为

$$\frac{|a_{n+1} x^{n+1}|}{|a_n x^n|} = \left| \frac{a_{n+1}}{a_n} \right| |x|.$$

(1)如果$\lim\limits_{n \to \infty} \left| \dfrac{a_{n+1}}{a_n} \right| = \rho (\rho \neq 0)$存在,根据比值审敛法,则当$\rho|x|<1$即$|x|<\dfrac{1}{\rho}$时级数(5)收敛,从而级数(4)绝对收敛;当$\rho|x|>1$即$|x|>\dfrac{1}{\rho}$时级数(5)发散并且从某一个$n$开始$|a_{n+1} x^{n+1}| > |a_n x^n|$,因此,一般项$|a_n x^n|$不趋于零,所以$a_n x^n$

也不趋于零,从而级数(4)发散,于是,收敛半径 $R = \dfrac{1}{\rho}$.

(2) 如果 $\rho = 0$,则对任何 $x \neq 0$,有 $\dfrac{|a_{n+1}x^{n+1}|}{|a_n x^n|} \rightarrow 0(n \rightarrow \infty)$,所以级数(5)收敛,从而级数(4)绝对收敛,于是 $R = +\infty$.

(3) 如果 $\rho = +\infty$,则对除 $x = 0$ 外的其他一切 x 值,级数(4)必发散,否则由定理 1 知将存在点 $x \neq 0$ 使级数(5)收敛。于是 $R = 0$.

例1 求下列幂级数的收敛域:

(1) $\displaystyle\sum_{n=1}^{\infty} \dfrac{x^n}{n \cdot 5^n}$;

(2) $\displaystyle\sum_{n=0}^{\infty} (-1)^n \dfrac{x^n}{n!}$;

(3) $\displaystyle\sum_{n=0}^{\infty} (-nx)^n$.

解 (1) 因为

$$\rho = \lim_{n \to \infty} \left| \dfrac{a_{n+1}}{a_n} \right| = \lim_{n \to \infty} \dfrac{\dfrac{1}{(n+1) \cdot 5^{n+1}}}{\dfrac{1}{n \cdot 5^n}} = \dfrac{1}{5} \lim_{n \to \infty} \dfrac{n}{n+1} = \dfrac{1}{5},$$

所以,收敛半径 $R = 5$.

当 $x = 5$ 时,所给级数为 $\displaystyle\sum_{n=0}^{\infty} \dfrac{1}{n}$,该级数发散;当 $x = -5$ 时,所给级数为 $\displaystyle\sum_{n=0}^{\infty} (-1)^n \dfrac{1}{n}$,该级数收敛. 因而所给幂级数的收敛域为 $[-5, 5)$.

(2) 因为

$$\rho = \lim_{n \to \infty} \left| \dfrac{a_{n+1}}{a_n} \right| = \lim_{n \to \infty} \dfrac{\dfrac{1}{(n+1)!}}{\dfrac{1}{n!}} = \lim_{n \to \infty} \dfrac{1}{n+1} = 0,$$

所以,收敛半径 $R = +\infty$,所求收敛域为 $(-\infty, +\infty)$.

(3) 因为

$$\rho = \lim_{n \to \infty} \left| \dfrac{a_{n+1}}{a_n} \right| = \lim_{n \to \infty} \dfrac{(n+1)^{n+1}}{n^n} = \lim_{n \to \infty} \left(1 + \dfrac{1}{n}\right)^n \cdot (n+1) = +\infty,$$

所以,收敛半径为 $R = 0$,即该级数只在 $x = 0$ 处收敛,收敛域为 $\{0\}$.

例2 求幂级数 $\displaystyle\sum_{n=1}^{\infty} (-1)^n \dfrac{2^n}{\sqrt{n}} \left(x - \dfrac{1}{2}\right)^n$ 的收敛域.

解 令 $t = x - \dfrac{1}{2}$,则该级数化为 $\displaystyle\sum_{n=1}^{\infty} (-1)^n \dfrac{2^n}{\sqrt{n}} t^n$.

因为

$$\rho = \lim_{n \to \infty} \left| \frac{a_{n+1}}{a_n} \right| = \lim_{n \to \infty} \frac{\dfrac{2^{n+1}}{\sqrt{n+1}}}{\dfrac{2^n}{\sqrt{n}}} = 2 \lim_{n \to \infty} \sqrt{\frac{n}{n+1}} = 2,$$

所以,收敛半径为 $R = \dfrac{1}{2}$.

当 $t = -\dfrac{1}{2}$ 时,$x = 0$,级数成为 $\displaystyle\sum_{n=1}^{\infty} \frac{1}{\sqrt{n}}$,该级数发散;当 $t = \dfrac{1}{2}$ 时,$x = 1$,级数成

为 $\displaystyle\sum_{n=1}^{\infty} \frac{(-1)^n}{\sqrt{n}}$,该级数收敛. 因而原级数的收敛域为 $(0,1]$.

在定理 2 中,假设幂级数 $\displaystyle\sum_{n=0}^{\infty} a_n x^n$ 的所有系数 $a_n \neq 0$,这样幂级数的各项是依幂次 n 连续的,是不缺项的. 如果幂级数有缺项,如缺少奇次幂或偶次幂的项等,则应直接利用比值判别法判断幂级数的敛散性.

例3 求幂级数 $\displaystyle\sum_{n=1}^{\infty} \frac{x^{2n-1}}{2^n}$ 的收敛域.

解 所给级数缺少偶数次幂,此时不能用定理 2 中的方法求收敛半径,但可以直接利用比值判别法求得.

由于

$$\lim_{n \to \infty} \left| \frac{u_{n+1}(x)}{u_n(x)} \right| = \lim_{n \to \infty} \frac{\dfrac{|x|^{2n+1}}{2^{n+1}}}{\dfrac{|x|^{2n-1}}{2^n}} = \frac{1}{2} x^2,$$

所以,

当 $\dfrac{1}{2} x^2 < 1$,即 $|x| < \sqrt{2}$ 时,级数收敛;

当 $\dfrac{1}{2} x^2 > 1$,即 $|x| > \sqrt{2}$ 时,级数发散,收敛半径 $R = \sqrt{2}$;

当 $x = \sqrt{2}$ 时,级数成为 $\displaystyle\sum_{n=1}^{\infty} \frac{1}{\sqrt{2}}$,该级数发散;

当 $x = -\sqrt{2}$ 时,级数成为 $\displaystyle\sum_{n=1}^{\infty} \frac{-1}{\sqrt{2}}$,该级数发散.

故所求收敛域为 $(-\sqrt{2}, \sqrt{2})$.

三、级数的运算与性质

1. 幂级数的加减法

设

$$\sum_{n=0}^{\infty} a_n x^n = s_1(x) \quad (-R_1 < x < R_1),$$

$$\sum_{n=0}^{\infty} b_n x^n = s_2(x) \quad (-R_2 < x < R_2),$$

则在幂级数 $\sum\limits_{n=0}^{\infty} a_n x^n$ 和 $\sum\limits_{n=0}^{\infty} b_n x^n$ 的公共收敛域内有

$$\left(\sum_{n=0}^{\infty} a_n x^n\right) \pm \left(\sum_{n=0}^{\infty} b_n x^n\right) = \sum_{n=0}^{\infty} (a_n \pm b_n) x^n,$$

且 $\sum\limits_{n=0}^{\infty} (a_n \pm b_n) x^n$ 的和函数为 $s(x) = s_1(x) \pm s_2(x)$.

2. 幂级数的和函数的性质

（1）连续性. 幂级数 $\sum\limits_{n=0}^{\infty} a_n x^n$ 的和函数 $s(x)$ 在收敛域上连续；

（2）可微性. 幂级数 $\sum\limits_{n=0}^{\infty} a_n x^n$ 的和函数 $s(x)$ 在其收敛区间 $(-R,R)$ 内可导，并在 $(-R,R)$ 内有逐项求导公式

$$s'(x) = \left(\sum_{n=0}^{\infty} a_n x^n\right)' = \sum_{n=0}^{\infty} (a_n x^n)' = \sum_{n=1}^{\infty} n a_n x^{n-1},$$

且逐项求导后得到的幂级数和原级数有相同的收敛半径；

（3）可积性. 幂级数 $\sum\limits_{n=0}^{\infty} a_n x^n$ 的和函数 $s(x)$ 在其收敛区间 $(-R,R)$ 内可积，并在 $(-R,R)$ 内有逐项积分公式

$$\int_0^x s(t)\,\mathrm{d}t = \int_0^x \left(\sum_{n=0}^{\infty} a_n t^n\right)\mathrm{d}t = \sum_{n=0}^{\infty} \int_0^x a_n t^n\,\mathrm{d}t = \sum_{n=0}^{\infty} \frac{a_n}{n+1} x^{n+1},$$

且逐项积分后得到的幂级数和原级数有相同的收敛半径.

上述三条性质称为幂级数的分析性质.

反复应用上述结论可得：幂级数 $\sum\limits_{n=0}^{\infty} a_n x^n$ 的和函数 $s(x)$ 在其收敛区间 $(-R,R)$ 内具有任意阶导数.

由幂级数的加减运算和分析性质可见，幂级数在它的收敛区间内，就像通常的多项式函数一样，可以相加、相减、逐项求导和逐项积分. 幂级数和函数的性质常用于求幂级数的和函数. 此外，几何级数的和函数

$$\sum_{n=0}^{\infty} x^n = 1 + x + x^2 + \cdots + x^n + \cdots = \frac{1}{1-x} \quad (-1 < x < 1)$$

是幂级数求和中的一个基本结果. 我们讨论的许多级数求和的问题都可以利用幂级数的分析性质化为几何级数的求和问题解决.

例 4 求幂级数 $1 + \sum\limits_{n=1}^{\infty} \dfrac{x^n}{n}$ 的和函数.

解 收敛半径

$$R = \lim_{n \to \infty} \left| \frac{a_n}{a_{n+1}} \right| = \lim_{n \to \infty} \frac{n+1}{n} = 1,$$

且当 $x = 1$ 时, 相应级数 $\sum\limits_{n=1}^{\infty} \dfrac{1}{n}$ 发散; 当 $x = -1$ 时, 相应级数 $\sum\limits_{n=1}^{\infty} \dfrac{(-1)^n}{n}$ 收敛. 所以收敛域为 $[-1,1)$.

设

$$s(x) = 1 + \sum_{n=1}^{\infty} \frac{x^n}{n}, \ x \in [-1,1),$$

则 $s(0) = 1$. 在和函数两端求导得

$$s'(x) = \left(\sum_{n=1}^{\infty} \frac{x^n}{n} \right)' = \sum_{n=1}^{\infty} x^{n-1} = \frac{1}{1-x}, \ x \in [-1,1).$$

两端积分得

$$s(x) - s(0) = \int_0^x s'(t)\,\mathrm{d}t = \int_0^x \frac{1}{1-t}\mathrm{d}t = -\ln(1-x), \ x \in [-1,1),$$

所以

$$s(x) = s(0) - \ln(1-x) = 1 - \ln(1-x), \ x \in [-1,1).$$

特别地, 取 $x = -1$, 可得到 $1 - \dfrac{1}{2} + \dfrac{1}{3} - \dfrac{1}{4} + \cdots = \ln 2$.

例 5 求幂级数 $\sum\limits_{n=0}^{\infty} (n+1)x^{2n}$ 的和函数, 并求 $\sum\limits_{n=0}^{\infty} \dfrac{n+1}{2^{n+1}}$ 的和.

解 由于

$$\lim_{n \to \infty} \left| \frac{u_{n+1}(x)}{u_n(x)} \right| = \lim_{n \to \infty} \frac{(n+2)x^{2n+2}}{(n+1)x^{2n}} = x^2,$$

所以, 当 $x^2 < 1$, 即 $|x| < 1$ 时, 级数收敛; 当 $x^2 > 1$, 即 $|x| > 1$ 时, 级数发散. 因此, 收敛半径为 $R = 1$.

将 $x = \pm 1$ 代入, 所得数项级数都发散, 因而收敛域为 $(-1,1)$.

令 $x^2 = t$, 得 t 的幂级数 $\sum\limits_{n=0}^{\infty} (n+1)t^n$, $t \in [0,1)$. 设 $s(t) = \sum\limits_{n=0}^{\infty} (n+1)t^n$, 两端积分得

$$\int_0^t s(u)\,\mathrm{d}u = \int_0^t \sum_{n=0}^{\infty} (n+1)u^n \mathrm{d}u = \sum_{n=0}^{\infty} \int_0^t (n+1)u^n \mathrm{d}u = \sum_{n=0}^{\infty} t^{n+1} = \frac{t}{1-t}.$$

上式两端求导得

$$s(t) = \frac{1}{(1-t)^2}.$$

用 $t = x^2$ 回代得

$$\sum_{n=0}^{\infty} (n+1)x^{2n} = \frac{1}{(1-x^2)^2}, \quad x \in (-1,1).$$

$$\sum_{n=0}^{\infty} \frac{n+1}{2^{n+1}} = \frac{1}{2} \sum_{n=0}^{\infty} (n+1)\left(\frac{1}{\sqrt{2}}\right)^{2n} = \frac{1}{2} s\left(\frac{1}{\sqrt{2}}\right) = \frac{1}{2} \cdot \frac{1}{\left(1-\frac{1}{2}\right)^2} = 2.$$

习 题 11-3

1. 选择题:

(1) 已知 $x = -2$ 是 $\sum_{n=1}^{\infty} a_n x^n$ 的收敛点,则当 $x = \frac{3}{2}$ 时,级数 $\sum_{n=1}^{\infty} a_n x^n$ (　　).

A. 发散　　　　　　　　　　　　B. 绝对收敛

C. 条件收敛　　　　　　　　　　D. 敛散性不能断定

(2) 若级数 $\sum_{n=1}^{\infty} a_n(x-1)^n$ 在 $x = -1$ 处收敛,则此级数在 $x = 2$ 处(　　).

A. 发散　　　　　　　　　　　　B. 绝对收敛

C. 条件收敛　　　　　　　　　　D. 敛散性不能确定

(3) 阿贝尔定理指出,若级数 $\sum_{n=1}^{\infty} a_n x^n$ 在 $x = x_0 (x_0 \neq 0)$ 处收敛,则(　　).

A. 适合 $|x| < |x_0|$ 的一切 x 都使原级数绝对收敛

B. 适合 $x < x_0$ 的一切 x 都使原级数收敛,但不一定绝对收敛

C. 适合 $x < x_0$ 的一切 x 都使原级数绝对收敛

D. 适合 $|x| < |x_0|$ 的一切 x 都使原级数收敛,但不一定绝对收敛

2. 填空题:

(1) 设 $\lim\limits_{n\to\infty} \left|\frac{a_{n+1}}{a_n}\right| = 2$,则 $\sum_{n=1}^{\infty} a_n x^{2n+1}$ 的收敛半径为_____.

(2) $\sum_{n=1}^{\infty} a_n x^n$ 在 $x = 2$ 处条件收敛,则其收敛半径为_____.

(3) 设幂级数 $\sum_{n=1}^{\infty} a_n x^n$ 的收敛半径等于 3,则幂级数 $\sum_{n=1}^{\infty} n a_n(x-1)^{n+1}$ 的收敛区间(不含端点)为_____.

3. 求下列幂级数的收敛半径和收敛域:

(1) $\sum_{n=1}^{\infty} (-1)^{n-1} \frac{x^n}{n^2}$;

(2) $\sum_{n=1}^{\infty} \frac{x^n}{n \cdot 3^n}$;

(3) $\displaystyle\sum_{n=1}^{\infty} \frac{x^n}{2 \cdot 4 \cdot \cdots \cdot (2n)}$;

(4) $\displaystyle\sum_{n=1}^{\infty} \frac{(x-2)^n}{n^2}$;

(5) $\displaystyle\sum_{n=1}^{\infty} \frac{(x-5)^n}{\sqrt{n}}$;

(6) $\displaystyle\sum_{n=1}^{\infty} \frac{x^{2n-1}}{4^n}$;

(7) $\displaystyle\sum_{n=1}^{\infty} n! \left(\frac{x}{n}\right)^n$;

(8) $\displaystyle\sum_{n=1}^{\infty} \frac{n}{2^n} x^{2n}$;

(9) $\displaystyle\sum_{n=1}^{\infty} (-1)^n \frac{(x-2)^{2n+1}}{2n+1}$.

4. 求下列幂级数的和函数：

(1) $\displaystyle\sum_{n=1}^{\infty} n x^{n-1}$;

(2) $\displaystyle\sum_{n=1}^{\infty} \frac{x^{2n-1}}{2n-1}$;

(3) $\displaystyle\sum_{n=1}^{\infty} \frac{x^{4n+1}}{4n+1}$.

5. 求幂级数 $\displaystyle\sum_{n=1}^{\infty} \frac{2n-1}{2^n} x^{2(n-1)}$ 的和函数，并求级数 $\displaystyle\sum_{n=1}^{\infty} \frac{2n-1}{2^{n-1}}$ 的和.

第四节　函数的幂级数展开

幂级数是以最简单的函数 $a_n x^n$ 为通项，并具有收敛域结构简单、可逐项求导和可逐项积分等重要性质的函数项级数. 如果能把一个函数 $f(x)$ 在某个区间内表示为某幂级数的形式，那么，就可以解决一些更加复杂的问题.

一、函数的泰勒级数

由泰勒公式知，如果函数 $f(x)$ 在点 x_0 的某邻域内有 $n+1$ 阶导数，则对于该邻域内的任意一点，有

$$f(x) = f(x_0) + f'(x_0)(x-x_0) + \frac{f''(x_0)}{2!}(x-x_0)^2 + \cdots + \frac{f^{(n)}(x_0)}{n!}(x-x_0)^n + R(x),$$

其中，$R_n(x) = \dfrac{f^{(n+1)}(\xi)}{(n+1)!}(x-x_0)^{n+1}$，$\xi$ 是介于 x_0 与 x 之间的某个值.

如果 $f(x)$ 存在任意阶导数，且 $\displaystyle\sum_{n=0}^{\infty} \frac{f^{(n)}(x_0)}{n!}(x-x_0)^n$ 的收敛半径为 R，则

$$f(x) = \lim_{n \to \infty}\left[f(x_0) + f'(x_0)(x-x_0) + \frac{f''(x_0)}{2!}(x-x_0)^2 + \cdots + \frac{f^{(n)}(x_0)}{n!}(x-x_0)^n + R_n(x)\right].$$

于是 $f(x) = \displaystyle\sum_{n=0}^{\infty} \frac{f^{(n)}(x_0)}{n!}(x-x_0)^n$ 成立的充分必要条件是，当 $|x-x_0| < R$ 时，$\displaystyle\lim_{n \to \infty} R_n(x) = 0$. 即有下面的定理.

定理　设 $f(x)$ 在区间 $|x-x_0| < R$ 内存在任意阶的导数，幂级数

$\displaystyle\sum_{n=0}^{\infty}\frac{f^{(n)}(x_0)}{n!}(x-x_0)^n$ 的收敛区间为 $|x-x_0|<R$，则在区间 $|x-x_0|<R$ 内，

$$f(x)=\sum_{n=0}^{\infty}\frac{f^{(n)}(x_0)}{n!}(x-x_0)^n \tag{1}$$

成立的充分必要条件是在该区间内

$$\lim_{n\to\infty}R_n(x)=\lim_{n\to\infty}\frac{f^{(n+1)}(\xi)}{(n+1)!}(x-x_0)^{n+1}=0. \tag{2}$$

式（1）右端的级数称为 $f(x)$ 在点 $x=x_0$ 处的泰勒级数. 而

$$P_n(x)=\sum_{i=0}^{n}\frac{f^{(i)}(x_0)}{i!}(x-x_0)^i$$

称为 $f(x)$ 在点 $x=x_0$ 处的 n 阶泰勒多项式.

当 $x_0=0$ 时，泰勒级数为

$$\sum_{n=0}^{\infty}\frac{f^{(n)}(0)}{n!}x^n=f(0)+f'(0)x+\frac{f''(0)}{2!}x^2+\cdots+\frac{f^{(n)}(0)}{n!}x^n+\cdots, \tag{3}$$

称其为 $f(x)$ 的麦克劳林级数.

函数的麦克劳林级数是 x 的幂级数，可以证明，如果 $f(x)$ 能展开成 x 的幂级数，则这种展开式是唯一的，它一定等于 $f(x)$ 的麦克劳林级数. 下面具体讨论将函数 $f(x)$ 展开成 x 的幂级数的方法.

二、函数展开成幂级数的方法

把函数 $f(x)$ 展开成幂级数的方法有直接法和间接法.

1. 直接法

把函数 $f(x)$ 展开成泰勒级数，可按下列步骤进行：

（1）计算 $f^{(n)}(x_0)$，$n=0,1,2,\cdots$；

（2）写出对应的泰勒级数 $\displaystyle\sum_{n=0}^{\infty}\frac{f^{(n)}(x_0)}{n!}(x-x_0)^n$，并求出其收敛半径 R；

（3）验证在 $|x-x_0|<R$ 内，$\displaystyle\lim_{n\to\infty}R_n(x)=0$；

（4）写出所求函数 $f(x)$ 的泰勒级数及其收敛区间

$$f(x)=\sum_{n=0}^{\infty}\frac{f^{(n)}(x_0)}{n!}(x-x_0)^n,\ |x-x_0|<R.$$

下面讨论基本初等函数的麦克劳林级数.

例 1 将函数 $f(x)=e^x$ 展开成 x 的幂级数.

解 由 $f^{(n)}(x)=e^x$，得 $f^{(n)}(0)=1$（$n=0,1,2,\cdots$），于是 $f(x)$ 的麦克劳林级数为

$$1+x+\frac{1}{2!}x^2+\cdots+\frac{1}{n!}x^n+\cdots.$$

容易求出该级数的收敛半径为 $R = +\infty$.

对于任意的实数 x, ξ(ξ 介于 0 与 x 之间),余项的绝对值

$$|R_n(x)| = \left| \frac{e^{\xi}}{(n+1)!} x^{n+1} \right| \leqslant e^{|x|} \cdot \frac{|x|^{n+1}}{(n+1)!}.$$

因为 $\dfrac{|x|^{n+1}}{(n+1)!}$ 为收敛级数 $\displaystyle\sum_{n=0}^{\infty} \dfrac{|x|^{n+1}}{(n+1)!}$ 的一般项,故当 $n \to \infty$ 时,$\dfrac{|x|^{n+1}}{(n+1)!} \to 0$,

而 $e^{|x|}$ 又是与 n 无关的一个有限数,所以当 $n \to \infty$ 时,$e^{|x|} \cdot \dfrac{|x|^{n+1}}{(n+1)!} \to 0$,从而 $\displaystyle\lim_{n \to \infty} R_n(x) = 0$.

于是

$$e^x = 1 + x + \frac{1}{2!}x^2 + \cdots + \frac{1}{n!}x^n + \cdots, \quad x \in (-\infty, +\infty). \tag{4}$$

类似地,运用直接法可将函数 $\sin x$ 展开成 x 的幂级数

$$\sin x = x - \frac{x^3}{3!} + \cdots + (-1)^n \frac{x^{2n+1}}{(2n+1)!} + \cdots, \quad x \in (-\infty, +\infty). \tag{5}$$

函数 $(1+x)^{\alpha}$(α 是不为零的常数)的 x 的幂级数展开式(又称二项展开式)

$$(1+x)^{\alpha} = 1 + \alpha x + \frac{\alpha(\alpha-1)}{2!}x^2 + \cdots + \frac{\alpha(\alpha-1)\cdots(\alpha-n+1)}{n!}x^n + \cdots, \quad x \in (-1, 1). \tag{6}$$

当 $\alpha = n (n \in \mathbf{N}^+)$ 时,二项展开式即二项式定理

$$(1+x)^n = 1 + nx + \frac{n(n-1)}{2!}x^2 + \cdots + nx^{n-1} + x^n, \quad x \in (-\infty, +\infty).$$

2. 间接法

一般说来,在直接法中求 $f(x)$ 的任意阶导数 $f^{(n)}(x)$ 是比较麻烦的,而研究余项 $R_n(x)$ 在某个区间 $(-R, R)$ 内当 $n \to \infty$ 时是否趋丁零更是困难,因此求函数的幂级数展开式在可能的情况下,通常采用以下的间接法.

幂级数间接法是以一些已知的函数幂级数展开式为基础,通过线性运算、变量代换、恒等变形、逐项求导或逐项积分等方法间接地求得幂级数展开式的方法.

例2 将函数 $f(x) = \cos x$ 展开成 x 的幂级数.

解 由式(5)

$$\sin x = x - \frac{x^3}{3!} + \cdots + (-1)^n \frac{x^{2n+1}}{(2n+1)!} + \cdots, \quad x \in (-\infty, +\infty),$$

故在上式的收敛域内,利用幂级数可逐项求导的性质,即得到函数 $\cos x$ 的幂级数展开式

$$\cos x = 1 - \frac{x^2}{2!} + \frac{x^4}{4!} - \frac{x^6}{6!} + \cdots + (-1)^n \frac{x^{2n}}{(2n)!} + \cdots, \quad x \in (-\infty, +\infty). \tag{7}$$

例3 将函数 $f(x) = \ln(1+x)$ 展开成 x 的幂级数.

解 由于

$$\frac{1}{1+x} = 1 - x + \cdots + (-1)^{n-1}x^{n-1} + \cdots, \quad x \in (-1,1),$$

两端积分,有

$$\ln(1+x) = x - \frac{1}{2}x^2 + \cdots + (-1)^{n-1}\frac{x^n}{n} + \cdots, \quad x \in (-1,1]. \tag{8}$$

前面讨论了几个常用函数的 x 的幂级数展开式,现归纳如下:

(1) $e^x = \sum_{n=0}^{\infty} \frac{x^n}{n!} = 1 + x + \frac{1}{2!}x^2 + \cdots + \frac{1}{n!}x^n + \cdots, \quad x \in (-\infty, +\infty);$

(2) $\sin x = \sum_{n=0}^{\infty} (-1)^n \frac{x^{2n+1}}{(2n+1)!} = x - \frac{x^3}{3!} + \cdots + (-1)^n \frac{x^{2n+1}}{(2n+1)!} + \cdots,$
$$x \in (-\infty, +\infty);$$

(3) $\cos x = \sum_{n=0}^{\infty} (-1)^n \frac{x^{2n}}{(2n)!} = 1 - \frac{x^2}{2!} + \frac{x^4}{4!} - \frac{x^6}{6!} + \cdots + (-1)^n \frac{x^{2n}}{(2n)!} + \cdots,$
$$x \in (-\infty, +\infty);$$

(4) $\ln(1+x) = \sum_{n=1}^{\infty} (-1)^{n-1} \frac{x^n}{n} = x - \frac{1}{2}x^2 + \cdots + (-1)^{n-1}\frac{x^n}{n} + \cdots,$
$$x \in (-1,1];$$

(5) $(1+x)^\alpha = 1 + \alpha x + \frac{\alpha(\alpha-1)}{2!}x^2 + \cdots + \frac{\alpha(\alpha-1)\cdots(\alpha-n+1)}{n!}x^n + \cdots,$
$$x \in (-1,1);$$

(6) $\frac{1}{1-x} = \sum_{n=0}^{\infty} x^n = 1 + x + x^2 + \cdots + x^n + \cdots, \quad x \in (-1,1);$

(7) $\frac{1}{1+x} = \sum_{n=0}^{\infty} (-1)^n x^n = 1 - x + \cdots + (-1)^n x^n + \cdots, \quad x \in (-1,1).$

利用这七个公式可帮助求某些较复杂的函数的幂级数展开式.

例4 将函数 $f(x) = 3^{\frac{x+1}{2}}$ 展开成 x 的幂级数.

解 $\qquad f(x) = 3^{\frac{x+1}{2}} = 3^{\frac{1}{2}} \cdot 3^{\frac{x}{2}} = \sqrt{3}e^{\ln 3^{\frac{x}{2}}}$

$$= \sqrt{3}e^{\frac{x}{2}\ln 3} = \sqrt{3}\sum_{n=0}^{\infty} \frac{1}{n!}\left(\frac{\ln 3}{2}\right)^n x^n, \quad x \in (-\infty, +\infty).$$

例5 将函数 $f(x) = \arctan x$ 展开成 x 的幂级数.

解 $\quad \arctan x = \int_0^x \frac{1}{1+t^2}dt = \int_0^x \sum_{n=0}^{\infty} (-1)^n t^{2n}dt$

$$= \sum_{n=0}^{\infty} \int_0^x (-1)^n t^{2n}dt = \sum_{n=0}^{\infty} \frac{(-1)^n}{2n+1}x^{2n+1}, \quad x \in (-1,1).$$

当 $x = 1$ 时,级数 $\sum\limits_{n=0}^{\infty} \dfrac{(-1)^n}{2n+1}$ 收敛;当 $x = -1$ 时,级数 $\sum\limits_{n=0}^{\infty} \dfrac{(-1)^{n+1}}{2n+1}$ 也收敛.

所以

$$\arctan x = \sum_{n=0}^{\infty} \frac{(-1)^n}{2n+1} x^{2n+1}$$

$$= x - \frac{1}{3}x^3 + \frac{1}{5}x^5 - \cdots + (-1)^n \frac{1}{2n+1} x^{2n+1} + \cdots, \ x \in [-1,1].$$

特别地,取 $x = 1$ 得到

$$1 - \frac{1}{3} + \frac{1}{5} - \cdots + (-1)^n \frac{1}{2n+1} + \cdots = \frac{\pi}{4}$$

掌握了函数展开成麦克劳林的方法后,要把函数展开成 $(x - x_0)$ 的幂级数,只需作变量替换 $x - x_0 = t$ 即可.

例 6 将函数 $f(x) = \dfrac{1}{x^2 + 4x + 3}$ 展开成 $(x-1)$ 的幂级数.

解 $f(x) = \dfrac{1}{x^2 + 4x + 3} = \dfrac{1}{(x+1)(x+3)} = \dfrac{1}{2}\left[\dfrac{1}{x+1} - \dfrac{1}{x+3}\right]$

$$= \frac{1}{2}\left[\frac{1}{2+(x-1)} - \frac{1}{4+(x-1)}\right] = \frac{1}{2}\left[\frac{1}{2} \cdot \frac{1}{1 + \frac{x-1}{2}} - \frac{1}{4} \cdot \frac{1}{1 + \frac{x-1}{4}}\right]$$

$$= \frac{1}{4} \cdot \frac{1}{1 + \frac{x-1}{2}} - \frac{1}{8} \cdot \frac{1}{1 + \frac{x-1}{4}}.$$

令 $t = \dfrac{x-1}{2}$,则

$$\frac{1}{4} \cdot \frac{1}{1 + \frac{x-1}{2}} = \frac{1}{4} \cdot \frac{1}{1+t} = \frac{1}{4}\sum_{n=0}^{\infty}(-1)^n t^n$$

$$= \sum_{n=0}^{\infty} \frac{(-1)^n}{2^{n+2}}(x-1)^n, \ x \in (-1,3).$$

令 $t = \dfrac{x-1}{4}$,则

$$\frac{1}{8} \cdot \frac{1}{1 + \frac{x-1}{4}} = \frac{1}{8} \cdot \frac{1}{1+t} = \frac{1}{8}\sum_{n=0}^{\infty}(-1)^n t^n$$

$$= \sum_{n=0}^{\infty} \frac{(-1)^n}{2^{2n+3}}(x-1)^n, \ x \in (-3,5).$$

所以

$$f(x) = \frac{1}{x^2 + 4x + 3} = \sum_{n=0}^{\infty}(-1)^n \left(\frac{1}{2^{n+2}} - \frac{1}{2^{2n+3}}\right)(x-1)^n, \ x \in (-1,3).$$

利用函数的幂级数展开,可以进行近似计算.

例7 计算定积分

$$\int_0^1 \frac{\sin x}{x} dx$$

的近似值,要求误差不超过 0.000 1.

解 由于 $\lim\limits_{x \to 0} \frac{\sin x}{x} = 1$,因此所给积分不是反常积分. 若定义被积函数在 $x = 0$ 处的值为 1,则它在积分区间 $[0,1]$ 上连续.

展开被积函数,有

$$\frac{\sin x}{x} = 1 - \frac{x^2}{3!} + \frac{x^4}{5!} - \frac{x^6}{7!} + \cdots \quad (-\infty < x < +\infty).$$

在区间 $[0,1]$ 上逐项积分,得

$$\int_0^1 \frac{\sin x}{x} dx = 1 - \frac{1}{3 \cdot 3!} + \frac{1}{5 \cdot 5!} - \frac{1}{7 \cdot 7!} + \cdots.$$

因为第四项的绝对值

$$\frac{1}{7 \cdot 7!} < \frac{1}{30\ 000} < 0.001,$$

所以取前三项的和作为积分的近似值

$$\int_0^1 \frac{\sin x}{x} dx \approx 1 - \frac{1}{3 \cdot 3!} + \frac{1}{5 \cdot 5!},$$

计算得

$$\int_0^1 \frac{\sin x}{x} dx \approx 0.946\ 1.$$

习 题 11-4

1. 利用间接法将下列函数展开成 x 的幂级数:

(1) $f(x) = \ln(4 + x)$;　　　　　　(2) $f(x) = \sin^2 x$;

(3) $f(x) = \dfrac{1}{4 + x}$;　　　　　　(4) $f(x) = xe^{-x^2}$;

(5) $f(x) = \dfrac{x}{1 - x - 2x^2}$.

2. 将 $f(x) = \ln(1 + x)$ 在 $x = 2$ 处展开成幂级数.

3. 将 $f(x) = \cos x$ 展开成 $\left(x + \dfrac{\pi}{3}\right)$ 的幂级数.

4. 将 $f(x) = \dfrac{1}{x^2 + 5x + 6}$ 在点 $x = -4$ 处展成幂级数.

5. 将 $f(x) = \ln(3x - x^2)$ 在 $x = 1$ 处展成幂级数.

6. 试把误差函数 $f(x) = \dfrac{2}{\sqrt{\pi}} \displaystyle\int_0^x e^{-t^2} dt$ 展成 x 的幂级数,并计算 $f\left(\dfrac{1}{2}\right)$ 的近似值,要求误差不超过 0.000 1.

第五节 傅里叶级数

一、三角级数

在科学试验与工程技术领域中,经常会遇到周期性现象. 例如,各种各样的振动就是最常见的周期现象,其他如交流电的变化、发动机中的活塞运动等也都属于这类现象. 为了描述周期现象,就需要用到周期函数. 正弦函数和余弦函数均是常见而简单的周期函数. 例如,最简单的振动可表示为

$$y = A\sin(\omega t + \varphi),$$

这种振动称为谐振动,y 表示动点的位置,t 表示时间,A 称为振幅,φ 称为初相.

现实世界中的周期现象是多种多样的、复杂的,并不都可以用简单的正弦函数描述. 例如,在电子技术中常用到的周期为 2π 的矩形波(见图 11-2)就是这样一种现象.

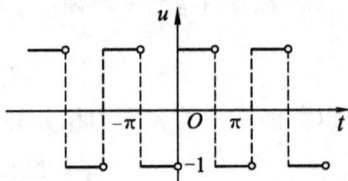

如何研究这一类非正弦周期函数呢? 从物理学现象来看,很多周期现象都可以分解成若干

图 11-2

个不同的谐振动之和. 实际上,对于更一般的情况,早在 18 世纪中叶,丹尼尔·伯努利在解决弦振动问题时就提出了这样的见解:任何复杂的振动都可以分解成一系列谐振动之和. 这一事实用数学语言描述即为,在一定的条件下,任何周期为 $T\left(=\dfrac{2\pi}{\omega}\right)$ 的函数 $f(t)$,都可以用一系列以 T 为周期的正弦函数所组成的级数来表示,即

$$f(t) = A_0 + \sum_{n=1}^{\infty} A_n \sin(n\omega t + \varphi_n), \tag{1}$$

其中,A_0,A_n,$\varphi_n (n = 1, 2, 3, \cdots)$ 都是常数.

为了便于计算该级数的系数,现对式(1)作以下恒等变形. 由于

$$A_n \sin(n\omega t + \varphi_n) = A_n \sin \varphi_n \cos n\omega t + A_n \cos \varphi_n \sin n\omega t,$$

令

$$A_0 = \frac{a_0}{2}, \ A_n \sin \varphi_n = a_n, \ A_n \cos \varphi_n = b_n, \ \omega t = x,$$

则级数(1)化为

$$\frac{a_0}{2} + \sum_{n=1}^{\infty} (a_n \cos nx + b_n \sin nx) , \qquad (2)$$

形如式(2)的级数称为三角级数,其中,a_0,a_n,b_n($n = 1, 2, 3, \cdots$)均为常数.

二、三角函数系的正交性

为了深入研究三角级数的性态,首先介绍三角函数系的正交性概念.

三角函数系是定义在$(-\infty, +\infty)$上的函数系

$$1,\ \cos x,\ \sin x,\ \cos 2x,\ \sin 2x,\ \cdots, \cos nx,\ \sin nx,\ \cdots. \qquad (3)$$

三角函数系(3)在区间$[-\pi, \pi]$上正交是指其中任意两个不同的函数的乘积在区间$[-\pi, \pi]$上的积分为零,每个函数与自身相乘在区间$[-\pi, \pi]$上的积分不为零,即有下列等式成立:

(1) $\displaystyle\int_{-\pi}^{\pi} \cos nx \mathrm{d}x = 0\ (n = 1, 2, 3, \cdots)$;

(2) $\displaystyle\int_{-\pi}^{\pi} \sin nx \mathrm{d}x = 0\ (n = 1, 2, 3, \cdots)$;

(3) $\displaystyle\int_{-\pi}^{\pi} \sin nx \cos kx \mathrm{d}x = 0\ (n, k = 1, 2, 3, \cdots)$;

(4) $\displaystyle\int_{-\pi}^{\pi} \sin nx \sin kx \mathrm{d}x = 0\ (n \neq k,\ n, k = 1, 2, 3, \cdots)$;

(5) $\displaystyle\int_{-\pi}^{\pi} \cos nx \cos kx \mathrm{d}x = 0\ (n \neq k,\ n, k = 1, 2, 3, \cdots)$;

(6) $\displaystyle\int_{-\pi}^{\pi} 1^2 \mathrm{d}x = 2\pi$;

(7) $\displaystyle\int_{-\pi}^{\pi} \sin^2 nx \mathrm{d}x = \pi\ (n = 1, 2, 3, \cdots)$;

(8) $\displaystyle\int_{-\pi}^{\pi} \cos^2 nx \mathrm{d}x = \pi\ (n = 1, 2, 3, \cdots)$.

以上等式都可以通过计算定积分验证. 留读者自证.

三、欧拉-傅里叶系数公式

要将函数$f(x)$展开成三角级数

$$\frac{a_0}{2} + \sum_{n=1}^{\infty} (a_n \cos nx + b_n \sin nx) ,$$

首先要确定三角级数的系数a_0,a_n,b_n($n = 1, 2, 3, \cdots$),然后讨论用这样的系数构造出的三角级数的收敛性. 若级数收敛,还要考虑它的和函数与函数$f(x)$是否相同,若在某个范围内两者相同,则在这个范围内函数$f(x)$可以展开成该三角级数.

设 $f(x)$ 是周期为 2π 的周期函数，且能展开成三角级数，即

$$f(x) = \frac{a_0}{2} + \sum_{k=1}^{\infty} (a_k \cos kx + b_k \sin kx), \tag{4}$$

现在要求系数 a_0，a_1，b_1，a_2，b_2，$\cdots$.

先求 a_0，为此在式(4)的两端从 $-\pi$ 到 π 逐项积分

$$\int_{-\pi}^{\pi} f(x)\,\mathrm{d}x = \int_{-\pi}^{\pi} \frac{a_0}{2}\,\mathrm{d}x + \sum_{k=1}^{\infty} \left[a_k \int_{-\pi}^{\pi} \cos kx\,\mathrm{d}x + b_k \int_{-\pi}^{\pi} \sin kx\,\mathrm{d}x \right].$$

根据三角函数系(3)的正交性，等式右端除第 1 项外，其余各项均为零，所以

$$\int_{-\pi}^{\pi} f(x)\,\mathrm{d}x = \frac{a_0}{2} \cdot 2\pi,$$

于是

$$a_0 = \frac{1}{\pi} \int_{-\pi}^{\pi} f(x)\,\mathrm{d}x.$$

为了求 a_n，用 $\cos nx$ 乘式(4)的两端再从 $-\pi$ 到 π 逐项积分，可得

$$\int_{-\pi}^{\pi} f(x) \cos nx\,\mathrm{d}x = \frac{a_0}{2} \int_{-\pi}^{\pi} \cos nx\,\mathrm{d}x + \sum_{k=1}^{\infty} \left[a_k \int_{-\pi}^{\pi} \cos kx \cos nx\,\mathrm{d}x + \right.$$
$$\left. b_k \int_{-\pi}^{\pi} \sin kx \cos nx\,\mathrm{d}x \right].$$

根据三角函数系(3)的正交性，等式右端除第 $k = n$ 的一项外，其余各项均为零，所以

$$\int_{-\pi}^{\pi} f(x) \cos nx\,\mathrm{d}x = a_n \int_{-\pi}^{\pi} \cos^2 nx\,\mathrm{d}x = a_n \pi,$$

于是

$$a_n = \frac{1}{\pi} \int_{-\pi}^{\pi} f(x) \cos nx\,\mathrm{d}x \ (n = 1,2,3,\cdots).$$

类似地，用 $\sin nx$ 乘式(4)的两端，再从 $-\pi$ 到 π 逐项积分，可得

$$b_n = \frac{1}{\pi} \int_{-\pi}^{\pi} f(x) \sin nx\,\mathrm{d}x \ (n = 1,2,3,\cdots)$$

由于当 $n = 0$ 时，a_n 的表达式恰好给出 a_0，因此所求系数为

$$\begin{cases} a_n = \dfrac{1}{\pi} \displaystyle\int_{-\pi}^{\pi} f(x) \cos nx\,\mathrm{d}x \ (n = 0,1,2,3,\cdots), \\[2mm] b_n = \dfrac{1}{\pi} \displaystyle\int_{-\pi}^{\pi} f(x) \sin nx\,\mathrm{d}x \ (n = 1,2,3,\cdots). \end{cases} \tag{5}$$

由式(5)确定的系数 a_0，a_n，$b_n (n = 1,2,3,\cdots)$ 称为函数 $f(x)$ 的傅里叶系数. 将这些系数代入式(4)的右端，所得的三角级数

$$\frac{a_0}{2} + \sum_{n=1}^{\infty} (a_n \cos nx + b_n \sin nx) \tag{6}$$

称为函数 $f(x)$ 的傅里叶级数.

四、函数展开成傅里叶级数

根据上述分析可见,一个定义在 $(-\infty, +\infty)$ 上周期为 2π 的函数 $f(x)$,如果它在一个周期上可积,则一定可以作出 $f(x)$ 的傅里叶级数. 接下来需要解决一个基本问题:函数 $f(x)$ 在怎样的条件下,它的傅里叶级数收敛到函数 $f(x)$ 即函数 $f(x)$ 满足什么条件就可以展开成傅里叶级数?

这个问题自 18 世纪中叶提出以来,欧洲的许多数学家都曾致力于它的解决,直到 1829 年,狄利克雷才首次给出了这个问题的一个严格的数学证明. 随后,还有其他一些数学家也给出了条件有些不同的证明. 这里不加证明地叙述狄利克雷关于傅里叶级数收敛问题的一个充分条件.

定理(收敛定理,狄利克雷充分条件)　设 $f(x)$ 是周期为 2π 的周期函数. 如果 $f(x)$ 满足在一个周期内连续或只有有限个第一类间断点,并且至多只有有限个极值点,则 $f(x)$ 的傅里叶级数收敛,并且

(1) 当 x 是 $f(x)$ 的连续点时,级数收敛于 $f(x)$;

(2) 当 x 是 $f(x)$ 的间断点时,级数收敛于 $\dfrac{f(x-0)+f(x+0)}{2}$.

狄利克雷收敛定理告诉我们:只要函数 $f(x)$ 在区间 $[-\pi, \pi]$ 上至多只有有限个第一类间断点,并且不做无限次振动,函数 $f(x)$ 的傅里叶级数就会在函数的连续点处收敛于该点的函数值,在函数的间断点处收敛于该点处的函数的左极限与右极限的算术平均值. 由此可见,函数展开成傅里叶级数的条件要比函数展开成幂级数的条件低得多. 对初等函数与实际问题中的分段函数一般都能满足,因此傅里叶级数具有广泛的应用性.

例 1　将以 2π 为周期的函数

$$f(x) = \begin{cases} -1, & -\pi \leqslant x < 0, \\ 1, & 0 \leqslant x < \pi \end{cases}$$

展开成傅里叶级数.

解　先求 $f(x)$ 的傅里叶系数.

$$a_n = \frac{1}{\pi} \int_{-\pi}^{\pi} f(x) \cos nx \, dx = \frac{1}{\pi} \int_{-\pi}^{0} (-1) \cos nx \, dx + \frac{1}{\pi} \int_{0}^{\pi} 1 \cdot \cos nx \, dx$$

$$= 0 \ (n = 0, 1, 2, \cdots),$$

$$b_n = \frac{1}{\pi} \int_{-\pi}^{\pi} f(x) \sin nx \, dx = \frac{1}{\pi} \int_{-\pi}^{0} (-1) \sin nx \, dx + \frac{1}{\pi} \int_{0}^{\pi} 1 \cdot \sin nx \, dx$$

$$= \frac{2}{n\pi} (1 - \cos n\pi) = \frac{2}{n\pi} [1 - (-1)^n] = \begin{cases} \dfrac{4}{n\pi}, & n = 1, 3, 5, \cdots, \\ 0, & n = 2, 4, 6, \cdots. \end{cases}$$

所以,函数 $f(x)$ 的傅里叶级数展开式为

$$\frac{4}{\pi}\sum_{n=1}^{\infty}\frac{1}{2n-1}\sin(2n-1)x = \frac{4}{\pi}\left[\sin x + \frac{1}{3}\sin 3x + \cdots + \frac{1}{2n-1}\sin(2n-1)x + \cdots\right].$$

注意到函数 $f(x)$ 满足狄利克雷收敛定理的条件. 它在点 $x = k\pi$($k = 0, \pm 1,$ $\pm 2, \cdots$)处间断(属第一类间断),在其他点处连续. 因此,$f(x)$ 的傅里叶级数收敛, 并且当 $x = k\pi$ 时,级数收敛于

$$\frac{(-1)+1}{2} = 0 \quad 或 \quad \frac{1+(-1)}{2} = 0.$$

当 $x \neq k\pi$ 时,级数收敛于 $f(x)$,即 $f(x)$ 的傅里叶级数的和函数为

$$s(x) = \begin{cases} f(x), & x \neq k\pi, \\ 0, & x = k\pi \end{cases} (k = 0, \pm 1, \pm 2, \cdots).$$

和函数的图形如图 11-3 所示.

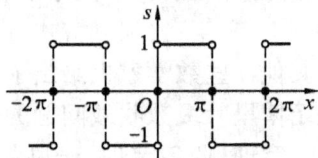

图 11-3

故 $f(x)$ 的傅里叶级数展开式为

$$f(x) = \frac{4}{\pi}\sum_{n=1}^{\infty}\frac{1}{2n-1}\sin(2n-1)x \quad (-\infty < x < +\infty, x \neq 0, \pm \pi, \pm 2\pi, \cdots).$$

根据狄利克雷收敛定理,为求函数 $f(x)$ 的傅里叶级数展开式的和函数,并不 需要求出函数 $f(x)$ 的傅里叶级数.

例2 设 $f(x)$ 是周期为 2π 的周期函数,它在 $(-\pi, \pi]$ 的表达式为

$$f(x) = \begin{cases} -1, & -\pi < x \leq 0, \\ 1+x^2, & 0 < x \leq \pi. \end{cases}$$

试写出 $f(x)$ 的傅里叶级数展开式在区间 $(-\pi, \pi]$ 上的和函数 $s(x)$ 的表达式.

解 此题只求 $f(x)$ 的傅里叶级数的和函数,因此不需要求出 $f(x)$ 的傅里叶 级数.

因为函数 $f(x)$ 满足狄利克雷收敛定理的条件,在 $(-\pi, \pi]$ 上的第一类间断点 为 $x = 0$,π,在其余点处均连续. 故由收敛定理知,在间断点 $x = 0$ 处,和函数

$$s(x) = \frac{f(0-0)+f(0+0)}{2} = \frac{-1+1}{2} = 0;$$

在间断点 $x = \pi$ 处,和函数

$$s(x) = \frac{f(\pi-0)+f(-\pi+0)}{2} = \frac{(1+\pi^2)+(-1)}{2} = \frac{\pi^2}{2}.$$

因此,所求和函数

$$s(x) = \begin{cases} -1, & -\pi < x < 0, \\ 1+x^2, & 0 < x < \pi, \\ 0, & x = 0, \\ \dfrac{\pi^2}{2}, & x = \pi. \end{cases}$$

对于非周期函数 $f(x)$，如果它只在区间 $[-\pi, \pi]$ 上有定义，并且在该区间上满足狄利克雷收敛定理的条件，那么函数 $f(x)$ 也可以展开成它的傅里叶级数.

事实上，我们只需要在区间 $[-\pi, \pi)$ 或 $(-\pi, \pi]$ 外补充 $f(x)$ 的定义，就能使它拓展成一个周期为 2π 的周期函数 $F(x)$，这种拓展函数定义域的方法称为周期延拓. 将作周期延拓后的函数 $F(x)$ 展开成傅里叶级数，然后限制 x 在 $(-\pi, \pi)$ 内，此时显然有 $F(x) = f(x)$. 这样便得到了 $f(x)$ 的傅里叶级数展开式，该级数在区间端点 $x = \pm\pi$ 处，收敛于 $\dfrac{f(\pi - 0) + f(-\pi + 0)}{2}$.

例3　将函数 $f(x) = \begin{cases} -x, & -\pi \leqslant x < 0 \\ x, & 0 \leqslant x \leqslant \pi \end{cases}$ 展开成傅里叶级数.

解　所给函数在区间 $[-\pi, \pi]$ 上满足收敛定理的条件，并且拓广为周期函数时，它在每点 x 处都连续（见图11-4），因此拓广的周期函数的傅里叶级数在 $[-\pi, \pi]$ 上收敛于 $f(x)$.

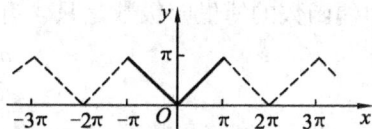

图 11-4

计算傅里叶系数如下：

$$a_n = \frac{1}{\pi}\int_{-\pi}^{\pi} f(x)\cos nx\,\mathrm{d}x = \frac{1}{\pi}\int_{-\pi}^{0}(-x)\cos nx\,\mathrm{d}x + \frac{1}{\pi}\int_{0}^{\pi} x\cos nx\,\mathrm{d}x$$

$$= -\frac{1}{\pi}\left[\frac{x\sin nx}{n} + \frac{\cos nx}{n^2}\right]_{-\pi}^{0} + \frac{1}{\pi}\left[\frac{x\sin nx}{n} + \frac{\cos nx}{n^2}\right]_{0}^{\pi}$$

$$= \frac{2}{n^2\pi}(\cos n\pi - 1) = \begin{cases} -\dfrac{4}{n^2\pi}, & n = 1,3,5,\cdots, \\ 0, & n = 2,4,6,\cdots. \end{cases}$$

$$a_0 = \frac{1}{\pi}\int_{-\pi}^{\pi} f(x)\,\mathrm{d}x = \frac{1}{\pi}\int_{-\pi}^{0}(-x)\,\mathrm{d}x + \frac{1}{\pi}\int_{0}^{\pi} x\,\mathrm{d}x = \pi,$$

$$b_n = \frac{1}{\pi}\int_{-\pi}^{\pi} f(x)\sin nx\,\mathrm{d}x = \frac{1}{\pi}\int_{-\pi}^{0}(-x)\sin nx\,\mathrm{d}x + \frac{1}{\pi}\int_{0}^{\pi} x\sin nx\,\mathrm{d}x$$

$$= -\frac{1}{\pi}\left[-\frac{x\cos nx}{n} + \frac{\sin nx}{n^2}\right]_{-\pi}^{0} + \frac{1}{\pi}\left[-\frac{x\cos nx}{n} + \frac{\sin nx}{n^2}\right]_{0}^{\pi} = 0 \ (n = 1,2,3,\cdots).$$

所以，函数 $f(x)$ 的傅里叶级数为

$$f(x) = \frac{\pi}{2} - \frac{4}{\pi}\left(\cos x + \frac{1}{3^2}\cos 3x + \frac{1}{5^2}\cos 5x + \cdots\right) \quad (-\pi \leqslant x \leqslant \pi).$$

五、正弦级数与余弦级数

一般地,一个函数的傅里叶级数既含有正弦项,又含有余弦项,但是,也有一些函数的傅里叶级数只含正弦项(如例1)或者只含常数项和余弦项(如例3),导致这种现象的原因与所给函数的奇偶性有关. 事实上,根据在对称区间上奇偶函数的积分性质,易得下列结论.

设 $f(x)$ 是周期为 2π 的周期函数,则

(1) 当 $f(x)$ 为奇函数时,其傅里叶系数为

$$a_n = 0 \ (n = 0,1,2,\cdots), \ b_n = \frac{2}{\pi} \int_0^\pi f(x) \sin nx \mathrm{d}x \ (n = 1,2,\cdots),$$

即奇函数的傅里叶级数是只含有正弦项的正弦级数

$$\sum_{n=1}^\infty b_n \sin nx.$$

(2) 当 $f(x)$ 为偶函数时,其傅里叶系数为

$$a_n = \frac{2}{\pi} \int_0^\pi f(x) \cos nx \mathrm{d}x \ (n = 0,1,2,\cdots), \ b_n = 0 \ (n = 1,2,\cdots),$$

即偶函数的傅里叶级数是只含有余弦项的余弦级数

$$\frac{a_0}{2} + \sum_{n=1}^\infty a_n \cos nx.$$

例4　试将函数 $f(x) = x \ (-\pi \leqslant x \leqslant \pi)$ 展开成傅里叶级数.

解　题设函数满足狄利克雷收敛定理的条件,但作周期延拓后的函数 $F(x)$ 在区间的端点 $x = -\pi$ 和 $x = \pi$ 处不连续. 故 $F(x)$ 的傅里叶级数在区间 $(-\pi, \pi)$ 内收敛于和 $f(x)$,在端点处收敛于

$$\frac{f(-\pi + 0) + f(\pi - 0)}{2} = \frac{(-\pi) + \pi}{2} = 0.$$

和函数的图形如图 11-5 所示.

注意到 $f(x)$ 是奇函数,故其傅里叶系数中

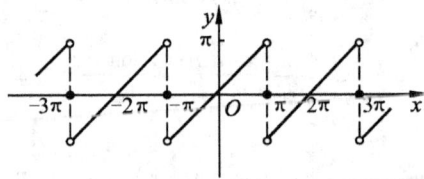

图 11-5

$$a_n = 0 \ (n = 0,1,2,\cdots),$$

$$b_n = \frac{2}{\pi} \int_0^\pi f(x) \sin nx \mathrm{d}x = \frac{2}{\pi} \int_0^\pi x \sin nx \mathrm{d}x$$

$$= \frac{2}{\pi} \left[-\frac{x \cos nx}{n} + \frac{\sin nx}{n^2} \right]_0^\pi = -\frac{2}{n} \cos n\pi = \frac{2}{n}(-1)^{n-1}, \ (n = 1,2,3,\cdots).$$

于是

$$f(x) = 2 \sum_{n=1}^\infty \frac{(-1)^{n-1}}{n} \sin nx \ (-\pi < x < \pi).$$

在实际应用中,有时还需要把定义在区间 $[0, \pi]$ 上的函数 $f(x)$ 展开成正弦级

数或余弦级数. 这个问题可按如下方法解决.

设函数 $f(x)$ 定义在区间 $[0,\pi]$ 上且满足狄利克雷收敛定理的条件. 我们先把函数 $f(x)$ 的定义延拓到区间 $(-\pi,0]$ 上, 得到定义在 $(-\pi,\pi]$ 上的函数 $F(x)$. 再根据实际的需要, 一般采用以下两种延拓方式:

(1) 奇延拓

令

$$F(x) = \begin{cases} f(x), & 0 < x \leqslant \pi, \\ 0, & x = 0, \\ -f(-x), & -\pi < x < 0, \end{cases}$$

则 $F(x)$ 是定义在 $(-\pi,\pi]$ 上的奇函数, 将 $F(x)$ 在 $(-\pi,\pi]$ 上展开成傅里叶级数, 所得级数必是正弦级数. 再限制 x 在 $(0,\pi]$ 上, 就得到 $f(x)$ 的正弦级数展开式.

(2) 偶延拓

令

$$F(x) = \begin{cases} f(x), & 0 \leqslant x \leqslant \pi, \\ f(-x), & -\pi < x < 0, \end{cases}$$

则 $F(x)$ 是定义在 $(-\pi,\pi]$ 上的偶函数, 将 $F(x)$ 在 $(-\pi,\pi]$ 上展开成傅里叶级数, 所得级数必是余弦级数. 再限制 x 在 $(0,\pi]$ 上, 就得到 $f(x)$ 的余弦级数展开式.

例5 将函数 $f(x) = x + 1$ $(0 \leqslant x \leqslant \pi)$ 分别展开成正弦级数和余弦级数.

解 先求正弦级数. 为此对 $f(x)$ 进行奇延拓 (见图 11-6), 则

图 11-6

$$b_n = \frac{2}{\pi} \int_0^\pi f(x) \sin nx \, dx = \frac{2}{\pi} \int_0^\pi (x+1) \sin nx \, dx$$

$$= \frac{2}{\pi} \left[-\frac{(x+1)\cos nx}{n} + \frac{\sin nx}{n^2} \right]_0^\pi$$

$$= \frac{2}{n\pi} [1 - (\pi+1)\cos n\pi] = \begin{cases} \dfrac{2}{\pi} \cdot \dfrac{\pi+2}{n}, & n = 1,3,5,\cdots, \\ -\dfrac{2}{n}, & n = 2,4,6,\cdots. \end{cases}$$

于是

$$x + 1 = \frac{2}{\pi} \left[(\pi+2)\sin x - \frac{\pi}{2}\sin 2x + \frac{1}{3}(\pi+2)\sin 3x - \cdots \right], \quad (0 < x < \pi).$$

再求余弦级数. 为此对 $f(x)$ 进行偶延拓 (见图11-7), 则

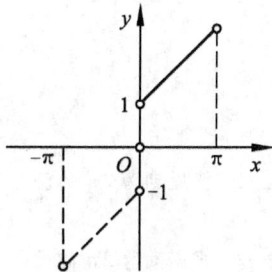

$$a_0 = \frac{2}{\pi} \int_0^\pi (x+1) \, \mathrm{d}x = \pi + 2,$$

$$a_n = \frac{2}{\pi} \int_0^\pi (x+1) \cos nx \, \mathrm{d}x$$

$$= \frac{2}{\pi} \left[\frac{(x+1)\sin nx}{n} + \frac{\cos nx}{n^2} \right]_0^\pi$$

$$= \begin{cases} 0, & n = 2,4,6,\cdots, \\ -\dfrac{4}{n^2\pi}, & n = 1,3,5,\cdots. \end{cases}$$

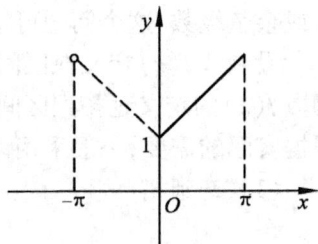

图 11-7

于是

$$x + 1 = \frac{\pi}{2} + 1 - \frac{4}{\pi} \left(\cos x + \frac{1}{3^2}\cos 3x + \frac{1}{5^2}\cos 5x + \cdots \right) \quad (0 \leqslant x \leqslant \pi).$$

由上述可见,以 2π 为周期的函数和定义在区间 $[-\pi,\pi]$ 上的函数,它们的傅里叶级数展开式是唯一的,但对定义在区间 $[0,\pi]$ 上的函数 $f(x)$ 展开成以 2π 为周期的傅里叶级数时,可以用不同的方式进行延拓,从而得到不同的傅里叶级数展开式,因此它的展开式不唯一,但在连续点处级数都收敛于 $f(x)$.

习 题 11-5

1. 把周期为 2π 的函数 $f(x) = \begin{cases} 0, & -\pi < x < 0 \\ 1, & 0 \leqslant x \leqslant \pi, \end{cases}$ 展开成傅里叶级数.

2. 将周期为 2π 的函数 $f(x) = \begin{cases} x, & -\pi \leqslant x < 0 \\ 1, & 0 \leqslant x < \pi, \end{cases}$ 展开成傅里叶级数.

3. 下列函数 $f(x)$ 是以 2π 为周期的函数,试将各函数展开成傅里叶级数:

(1) $f(x) = |x| \ (-\pi \leqslant x < \pi)$;　　　　　　(2) $f(x) = 2\sin \dfrac{x}{3}$.

4. 设 $f(x)$ 是以 2π 为周期的周期函数,将 $f(x)$ 展开成傅里叶级数,其中 $f(x)$ 在 $[-\pi,\pi)$ 上的表达式为:

(1) $f(x) = \begin{cases} x, & -\pi \leqslant x < 0, \\ 0, & 0 \leqslant x < \pi; \end{cases}$　　　　　　(2) $f(x) = x$;

(3) $f(x) = 3x^2 + 1$.

5. 在区间 $(-\pi,\pi)$ 内将函数 $f(x) = \begin{cases} x, & -\pi < x < 0, \\ 1, & x = 0, \\ 2x, & 0 < x < \pi \end{cases}$ 展开为傅里叶级数.

6. 在区间 $[-\pi,\pi]$ 上将 $f(x) = \cos \dfrac{x}{2}$ 展开成傅里叶级数.

7. 将函数 $f(x) = \dfrac{\pi - x}{2}$ $(0 < x \leqslant \pi)$ 展开成正弦级数.

8. 将函数 $f(x) = 2x + 3$ $(0 \leqslant x \leqslant \pi)$ 展开成余弦函数.

9. 将函数 $f(x) = 2x^2 (0 \leqslant x \leqslant \pi)$ 分别展开成正弦级数和余弦级数.

第六节　一般周期函数的傅里叶级数

前面讨论了 2π 为周期的函数展开成傅里叶级数的方法, 但在实际问题中所遇到的周期函数, 其周期并不一定是 2π. 本节讨论以 $2l$ 为周期的函数 (l 为正常数) 或定义在区间 $[-l, l]$, $[0, l]$ 上的函数的展开问题.

设周期为 $2l$ 的函数 $f(x)$ 在区间 $[-l, l]$ 上满足狄利克雷收敛定理的条件, 只要作变换 $x = \dfrac{l}{\pi} z$, 则 $f(x) = f\left(\dfrac{l}{\pi} z\right)$, 设 $f\left(\dfrac{l}{\pi} z\right) = F(z)$, 则有

$$F(z + 2\pi) = f\left[\dfrac{l}{\pi}(z + 2\pi)\right] = f\left(\dfrac{l}{\pi} z + 2l\right) = f\left(\dfrac{l}{\pi} z\right) = F(z),$$

从而 $F(z)$ 是周期为 2π 的函数, 且满足收敛定理的条件, 设

$$F(z) = \dfrac{a_0}{2} + \sum_{n=1}^{\infty} (a_n \cos nz + b_n \sin nz), \tag{1}$$

其中,

$$a_n = \dfrac{1}{\pi} \int_{-\pi}^{\pi} F(z) \cos nz \, \mathrm{d}z \ (n = 0.1, 2, 3, \cdots),$$

$$b_n = \dfrac{1}{\pi} \int_{-\pi}^{\pi} F(z) \sin nz \, \mathrm{d}z \ (n = 1, 2, 3, \cdots).$$

在式 (1) 中用 $x = \dfrac{l}{\pi} z$ 代回得到 $f(x)$ 的傅里叶级数展开式为

$$f(x) = \dfrac{a_0}{2} + \sum_{n=1}^{\infty} \left(a_n \cos \dfrac{n\pi x}{l} + b_n \sin \dfrac{n\pi x}{l}\right), \tag{2}$$

其中, 系数 a_n, b_n 由定积分的换元法得到

$$a_n = \dfrac{1}{l} \int_{-l}^{l} f(x) \cos \dfrac{n\pi x}{l} \mathrm{d}x \ (n = 0.1, 2, 3, \cdots), \tag{3}$$

$$b_n = \dfrac{1}{l} \int_{-l}^{l} f(x) \sin \dfrac{n\pi x}{l} \mathrm{d}x \ (n = 1, 2, 3, \cdots). \tag{4}$$

级数 (2) 称为以 $2l$ 为周期的函数 $f(x)$ 的傅里叶级数.

若 $f(x)$ 为奇函数, 则它的傅里叶级数为正弦级数

$$\sum_{n=1}^{\infty} b_n \sin \dfrac{n\pi x}{l}, \tag{5}$$

其中, 系数

$$b_n = \frac{2}{l}\int_0^l f(x)\sin\frac{n\pi x}{l}\mathrm{d}x \ (n = 1,2,\cdots). \tag{6}$$

若 $f(x)$ 为偶函数,则它的傅里叶级数为余弦级数

$$\frac{a_0}{2} + \sum_{n=1}^{\infty} a_n\cos\frac{n\pi x}{l}, \tag{7}$$

其中,系数

$$a_n = \frac{2}{l}\int_0^l f(x)\cos\frac{n\pi x}{l}\mathrm{d}x \ (n = 0,1,2,\cdots). \tag{8}$$

同样,对于只定义在区间 $[-l,l]$ 上的函数可以用周期延拓的方法将其展开成傅里叶级数;对于定义在 $[0,l]$ 上的函数可以用奇延拓或偶延拓的方法把它展开成正弦级数或余弦级数.

例1 设 $f(x)$ 是周期为 4 的周期函数,它在 $[-2,2)$ 上的表达式为

$$f(x) = \begin{cases} 0, & -2 \leqslant x < 0, \\ k, & 0 \leqslant x < 2, \end{cases}$$

试将 $f(x)$ 展开成傅里叶级数.

解 这里 $l = 2$,且 $f(x)$ 满足狄利克雷收敛定理的条件,根据公式(3),(4),有

$$a_0 = \frac{1}{2}\int_{-2}^0 0\mathrm{d}x + \frac{1}{2}\int_0^2 k\mathrm{d}x = k,$$

$$a_n = \frac{1}{2}\int_0^2 k\cdot\cos\frac{n\pi}{2}x\mathrm{d}x = \left[\frac{k}{n\pi}\sin\frac{n\pi x}{2}\right]_0^2 = 0 \ (n \neq 0),$$

$$b_n = \frac{1}{2}\int_0^2 k\cdot\sin\frac{n\pi}{2}x\mathrm{d}x = \left[-\frac{k}{n\pi}\cos\frac{n\pi x}{2}\right]_0^2 = \begin{cases} \frac{2k}{n\pi}, & n = 1,3,5,\cdots, \\ 0, & n = 2,4,6,\cdots. \end{cases}$$

于是,所求 $f(x)$ 的傅里叶级数为

$$f(x) = \frac{k}{2} + \frac{2k}{\pi}\left(\sin\frac{\pi x}{2} + \frac{1}{3}\sin\frac{3\pi x}{2} + \frac{1}{5}\sin\frac{5\pi x}{2} + \cdots\right)$$

$$(-\infty < x < +\infty, x \neq 0, \pm2, \pm4, \cdots).$$

$f(x)$ 的傅里叶级数的和函数的图形如图 11-8 所示.

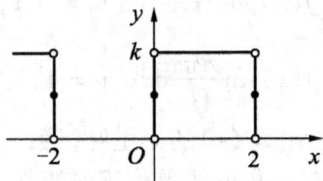

图 11-8

例2 将函数 $f(x) = \cos\frac{\pi x}{2}$ $(0 \leqslant x \leqslant 1)$ 展开成正弦级数.

解　因为需将 $f(x)$ 展开成正弦级数,所以对 $f(x)$ 在 $(-1,0)$ 内作奇延拓,再作周期为 2 的延拓(如图 11-9 所示).

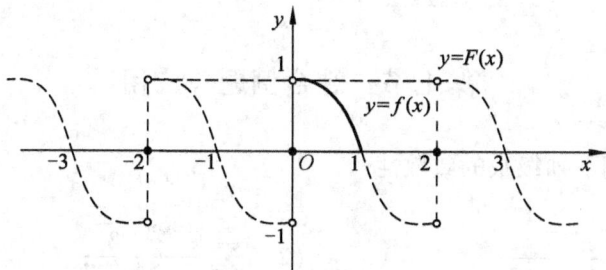

图 11-9

由于在区间 $[0,1]$ 上 $f(x)$ 满足收敛定理的条件,因此

$$a_n = 0 \ (n = 0,1,2,\cdots),$$

$$b_n = \frac{2}{1}\int_0^1 \cos\frac{\pi x}{2}\sin n\pi x\,\mathrm{d}x = 2\int_0^1 \frac{1}{2}\Big[\sin\frac{(2n+1)\pi}{2}x + \sin\frac{(2n-1)\pi}{2}x\Big]\mathrm{d}x$$

$$= \Big[-\frac{2}{(2n+1)\pi}\cos\frac{(2n+1)\pi}{2}x\Big]_0^1 + \Big[-\frac{2}{(2n-1)\pi}\cos\frac{(2n-1)\pi}{2}x\Big]_0^1$$

$$= \frac{8n}{(4n^2-1)\pi} \ (n = 1,2,\cdots).$$

因为 $f(x)$ 在区间 $(0,1)$ 内连续,又作的是奇延拓,所以 $f(x)$ 的傅里叶级数在 $x=0$ 和 $x=1$ 处都收敛到 0. 又 $f(1)=0$,$f(0)\neq0$,这样 $f(x)$ 的傅里叶级数的展开式可表示为

$$f(x) = \frac{8}{\pi}\Big[\frac{1}{4-1}\sin\pi x + \frac{2}{4\times2^2-1}\sin 2\pi x + \frac{3}{4\times3^2-1}\sin 3\pi x + \cdots\Big]$$

$$= \frac{8}{\pi}\Big[\frac{1}{3}\sin\pi x + \frac{2}{15}\sin 2\pi x + \frac{3}{35}\sin 3\pi x + \cdots\Big] \ (0 < x \leqslant 1).$$

习　题　11-6

1. 设周期函数在一个周期内的表达式为 $f(x) = 1 - x^2\left(-\dfrac{1}{2}\leqslant x\leqslant\dfrac{1}{2}\right)$,试将其展开成傅里叶级数.

2. 设周期函数在一个周期内的表达式为 $f(x) = \begin{cases} 2x+1, & -3\leqslant x<0, \\ 1, & 0\leqslant x<3, \end{cases}$ 试将其展开为傅里叶级数.

3. 将函数 $f(x) = \begin{cases} 0, & l\leqslant x<0, \\ 2, & 0\leqslant x\leqslant l, \end{cases}$ 在 $[-l,l]$ 上展开为傅里叶级数.

4. 将函数 $f(x) = x - 1 (0 \leqslant x \leqslant 2)$ 展开成周期为 4 的余弦级数.

5. 将函数 $f(x) = \begin{cases} x, & 0 \leqslant x < 1, \\ 2 - x, & 1 \leqslant x \leqslant 2 \end{cases}$ 分别展成正弦级数和余弦级数.

第七节 综合例题与应用

例1 判别下列级数的敛散性:

(1) $\sum_{n=1}^{\infty} \dfrac{n^{n+\frac{1}{n}}}{\left(n + \dfrac{1}{n}\right)^n}$;

(2) $\sum_{n=1}^{\infty} \dfrac{n\cos^2 \dfrac{n\pi}{3}}{2^n}$;

(3) $\sum_{n=1}^{\infty} \dfrac{a^n}{n^s} (a > 0, s > 0)$;

(4) $\sum_{n=1}^{\infty} \dfrac{1}{1 + a^n} (a > 0)$.

解 (1) 令 $u_n = \dfrac{n^n \cdot n^{\frac{1}{n}}}{\left(n + \dfrac{1}{n}\right)^n} = \dfrac{n^{\frac{1}{n}}}{\left(1 + \dfrac{1}{n^2}\right)^n}$, 因为

$$\lim_{n\to\infty} \left(1 + \dfrac{1}{n^2}\right)^n = \lim_{n\to\infty} \left[\left(1 + \dfrac{1}{n^2}\right)^{n^2}\right]^{\frac{1}{n}} = e^0 = 1,$$

$$\lim_{n\to\infty} n^{\frac{1}{n}} = \lim_{x\to+\infty} x^{\frac{1}{x}} = \lim_{x\to+\infty} e^{\frac{1}{x}\ln x} = e^{\lim_{x\to+\infty} \frac{\ln x}{x}} = e^{\lim_{x\to+\infty} \frac{\frac{1}{x}}{1}} = e^0 = 1,$$

所以 $\lim\limits_{n\to\infty} u_n = 1 \neq 0$, 根据级数收敛的必要条件可知, 原级数发散.

(2) 令 $u_n = \dfrac{n\cos^2 \dfrac{n\pi}{3}}{2^n} < \dfrac{n}{2^n}, v_n = \dfrac{n}{2^n}$, 因为

$$l = \lim_{n\to\infty} \dfrac{v_{n+1}}{v_n} = \lim_{n\to\infty} \dfrac{\dfrac{n+1}{2^{n+1}}}{\dfrac{n}{2^n}} = \lim_{n\to\infty} \dfrac{n+1}{2n} = \dfrac{1}{2} < 1,$$

所以, 级数 $\sum\limits_{n=1}^{\infty} \dfrac{n}{2^n}$ 收敛, 再根据比较判别法, 可知原级数收敛.

(3) 因为

$$l = \lim_{n\to\infty} \dfrac{u_{n+1}}{u_n} = \lim_{n\to\infty} \dfrac{\dfrac{a^{n+1}}{(n+1)^s}}{\dfrac{a^n}{n^s}} = \lim_{n\to\infty} \dfrac{a}{\left(1 + \dfrac{1}{n}\right)^s} = a,$$

所以,

当 $a < 1$ 时, 级数收敛; 当 $a > 1$ 时, 级数发散;

当 $a = 1$ 时,级数成为 $\sum\limits_{n=1}^{\infty} \dfrac{1}{n^s}$,是 p-级数,所以当 $s > 1$ 时,收敛,当 $s \leqslant 1$ 时,发散.

(4) 当 $a < 1$ 时,因为 $\lim\limits_{n \to \infty} a^n = 0$,从而 $\lim\limits_{n \to \infty} \dfrac{1}{1 + a^n} = 1 \neq 0$,所以根据级数收敛的必要条件知,原级数发散;

当 $a = 1$ 时,因为 $\lim\limits_{n \to \infty} \dfrac{1}{1 + a^n} = \dfrac{1}{2} \neq 0$,所以根据级数收敛的必要条件,知原级数也发散;

当 $a > 1$ 时,因为 $\dfrac{1}{1 + a^n} < \dfrac{1}{a^n}$,而 $\sum\limits_{n=1}^{\infty} \dfrac{1}{a^n}$ 收敛$\left(\text{公比 } 0 < q = \dfrac{1}{a} < 1 \text{ 的几何级数}\right)$,所以根据比较判别法,知原级数收敛.

故级数 $\sum\limits_{n=1}^{\infty} \dfrac{1}{1 + a^n}$ $(a > 0)$,当 $0 < a \leqslant 1$ 时,发散;当 $a > 1$ 时,收敛.

例2 讨论下列级数的绝对收敛与条件收敛性:

(1) $\sum\limits_{n=1}^{\infty} (-1)^n \dfrac{(n+1)!}{n^{n+1}}$;   (2) $\sum\limits_{n=1}^{\infty} \dfrac{(-1)^n}{n - \ln n}$.

解 (1) 因为

$$\sum_{n=1}^{\infty} \left| (-1)^n \dfrac{(n+1)!}{n^{n+1}} \right| = \sum_{n=1}^{\infty} \dfrac{(n+1)!}{n^{n+1}},$$

又

$$l = \lim_{n \to \infty} \dfrac{|u_{n+1}|}{|u_n|} = \lim_{n \to \infty} \dfrac{\dfrac{(n+2)!}{(n+1)^{n+2}}}{\dfrac{(n+1)!}{n^{n+1}}} = \lim_{n \to \infty} \dfrac{n+2}{n+1} \cdot \dfrac{1}{\left(1 + \dfrac{1}{n}\right)^n} \cdot \dfrac{n}{n+1} = \dfrac{1}{e} < 1,$$

所以原级数绝对收敛.

(2) 因为 $\dfrac{1}{n - \ln n} \geqslant \dfrac{1}{n}$,而级数 $\sum\limits_{n=1}^{\infty} \dfrac{1}{n}$ 发散,所以

$$\sum_{n=1}^{\infty} \left| \dfrac{(-1)^n}{n - \ln n} \right| = \sum_{n=1}^{\infty} \dfrac{1}{n - \ln n}$$

发散,即原级数非绝对收敛.

$\sum\limits_{n=1}^{\infty} \dfrac{(-1)^n}{n - \ln n}$ 是交错级数,因为

$$\lim_{n \to \infty} \dfrac{\ln n}{n} = \lim_{x \to +\infty} \dfrac{\ln x}{x} = \lim_{x \to +\infty} \dfrac{\dfrac{1}{x}}{1} = 0,$$

所以

$$\lim_{n \to \infty} u_n = \lim_{n \to \infty} \frac{1}{n - \ln n} = \lim_{n \to \infty} \frac{\dfrac{1}{n}}{1 - \dfrac{\ln n}{n}} = 0.$$

为了判别 $n - \ln n$ 的单调性,作

$$f(x) = x - \ln x \ (x > 1),$$

则

$$f'(x) = 1 - \frac{1}{x} > 0 \ (x > 1),$$

所以,在 $(1, +\infty)$ 上 $f(x)$ 单调增加,即 $\dfrac{1}{x - \ln x}$ 单调减少,故当 $n > 1$ 时,$u_n = \dfrac{1}{n - \ln n}$ 单调减少.

由莱布尼茨判别法,知此交错级数收敛. 因而原级数条件收敛.

例3 设 $f(x)$ 在 $x = 0$ 的某一邻域内具有二阶连续导数,且 $\lim\limits_{x \to 0} \dfrac{f(x)}{x} = 0$,证明

级数 $\sum\limits_{n=1}^{\infty} f\left(\dfrac{1}{n}\right)$ 绝对收敛.

证 因为 $f(x)$ 在 $x = 0$ 的某一邻域内具有二阶连续导数,所以 $f(x)$ 在 $x = 0$ 处

连续且一阶可导. 又因为 $\lim\limits_{x \to 0} \dfrac{f(x)}{x} = 0$,所以 $\lim\limits_{x \to 0} f(x) = 0 = f(0)$,且

$$f'(0) = \lim_{x \to 0} \frac{f(x) - f(0)}{x} = \lim_{x \to 0} \frac{f(x)}{x} = 0.$$

由 $f(x)$ 在 $x = 0$ 的某一邻域内的二阶泰勒公式得

$$f(x) = f(0) + f'(0)x + \frac{1}{2}f''(\theta)x^2 = \frac{1}{2}f''(\theta)x^2,$$

其中,θ 是介于 0 与 x 之间的实数. 因为 $f(x)$ 的二阶导数在 $x = 0$ 的某一邻域内连续,所以 $f(x)$ 的二阶导数在 $x = 0$ 的某一邻域内有界,即存在正数 M,使得 $|f''(x)| \leq M$ 在 $x = 0$ 的某一邻域内成立,所以

$$|f(x)| \leq \frac{1}{2}Mx^2 \Rightarrow \left|f\left(\frac{1}{n}\right)\right| \leq \frac{1}{2}M\frac{1}{n^2}.$$

从而级数 $\sum\limits_{n=1}^{\infty} f\left(\dfrac{1}{n}\right)$ 绝对收敛.

例4 求极限 $\lim\limits_{n \to \infty} \left(\dfrac{1}{a} + \dfrac{2}{a^2} + \cdots + \dfrac{n}{a^n}\right)$,其中 $a > 1$.

解 考察级数 $\sum\limits_{n=1}^{\infty} nx^n$,则 $\lim\limits_{n \to \infty}\left(\dfrac{1}{a} + \dfrac{2}{a^2} + \cdots + \dfrac{n}{a^n}\right) = \sum\limits_{n=1}^{\infty} nx^n \bigg|_{x = \frac{1}{a}}.$

记 $S(x) = \sum_{n=1}^{\infty} nx^{n-1}$, $-1 < x < 1$,则

$$\int_0^x S(x)\,dx = \sum_{n=1}^{\infty} x^n = \frac{x}{1-x}, \quad S(x) = \frac{1}{(1-x)^2},$$

所以

$$\sum_{n=1}^{\infty} nx^n = xS(x) = \frac{x}{(1-x)^2},$$

从而得

$$\lim_{n\to\infty}\left(\frac{1}{a} + \frac{2}{a^2} + \cdots + \frac{n}{a^n}\right) = S\left(\frac{1}{a}\right) = \frac{a}{(a-1)^2}.$$

例 5 求函数项级数 $\sum_{n=1}^{\infty} \frac{\sqrt{n+1}}{(x-2)^n}$ 的收敛域.

解 因为

$$\lim_{n\to\infty}\left|\frac{u_{n+1}}{u_n}\right| = \lim_{n\to\infty}\sqrt{\frac{n+2}{n+1}}\left|\frac{1}{x-2}\right| = \frac{1}{|x-2|}$$

所以当 $\frac{1}{|x-2|} < 1$ 即 $x \in (3,+\infty) \cup (-\infty,1)$ 时原级数收敛,又 $x = 1$ 或 $x = 3$ 时,原级数的一般项不趋于零,故原级数的收敛域为 $(3,+\infty) \cup (-\infty,1)$.

例 6 将函数 $f(x) = 2 + |x|$ ($-1 \leqslant x \leqslant 1$) 展开成以 2 为周期的傅里叶级数,并由此求级数 $\sum_{n=1}^{\infty} \frac{1}{n^2}$ 的和.

解 因为 $f(x) = 2 + |x|$ ($-1 \leqslant x \leqslant 1$) 是偶函数,所以

$$a_0 = \frac{2}{1}\int_0^1 (2+x)\,dx = 5,$$

$$a_n = \frac{2}{1}\int_0^1 (2+x)\cos\frac{n\pi x}{1}\,dx = 4\int_0^1 \cos n\pi x\,dx + 2\int_0^1 x\cos n\pi x\,dx$$

$$= \frac{2}{n\pi}\int_0^1 x\,d\sin n\pi x = \frac{2}{n^2\pi^2}[(-1)^n - 1] = \begin{cases} 0, & n = 2k, \\ -\dfrac{4}{n^2\pi^2}, & n = 2k-1, \end{cases} \quad (k = 1,2,\cdots),$$

$$b_n = 0.$$

故

$$f(x) = 2 + |x| = \frac{5}{2} + \sum_{k=1}^{\infty} -\frac{4}{\pi^2(2k-1)^2}\cos(2k-1)\pi x$$

$$= \frac{5}{2} - \frac{4}{\pi^2}\sum_{k=1}^{\infty} \frac{1}{(2k-1)^2}\cos(2k-1)\pi x \quad (-1 \leqslant x \leqslant 1).$$

取 $x = 0$,由上式得

$$2 = \frac{5}{2} - \frac{4}{\pi^2} \sum_{k=1}^{\infty} \frac{1}{(2k-1)^2},$$

所以

$$\sum_{k=1}^{\infty} \frac{1}{(2k-1)^2} = \frac{\pi^2}{8}.$$

又

$$\sum_{n=1}^{\infty} \frac{1}{n^2} = \sum_{k=1}^{\infty} \frac{1}{(2k-1)^2} + \sum_{k=1}^{\infty} \frac{1}{(2k)^2} = \sum_{k=1}^{\infty} \frac{1}{(2k-1)^2} + \frac{1}{4} \sum_{k=1}^{\infty} \frac{1}{k^2},$$

所以

$$\sum_{n=1}^{\infty} \frac{1}{n^2} = \frac{4}{3} \sum_{k=1}^{\infty} \frac{1}{(2k-1)^2} = \frac{4}{3} \cdot \frac{\pi^2}{8} = \frac{\pi^2}{6}.$$

例7(雪花曲线的周长和面积) 雪花曲线是由赫尔奇·冯·科克在 1904 年创造的,因其形状类似雪花而得名,它的产生假定也与雪花类似. 由等边三角形开始把三角形的每条边三等分,并在每条边三等分后的中段向外作新的等边三角形,但去掉与原三角形叠合的边(图形的这种变化称为分形). 接着对每个等边三角形尖出的部分继续上述过程,即在每条边三等分后的中段,向外画新的尖形. 不断重复这样的过程,便产生了雪花曲线. 试证明:雪花曲线具有有限的面积,但却有无限的周长

证 设原等边三角形的边长为 1,如图 11-10 所示.

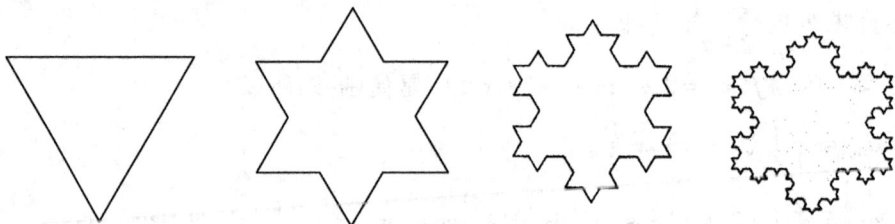

图 11-10

雪花曲线的周长:

图形序号	分形次数	边 数	边 长
第 1 个图	0	3	1
第 2 个图	1	3×4	$\dfrac{1}{3}$
第 3 个图	2	$3 \times 4 \times 4$	$\dfrac{1}{3 \times 3}$
第 4 个图	3	$3 \times 4 \times 4 \times 4$	$\dfrac{1}{3 \times 3 \times 3}$

续表

图形序号	分形次数	边　数	边　长
⋮	⋮	⋮	⋮
第 n 个图	$n-1$	$3 \times 4^{n-1}$	$\dfrac{1}{3^{n-1}}$
⋮	⋮	⋮	⋮

所以第 n 个图的周长为

$$C(n) = 3 \times 4^{n-1} \times \frac{1}{3^{n-1}} = 3 \cdot \left(\frac{4}{3}\right)^n.$$

因为 $\dfrac{4}{3} > 1$，故

$$C = \lim_{n \to \infty} C(n) = \lim_{n \to \infty} 3 \cdot \left(\frac{4}{3}\right)^n = +\infty,$$

即雪花曲线的周长是正无穷大.

雪花曲线图形围成的面积:

图形序号	分形次数	三角形个数	面　积
第 1 个图	0	1	$\dfrac{\sqrt{3}}{4} = k$
第 2 个图	1	4	$k + 3 \cdot \dfrac{1}{9}k$
第 3 个图	2	16	$k + \dfrac{1}{3}k + \dfrac{4}{27}k$
第 4 个图	3	64	$k + \dfrac{1}{3}k + \dfrac{1}{3} \cdot \dfrac{4}{9}k + \dfrac{1}{3} \cdot \left(\dfrac{4}{9}\right)^2 k$
⋮	⋮	⋮	⋮
第 n 个图	$n-1$	4^{n-1}	$k + \dfrac{1}{3}k + \dfrac{1}{3} \cdot \dfrac{4}{9}k + \cdots + \dfrac{1}{3} \cdot \left(\dfrac{4}{9}\right)^{n-2} k$
⋮	⋮	⋮	⋮

因此，雪花曲线围成图形的面积为

$$k + \sum_{n=0}^{\infty} \frac{1}{3}k \cdot \left(\frac{4}{9}\right)^n.$$

该级数收敛，其和为

$$S = \frac{\dfrac{1}{3}k}{1 - \dfrac{4}{9}} = \frac{3}{5}k,$$

因而雪花曲线围成图形的面积为

$$A = k + \frac{3}{5}k = \frac{8}{5}k = \frac{2\sqrt{3}}{5}.$$

即为原三角形面积的 $\dfrac{8}{5}$ 倍.

习 题 11-7

1. 判别下列级数的敛散性,若收敛,是条件收敛,还是绝对收敛?

(1) $\displaystyle\sum_{n=1}^{\infty} \dfrac{(-1)^n}{\ln(1+n)}$;

(2) $\displaystyle\sum_{n=1}^{\infty} (-1)^{n+1} \dfrac{2^{n^2}}{n!}$;

(3) $\displaystyle\sum_{n=1}^{\infty} (-1)^{n+1} \dfrac{(n+1)^n}{2n^{n+1}}$.

2. 若正项级数 $\displaystyle\sum_{n=1}^{\infty} b_n$ 收敛,级数 $\displaystyle\sum_{n=1}^{\infty} (a_n - a_{n-1})$ 也收敛. 试证明:

(1) 极限 $\lim\limits_{n\to\infty} a_n$ 存在;

(2) 级数 $\displaystyle\sum_{n=1}^{\infty} a_n b_n$ 绝对收敛(提示:数列 $\{a_n\}$ 有界).

3. 设幂级数 $\displaystyle\sum_{n=1}^{\infty} a_n x^n$ 与 $\displaystyle\sum_{n=1}^{\infty} b_n x^n$ 的收敛半径分别为 $\dfrac{\sqrt{5}}{3}$ 和 $\dfrac{1}{3}$,求幂级数 $\displaystyle\sum_{n=1}^{\infty} \dfrac{a_n^2}{b_n^2} x^n$ 的收敛半径.

4. 求幂级数 $\displaystyle\sum_{n=0}^{\infty} \dfrac{(-1)^n}{n} \left(\dfrac{x}{2x+1}\right)^n$ 的收敛域.

5. 求幂级数 $\displaystyle\sum_{n=0}^{\infty} \dfrac{n^2+1}{2^n n!} x^n$ 的和函数,并求 $\displaystyle\sum_{n=0}^{\infty} \dfrac{n^2+1}{n!}$ 的值.

6. 求级数 $\displaystyle\sum_{n=0}^{\infty} \dfrac{1}{2^n(n^2-1)}$ 的和 $\left(\text{提示:可先求幂级数 } \displaystyle\sum_{n=0}^{\infty} \dfrac{x^n}{n^2-1} \text{ 的和函数}\right)$.

7. 设以 2π 为周期的连续函数 $f(x)$ 满足 $f(x) + f(-x) \equiv 0$,试证: $f(x)$ 在 $[-\pi, \pi]$ 上的傅里叶级数必有 $a_0 = a_{2n} = b_{2n} = 0(n=1,2,\cdots)$.

8. 把边长为 $2b$ 的等边三角形"正放"(如图 11-11 所示),"倒放"等边三角形从原来的三角形中挖去. 从原来的三角形中挖去的面积形成一个无穷级数.

(1) 求这个无穷级数.

(2) 求这个无穷级数的和,从而求出从原来的三角形中挖去的总面积.

(3) 是否原来的三角形的每个点都挖去了? 为什么?

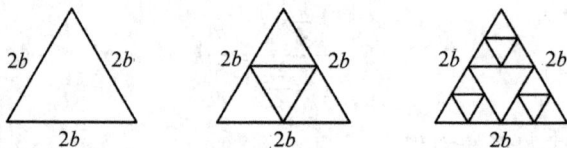

图 11-11

习题答案

第 七 章

习题 7–1

1. A,B,C,D 依次在 xOy 面上,yOz 面上,x 轴上,y 轴上.

2. (1) $(a,b,-c)$,$(-a,b,c)$,$(a,-b,c)$;

   (2) $(a,-b,-c)$,$(-a,b,-c)$,$(-a,-b,c)$;   (3) $(-a,-b,-c)$.

3. $5\sqrt{2}$, $\sqrt{34}$, $\sqrt{41}$, 5.

5. 球面坐标到柱面坐标 $\begin{cases} r=\rho\sin\varphi, \\ \theta=\theta, \\ z=\rho\cos\varphi; \end{cases}$ 柱面坐标到球面坐标 $\begin{cases} \rho=\sqrt{r^2+z^2}, \\ \theta=\theta, \\ \tan\varphi=\dfrac{r}{z}. \end{cases}$

6. $A(3\sqrt{3},3,-2)$; $B(-2,-2\sqrt{3},-8)$.

7. $A(2\sqrt{2},2\sqrt{2},4\sqrt{3})$; $B(\sqrt{2},\sqrt{6},-2\sqrt{2})$.

8. $A\left(4\sqrt{2},\dfrac{5\pi}{3},\dfrac{\pi}{4}\right)$; $B\left(4,\dfrac{3\pi}{4},\dfrac{\pi}{6}\right)$.

习题 7–2

1. (1) 大小,方向.   (2) $\boldsymbol{a}\cdot\boldsymbol{b}=0$.   (3) $\boldsymbol{a}$ 与 $\boldsymbol{b}$ 同方向.   (4) $\dfrac{\pi}{3}$.   (5) $-\dfrac{10}{3}$,6.

2. $(3,4,-7)$,$(3m+n,5m+2n,m+3n)$.

3. $\left(0,\pm\dfrac{3}{5},\mp\dfrac{4}{5}\right)$,$\cos\alpha=0$,$\cos\beta=\dfrac{3}{5}$,$\cos\gamma=-\dfrac{4}{5}$.

4. $\dfrac{\sqrt{21}}{14}$, -18.   5. $\dfrac{3}{4}\pi$, -1.

6. $\left(\dfrac{\pm3}{\sqrt{17}},\dfrac{\mp2}{\sqrt{17}},\dfrac{\mp2}{\sqrt{17}}\right)$.   7. $\sqrt{17}$.

8. 22.   9. (1) -2;   (2) -1 或 5.

10. $\dfrac{\pi}{3}$.

习题 7–3

1. (1) $4x-y+3z-11=0$;   (2) $\dfrac{x-1}{3}=\dfrac{y-2}{-2}=\dfrac{z-3}{2}$;   (3) $\dfrac{x-2}{3}=\dfrac{y-3}{1}=\dfrac{z-4}{-1}$;

(4) $\dfrac{\sqrt{14}}{2}$;　(5) $\dfrac{\pi}{3}$.

2. (1) $8x-9y-22z-59=0$;　(2) $2x+y-3z+5=0$;　(3) $x-2y+z=0$.

3. (1) $\dfrac{x-3}{2}=\dfrac{y-1}{3}=\dfrac{z+2}{1}$;　(2) $\dfrac{x-1}{2}=\dfrac{y-1}{-7}=\dfrac{z-1}{4}$;　(3) $2(x+3)=3(y-2)=5(z-5)$.

4. 点向式为 $\dfrac{x-\frac{2}{5}}{7}=\dfrac{y-\frac{14}{5}}{-1}=\dfrac{z}{5}$;　参数方程为 $\begin{cases} x=\dfrac{2}{5}+7t, \\ y=\dfrac{14}{5}-t, \\ z=5t. \end{cases}$

5. (1) $k=2$;　(2) $k=1$;　(3) $k=-\dfrac{7}{3}$;　(4) $k=\pm\dfrac{\sqrt{70}}{2}$;　(5) $k=\pm 2$;　(6) $k=-3$.

6. (1) 平行;　(2) 垂直;　(3) 直线在平面上.

7. 平行;　$\dfrac{9\sqrt{14}}{28}$.　　　　　　8. $\left(\dfrac{45}{13},\dfrac{74}{13},-\dfrac{1}{13}\right)$;　$\arcsin\dfrac{13}{\sqrt{406}}$.

习题 7-4

1. (1) $(x-1)^2+y^2+(z+2)^2=1$;　(2) 圆锥面;　(3) 旋转抛物面;　(4) 椭圆柱面;
(5) 单叶双曲面;　(6) 椭球面;　(7) 椭圆抛物面.

2. (1) 旋转曲面;xOy 平面上的圆 $x^2+y^2=1$ 绕 x 或 y 轴旋转一周,yOz 平面上的圆 $y^2+z^2=1$ 绕 y 或 z 轴旋转一周或 zOx 平面上的圆 $x^2+z^2=1$ 绕 x 或 z 旋转一周.
(2) 非旋转曲面.
(3) 旋转曲面;xOy 平面上的双曲线 $x^2-\dfrac{y^2}{4}=1$ 绕 y 旋转一周或 yOz 平面上的双曲线 $z^2-\dfrac{y^2}{4}=1$ 绕 y 旋转一周.
(4) 旋转曲面;xOy 平面上的双曲线 $x^2-y^2=1$ 绕 x 轴旋转一周或 zOx 平面上的双曲线 $x^2-z^2=1$ 绕 x 轴旋转一周.

4. $\begin{cases} 2\left(x-\dfrac{1}{2}\right)^2+y^2=\dfrac{17}{2}, \\ z=0. \end{cases}$

5. (1) 在平面解析几何中,表示两直线的交点;在空间解析几何中,表示两平面的交线.
(2) 在平面解析几何中,表示椭圆 $\dfrac{x^2}{4}+\dfrac{y^2}{9}=1$ 与其垂直切线 $x=2$ 的交点;

在空间解析几何中,表示椭圆柱面 $\dfrac{x^2}{4}+\dfrac{y^2}{9}=1$ 与其切平面 $x=2$ 的交线.

第 八 章

习题 8-1

1. (1) $\{(x,y)\mid y^2-2x+1>0\}$;　(2) $\{(x,y)\mid |x|+|y|<1\}$;

(3) $\{(x,y)\mid|y|\leqslant|x|,x\neq0\}$;   (4) $\{(x,y)\mid x^2\leqslant y\leqslant4\}$;

(5) $\{(x,y,z)\mid r<x^2+y^2+z^2\leqslant R\}$.

2. $f(2,1)=0,\ f(3,-1)=\dfrac{5}{7}$.

3. $f\left(1,\dfrac{y}{x}\right)=f(x,y),x\neq0$.

4. $f[g(1,2)]=g[f(1),h(2)]=6$.

6. (1) 6;   (2) 1;   (3) 2;   (4) 0;   (5) 2;   (6) e^k;   (7) e.

9. 间断点在圆周$(x-1)^2+y^2=1$上.

习题 8-2

1. (1) $z_x=y-\dfrac{1}{y},\ z_y=x+\dfrac{x}{y^2}$;

(2) $z_x=y\ln(x^2+y^2)+\dfrac{2x^2y}{x^2+y^2},\ z_y=x\ln(x^2+y^2)+\dfrac{2xy^2}{x^2+y^2}$;

(3) $z_x=y^2(1+xy)^{y-1},\ z_y=(1+xy)^y\left[\ln(1+xy)+\dfrac{xy}{1+xy}\right]$;

(4) $\dfrac{\partial z}{\partial x}=e^{-xy}[\cos(x-y)-y\sin(x-y)],\ \ \ \dfrac{\partial z}{\partial y}=-e^{-xy}[\cos(x-y)+x\sin(x-y)]$;

(5) $\dfrac{\partial z}{\partial x}=-\dfrac{y}{x^2+y^2},\ \dfrac{\partial z}{\partial y}=\dfrac{x}{x^2+y^2}$;

(6) $\dfrac{\partial s}{\partial u}=\dfrac{1}{v}-\dfrac{v}{u^2},\ \dfrac{\partial s}{\partial v}=\dfrac{1}{u}-\dfrac{u}{v^2}$;

(7) $\dfrac{\partial z}{\partial x}=ye^{-x^2y^2},\ \dfrac{\partial z}{\partial y}=xe^{-x^2y^2}$;

(8) $\dfrac{\partial z}{\partial x}=\dfrac{1}{2x\sqrt{\ln(xy)}},\ \dfrac{\partial z}{\partial y}=\dfrac{1}{2y\sqrt{\ln(xy)}}$;

(9) $\dfrac{\partial z}{\partial x}=ye^{\sin(xy)}\cos(xy),\ \dfrac{\partial z}{\partial y}=xe^{\sin(xy)}\cos(xy)$;

(10) $\dfrac{\partial z}{\partial x}=\dfrac{2}{x}\ln\dfrac{x}{y},\ \dfrac{\partial z}{\partial y}=-\dfrac{2}{y}\ln\dfrac{x}{y}$;

(11) $\dfrac{\partial u}{\partial x}=\dfrac{y}{z}x^{\frac{y}{z}-1},\ \dfrac{\partial u}{\partial y}=\dfrac{1}{z}x^{\frac{y}{z}}\ln x,\ \dfrac{\partial u}{\partial z}=-\dfrac{y}{z^2}x^{\frac{y}{z}}\ln x$;

(12) $\dfrac{\partial u}{\partial x}=\dfrac{z(x-y)^{z-1}}{1+(x-y)^{2z}},\ \dfrac{\partial u}{\partial y}=-\dfrac{z(x-y)^{z-1}}{1+(x-y)^{2z}},\ \dfrac{\partial u}{\partial z}=\dfrac{(x-y)^z\ln|x-y|}{1+(x-y)^{2z}}$;

2. (1) $f_x(2,3)=36$;   (2) $f_x(3,4)=\dfrac{1}{5},f_y(3,4)=\dfrac{1}{10}$.

3. $f_x(x,1)=\dfrac{df(x,1)}{dx}=1$.

5. (1) $z_{xx}=12x^2-8y^2,z_{xy}=-16xy,z_{yy}=12y^2-8x^2$;

(2) $z_{xx}=24x+6y,z_{xy}=6x-6y,z_{yy}=-6x$;

(3) $z_{xx}=\dfrac{x+2y}{(x+y)^2},z_{xy}=\dfrac{y}{(x+y)^2},z_{yy}=-\dfrac{x}{(x+y)^2}$;

(4) $z_{xx} = (2-y)\cos(x+y) - x\sin(x+y)$，$z_{yy} = -(2+x)\sin(x+y) - y\cos(x+y)$，

$z_{xy} = (1-y)\cos(x+y) - (1+x)\sin(x+y) = z_{yx}$.

习题 8-3

1. (1) $\dfrac{\sqrt{xy}}{2xy^2}(y\mathrm{d}x - x\mathrm{d}y)$；　　　　　　　(2) $\sec^2(x^2y)(2xy\mathrm{d}x + x^2\mathrm{d}y)$；

(3) $\dfrac{ab}{\sqrt{(ax+by)(ax-by)^3}}(-y\mathrm{d}x + x\mathrm{d}y)$；　　(4) $y^2x^{y^2-1}\mathrm{d}x + 2yx^{y^2}(\ln x)\mathrm{d}y$；

(5) $2\arctan\dfrac{x}{y}\cdot\dfrac{1}{x^2+y^2}(y\mathrm{d}x - x\mathrm{d}y)$.

3. $\mathrm{d}x - \mathrm{d}y$.

4. $\dfrac{1}{3}\mathrm{d}x + \dfrac{2}{3}\mathrm{d}y$.

5. $\mathrm{d}z = -0.20$.

6. (1) 108.9；　(2) 2.003 3.

7. 矩形对角线变化的近似值为 5 cm.

习题 8-4

1. (1) $\dfrac{\mathrm{d}z}{\mathrm{d}x} = \dfrac{y(1+x)}{1+x^2y^2}$；

(2) $\dfrac{\mathrm{d}z}{\mathrm{d}t} = \dfrac{1}{y}\cdot c + \left(-\dfrac{x}{y^2}\cdot\dfrac{1}{t}\right) = \dfrac{c}{\ln t} - \dfrac{c}{(\ln t)^2}$；

(3) $\dfrac{\partial z}{\partial x} = 2x^3\sin 2y$，$\dfrac{\partial z}{\partial y} = x^4\cos 2y$；

(4) $\dfrac{\partial z}{\partial x} = \mathrm{e}^{xy}[y\sin(x+y) + \cos(x+y)]$，$\dfrac{\partial z}{\partial y} = \mathrm{e}^{xy}[x\sin(x+y) + \cos(x+y)]$；

(5) $\dfrac{\partial z}{\partial x} = 3u^2y^x\ln y = 3u^3\ln y$，$\dfrac{\partial z}{\partial y} = 3u^2xy^{x-1} = \dfrac{3u^3x}{y}$；

(6) $\dfrac{\partial z}{\partial x} = \dfrac{x}{\sqrt{x^2+2y^2}}\ln\dfrac{x}{y} + \dfrac{\sqrt{x^2+2y^2}}{x}$，$\dfrac{\partial z}{\partial y} = \dfrac{2y}{\sqrt{x^2+2y^2}}\ln\dfrac{x}{y} - \dfrac{\sqrt{x^2+2y^2}}{y}$.

5. (1) $\dfrac{\partial w}{\partial x} = 2xf_1' + y\mathrm{e}^{xy}f_2'$，$\dfrac{\partial w}{\partial y} = -2yf_1' + x\mathrm{e}^{xy}f_2'$；

(2) $\dfrac{\partial z}{\partial x} = f_1' + \dfrac{1}{y}f_2' + 2xy\varphi'$，$\dfrac{\partial z}{\partial y} = -\dfrac{x}{y^2}f_2' + \varphi - 2y^2\varphi'$.

6. (1) $z_{xx} = y^2f_{11}''$，$z_{xy} = f_1' + y(xf_{11}'' + f_{12}'')$，$z_{yy} = x^2f_{11}'' + 2xf_{12}'' + f_{22}''$；

(2) $z_{xx} = 2f - \dfrac{2y}{x}f' + \dfrac{y^2}{x^2}f''$，$z_{xy} = f' - \dfrac{y}{x}f''$，$z_{yy} = f''$.

8. $\dfrac{\mathrm{d}y}{\mathrm{d}x} = -\dfrac{\mathrm{e}^x - y^2}{\cos y - 2xy}$.

9. $\dfrac{\partial z}{\partial x} = -\dfrac{1-y}{3z^2-2} = \dfrac{y-1}{3z^2-2}$，$\dfrac{\partial z}{\partial y} = -\dfrac{2y-x}{3z^2-2} = \dfrac{x-2y}{3z^2-2}$.

10. $\dfrac{\partial z}{\partial x} = -\dfrac{x^2+2yz}{z^2+2xy}$，$\dfrac{\partial z}{\partial y} = -\dfrac{y^2+2xz}{z^2+2xy}$.

11. $\dfrac{\partial z}{\partial x} = \dfrac{yz}{\mathrm{e}^z - xy}$, $\dfrac{\partial z}{\partial y} = \dfrac{xz}{\mathrm{e}^z - xy}$.

12. $\mathrm{d}z = \dfrac{\mathrm{d}x - z\mathrm{e}^{yz}\mathrm{d}y}{2z + y\mathrm{e}^{yz}}$.

13. $\dfrac{1}{5}$.

14. (1) $\dfrac{\mathrm{d}y}{\mathrm{d}x}\Big|_{(1,1,\sqrt{2})} = 0$, $\dfrac{\mathrm{d}z}{\mathrm{d}x}\Big|_{(1,1,\sqrt{2})} = -\dfrac{\sqrt{2}}{2}$;

   (2) $\dfrac{\partial u}{\partial x} = \dfrac{\sin v}{\mathrm{e}^u(\sin v - \cos v) + 1}$, $\dfrac{\partial u}{\partial y} = \dfrac{-\cos v}{\mathrm{e}^u(\sin v - \cos v) + 1}$;

   $\dfrac{\partial v}{\partial x} = \dfrac{\cos v - \mathrm{e}^u}{u[\mathrm{e}^u(\sin v - \cos v) + 1]}$, $\dfrac{\partial v}{\partial y} = \dfrac{\sin v + \mathrm{e}^u}{u[\mathrm{e}^u(\sin v - \cos v) + 1]}$.

15. 压力以 0.042 kPa/s 的速率减少.

习题 8-5

1. $\dfrac{3}{4}\pi$.

2. $\left(\dfrac{3}{4}, \dfrac{1}{4}, -1\right)$.

3. 切线: $\dfrac{x - \frac{\pi}{2} + 1}{1} = \dfrac{y-1}{1} = \dfrac{z - 2\sqrt{2}}{\sqrt{2}}$; 法平面: $x + y + \sqrt{2}z = \dfrac{\pi}{2} + 4$.

4. 切线: $\dfrac{x-1}{1} = \dfrac{y-1}{1} = \dfrac{z-3}{3}$; 法平面: $(x-1) + (y-1) + 3(z-3) = 0$.

5. 切平面: $-2(x-1) - 4(y-2) + z - 5 = 0$; 法线: $\dfrac{x-1}{-2} = \dfrac{y-2}{-4} = \dfrac{z-5}{1}$.

6. 切平面方程: $x - 3z = 5$;

   法线方程: $\dfrac{x-2}{1} = \dfrac{y}{0} = \dfrac{z+1}{-3}$ 或 $\begin{cases} x - 2 = -\dfrac{1}{3}(z+1), \\ y = 0. \end{cases}$

7. 切平面方程: $2x + y - 3z + 6 = 0$ 和 $2x + y - 3z - 6 = 0$.

8. 切平面方程: $2x - y - 2z = \dfrac{5}{8}$.

习题 8-6

1. (1) 极大点 $(2, -2)$, 极大值 8;

   (2) 极小点 $\left(\dfrac{1}{2}, -1\right)$, 极小值 $-\dfrac{\mathrm{e}}{2}$;

   (3) 极大点 $(3,2)$, 极大值 36;

   (4) 极小点 $(0,2)$, 极小值 -2, 极大点 $(0,0)$, 极大值 2.

2. 最大值 $z(0,3) = z(3,0) = 6$, 最小值 $z(1,1) = -1$.

3. 所求点为 $\left(\dfrac{8}{5}, \dfrac{3}{5}\right)$, 最短距离为 $\dfrac{\sqrt{13}}{13}$.

4. 长、宽、高都为 $\dfrac{2a}{\sqrt{3}}$.

5. 当矩形的边长为 $\dfrac{2}{3}p$ 及 $\dfrac{P}{3}$ 时, 绕短边旋转而构成的圆柱体体积最大.

6. 正面长为 $2\sqrt{10}$ m、侧面长为 $3\sqrt{10}$ m 时, 所用材料费最少.

7. 当长为 $\dfrac{4}{17}\sqrt{\dfrac{5a}{k}}$, 宽(深)为 $\dfrac{1}{6}\sqrt{\dfrac{5a}{k}}$ 时, 可使容积最大.

习题 8-7

1. $\dfrac{1}{2}(5+3\sqrt{2})$.

2. $\dfrac{98}{13}$.

3. 1.

4. $(8,5,6)$.

5. 沿方向 $(2,-4,1)$ 的方向导数最大, 最大值为 $\sqrt{21}$.

6. $\dfrac{1}{ab}\sqrt{2(a^2+b^2)}$. 提示:可将椭圆看作为空间坐系中的椭圆柱面 $\dfrac{x^2}{a^2}+\dfrac{y^2}{b^2}=1$ 与 xOy 平面的交线,其上任一点处的法线向量为 $\left(\dfrac{2x}{a^2},\dfrac{2y}{b^2}\right)$,因此在点 $\left(\dfrac{a}{\sqrt{2}},\dfrac{b}{\sqrt{2}}\right)$ 处的法线向量为 $\left(\dfrac{a}{\sqrt{2}},\dfrac{b}{\sqrt{2}}\right)$,内法线方向单位向量为 $\left(-\dfrac{b}{\sqrt{a^2+b^2}},-\dfrac{a}{\sqrt{a^2+b^2}}\right)$,由此求得方向导数为 $\dfrac{1}{ab}\sqrt{2(a^2+b^2)}$.

7. (1) $-\dfrac{40}{3\sqrt{3}}$.

习题 8-8

1. (1) $\left[\dfrac{1}{2},1\right)\cup(1,+\infty)$; (2) $(1,4]$.

2. (1) $\boldsymbol{r}'(t)=\dfrac{-t}{\sqrt{1-t^2}}\boldsymbol{i}+\cos t^2\,2t\boldsymbol{j}$; (2) $\boldsymbol{r}'(t)=(2t+1)\mathrm{e}^{2t}\boldsymbol{i}+\dfrac{2t}{1+t^2}\boldsymbol{k}$.

3. (1) $-\boldsymbol{i}$; (2) $\dfrac{1}{3}\boldsymbol{i}+\dfrac{2\sqrt{2}}{3}\boldsymbol{j}$.

习题 8-9

2. 1, $a+ab+ab^2+b^3$.

4. $\dfrac{1}{1+\ln z-\ln y}$, $\dfrac{z}{y(1+\ln z-\ln y)}$.

5. $\dfrac{\mathrm{d}y}{\mathrm{d}x}=-\dfrac{x(6z+1)}{2y(3z+1)}, \dfrac{\mathrm{d}z}{\mathrm{d}x}=\dfrac{x}{3z+1}$.

7. 当 $J = \begin{vmatrix} 1 - f'_y & -f_z \\ -g_y & 1 - g_z \end{vmatrix} \neq 0$ 时，$\dfrac{\mathrm{d}z}{\mathrm{d}x} = \dfrac{1}{J} \begin{vmatrix} 1 - f'_y & f_x \\ -g'_y & g_x \end{vmatrix}$

8. 提示：由题意，变量 y, t 均和 x 有关，因此，将其作方程组 $\begin{cases} y - f(x,t) = 0 \\ F(x,y,t) = 0 \end{cases}$，两端对 x 求导

得 $\begin{cases} \dfrac{\mathrm{d}y}{\mathrm{d}x} - \left(f_x + f_t \cdot \dfrac{\mathrm{d}t}{\mathrm{d}x} \right) = 0, \\ F_x + F_y \cdot \dfrac{\mathrm{d}y}{\mathrm{d}x} + F_t \cdot \dfrac{\mathrm{d}t}{\mathrm{d}x} = 0. \end{cases}$ 解此方程组即得.

10. 雇用 250 个劳动力，投入 50 个单位原料可获得最大产出量.

第 九 章

习题 9-1

1. （1）平面上对弧长的曲线积分； （2）二重积分； （3）三重积分；
   （4）对面积的曲面积分； （5）空间上对弧长的曲线积分.

2. （1）2； （2）$\dfrac{1}{3}\pi$； （3）$4 + 2\sqrt{2}$； （4）$4\pi R^2$； （5）4.

3. （1）π； （2）$0 \leqslant \iint\limits_{D} xy\mathrm{d}x\mathrm{d}y \leqslant \dfrac{1}{4}$.

4. （1）$\iiint\limits_{\Omega} (x^2 + y^2 + z^2)\mathrm{d}v \geqslant \iiint\limits_{\Omega} \ln(x^2 + y^2 + z^2 + 1)\mathrm{d}v$；

   （2）$\iint\limits_{D} (x^2 + y^2)\mathrm{d}x\mathrm{d}y \geqslant \iint\limits_{D} \sin(x^2 + y^2)\mathrm{d}x\mathrm{d}y$.

5. $m = \iiint\limits_{\Omega} \sqrt{x^2 + y^2}\mathrm{d}v$，其中 Ω 是由抛物面 $z = 16 - 2x^2 - 2y^2$ 和 $z = 2x^2 + 2y^2$ 围成的空间区域.

6. $m = \iint\limits_{D} (1 + x)\mathrm{d}\sigma$，其中 D 是由 $y = \sqrt{R^2 - x^2}$ 与 x 轴围成的平面区域.

7. $m = \int_{L} (1 + x^2)\mathrm{d}s$，其中 L 是曲线段 $y = \sin 2x (0 \leqslant x \leqslant 2\pi)$.

习题 9-2

1. （1）$\dfrac{1}{2}(1 - \mathrm{e}^{-1})$； （2）$\mathrm{e} - 3\mathrm{e}^{-1}$； （3）$\dfrac{1}{2}(\mathrm{e}^2 - 2)\mathrm{e}^2$； （4）$\dfrac{1}{15}$；

   （5）$\dfrac{45}{8}$； （6）$\dfrac{2}{15}(4\sqrt{2} - 1)$； （7）$\dfrac{\pi}{2}$.

2. （1）$(\mathrm{e}^{b^2} - \mathrm{e}^{a^2})\pi$； （2）$\dfrac{32}{9}R^3$； （3）$\dfrac{\pi}{2}(2\ln 2 - 1)$； （4）$\dfrac{1}{48}(4 + 3\pi)$；

   （5）$\dfrac{1}{6}\pi a^3$； （6）$\dfrac{10\sqrt{2}}{9}$.

3. （1）$\int_0^2 \mathrm{d}y \int_0^y f(x,y)\mathrm{d}x$； （2）$\int_0^1 \mathrm{d}x \int_0^{x^2} f(x,y)\mathrm{d}y + \int_1^{\sqrt{2}} \mathrm{d}x \int_0^{\sqrt{2-x^2}} f(x,y)\mathrm{d}y$；

(3) $\int_0^1 \mathrm{d}y \int_{\mathrm{e}^y}^{\mathrm{e}} f(x,y)\,\mathrm{d}x$;   (4) $\int_0^1 \mathrm{d}y \int_y^{2-y} f(x,y)\,\mathrm{d}x$;   (5) $\int_0^1 \mathrm{d}x \int_0^{1-x^2} 3x^2 y^2\,\mathrm{d}y$.

4. (1) $\dfrac{76}{3}$;   (2) $2+\pi\ln 2$;   (3) $\dfrac{a^2}{64}\pi^2$;   (4) $\dfrac{20\sqrt{2}}{9}$.

5. (1) $\dfrac{\mathrm{e}-2}{6\mathrm{e}}$;   (2) $\dfrac{1}{4}(2-\sqrt{2})$;   (3) $\dfrac{1}{4}(\mathrm{e}-1)$.

6. (1) 2π;   (2) $\dfrac{1}{9}(3\pi-4)a^3$;   (3) 4π.

7. (1) $\sqrt{3}\pi$;   (2) $\dfrac{2}{3}(5\sqrt{5}-1)\pi$.

习题 9–3

1. (1) $\dfrac{1}{3}$;   (2) $\dfrac{1}{16}(\pi^2-8)$;   (3) $\dfrac{5}{4}$;   (4) $\dfrac{\pi}{12}$;

   (5) $\dfrac{2}{3}\pi$.

2. (1) $\dfrac{\pi}{2}a^4$;   (2) $\dfrac{1}{4}\pi R^4$;   (3) $\dfrac{\pi}{12}$;   (4) $\dfrac{2}{3}\pi$;

   (5) $\dfrac{4\pi}{15}$;   (6) $\dfrac{21}{2}\pi$.

3. (1) $\dfrac{1}{4}\pi R^4$;   (2) $\dfrac{8}{5}\pi R^4$.

4. (1) π;   (2) $\dfrac{16}{105}$;   (3) $\dfrac{1}{2}\pi$;   (4) $\dfrac{1}{2}\pi R^4$.

5. (1) $\dfrac{1}{6}\pi(-6+3\sqrt{3}+2\pi)R^2$;   (2) $\dfrac{2}{3}\pi(3\sqrt{3}+2\pi)R^2$;   (3) $\dfrac{1}{3}\pi$.

6. (1) $\displaystyle\int_0^{2\pi}\mathrm{d}\theta\int_0^1 r\,\mathrm{d}r\int_\rho^1 f(r\cos\theta, r\sin\theta, z)\,\mathrm{d}z$;

  (2) $\displaystyle\int_{-\frac{\pi}{2}}^{\frac{\pi}{2}}\mathrm{d}\theta\int_0^{R\cos\theta} r\,\mathrm{d}r\int_0^{\sqrt{R^2-\rho^2}} f(r\cos\theta, r\sin\theta, z)\,\mathrm{d}z$;

  (3) $\displaystyle\int_0^{\frac{\pi}{2}}\mathrm{d}\theta\int_0^1 r\,\mathrm{d}r\int_{\rho^2}^1 f(r\cos\theta, r\sin\theta, z)\,\mathrm{d}z$.

习题 9–4

1. $\dfrac{\sqrt{2}}{2}+\dfrac{1}{12}(5\sqrt{5}-1)$.

2. $\dfrac{\sqrt{3}}{2}(1-\mathrm{e}^{-2\pi})$.

3. $\dfrac{a}{k}\sqrt{1+k^2}$.

4. $\sqrt{2}$.

5. 0.

6. $2a^2$.

7. 0.

8. $\dfrac{8\sqrt{2}}{3}a\pi^3$.

习题 9-5

1. $4\pi(1-z_0)$.

2. $4\pi a^4$.

3. $\pi(R^2-h^2)R$.

4. $2\pi\arctan\dfrac{H}{R}$.

5. $\dfrac{3}{2}-\ln 2+\dfrac{\sqrt{3}}{2}(2\ln 2-1)$.

6. $\dfrac{2\pi}{3}(1+\sqrt{2})$.

7. $\dfrac{32}{9}\sqrt{2}$.

8. $\dfrac{1}{3}$.

习题 9-6

1. (1) $\displaystyle\int_L e^{x+y}\,\mathrm{d}s,\dfrac{1}{M}\int_L xe^{x+y}\,\mathrm{d}s,\int_L y^2 e^{x+y}\,\mathrm{d}s$.

(2) $\displaystyle\iint_\Sigma \rho(x,y,z)\,\mathrm{d}S,x_0=\dfrac{1}{M}\iint_\Sigma x\rho(x,y,z)\,\mathrm{d}S,y_0=\dfrac{1}{M}\iint_\Sigma y\rho(x,y,z)\,\mathrm{d}S,z_0=\dfrac{1}{M}\iint_\Sigma z\rho(x,y,z)\,\mathrm{d}S$.

(3) $\displaystyle\iint_D y^2\rho(x,y)\,\mathrm{d}x\mathrm{d}y$.

2. $M=\dfrac{7}{3},\left(\dfrac{15}{14},\dfrac{5}{14}\right)$.

3. $\left(0,0\dfrac{2}{3}\right),\dfrac{\pi}{6}$.

4. $\pi\left(2a\arctan\dfrac{H}{a}+H\ln\dfrac{a^2+H^2}{a^2}-2H\right)$.

5. (1) $\left(0,\dfrac{2R}{\pi}\right)$;　　　(2) $\left(0,\dfrac{3}{5}\right)$;　　　(3) $\dfrac{2(1+25\sqrt{5})}{5(5\sqrt{5}-1)}$;　　　(4) $\left(0,0\dfrac{4}{3}\right)$.

6. $2Gmk(1-2\sqrt{2}+\sqrt{5})\pi$.

习题 9-7

1. $\dfrac{2}{3}\pi R^3$.

2. $\dfrac{4}{15}(1+\sqrt{2})$.

5. $R=\dfrac{4}{3}a$.

6. $f(t) = e^{t^4} - 1$.

7. $F_x = F_y = 0, F_z = \dfrac{1}{2}(1 - \ln 2)G\pi$.   8. $\pi f'(0)$.

第 十 章

习题 10-1

1. (1) 0; (2) 0; (3) $\dfrac{32}{15}$; (4) 0; (5) 0.

2. (1) 7; (2) $a(a+2b)\pi$; (3) $\dfrac{1}{2}\pi^4$; (4) -2π.

3. $\dfrac{1}{2}$.

4. 0. $\mu(D) = \dfrac{1}{2}\oint_{\partial D^+} x\mathrm{d}y - y\mathrm{d}x$.

习题 10-2

1. (1) πab; (2) $\dfrac{3}{2}\pi a^2$.

2. (1) $\dfrac{1}{12}$; (2) $2\pi ab$; (3) $-\dfrac{3}{32}\pi$; (4) $-\dfrac{\pi}{2}-2$.

3. (1) $\dfrac{1}{2}$; (2) $\dfrac{21}{2}$; (3) 0; (4) 14.

4. (1) $\dfrac{1}{5}x^5 + 2x^2y^3 - y^5$; (2) $e^y\sin x - 2xy$.

5. (1) 2π; (2) 0; (3) $-\pi$; (4) 0; (5) 2π.

6. $f(x) = \dfrac{1}{2\sqrt{e}}e^{\frac{x^2}{2}}$.

习题 10-3

2. (1) 18; (2) -2π; (3) $-\dfrac{32}{3}\pi$; (4) $\dfrac{3}{8}\pi$.

3. $\dfrac{4}{3}\pi$.

4. $\dfrac{8}{3}\pi$.

习题 10-4

1. (1) 1; (2) 0; (3) $\dfrac{2}{5}\pi R^5$; (4) 4π; (5) 36π.

2. (1) $-2\sqrt{3}\pi a^2$; (2) -20π; (3) π.

3. πR^4.

习题 10–5

1. （1） $2z$ ； （2） $4x + 2y$ ； （3） $x^2 + y^2 + z^2$ ．

2. （1） $\mathbf{0}$ ； （2） $xz\mathbf{i} - yz\mathbf{j} + y\mathbf{k}$ ； （3） $-2yz\mathbf{i} - 2xz\mathbf{j} - 2xy\mathbf{k}$ ．

3. $\mathrm{div}(\mathbf{grad}\, f) = f_{xx} + f_{yy} + f_{zz}$ ， $\mathrm{div}(\mathbf{grad}\, f) = \mathbf{0}$ ．

习题 10–6

1. $\dfrac{\pi}{2} m a^2$ ．

2. -4 ． 提示：与路径无关，选择路径 $xy = 2$ ．

3. $\dfrac{3}{4}\pi$ ．

5. $\varphi(t) = t^{-2} e^t$ ．

6. $\xi = \dfrac{\sqrt{3}}{3} a$ ， $\eta = \dfrac{\sqrt{3}}{3} b$ ， $\zeta = \dfrac{\sqrt{3}}{3} c$ ， $W_{\max} = \dfrac{\sqrt{3}}{9} abc$ ．

第十一章

习题 11–1

1. （1） $2S + u_0$ ． （2） 收敛， $a - a_1$ ．

2. （1） 1 ， $\dfrac{3}{5}$ ， $\dfrac{4}{10}$ ， $\dfrac{5}{17}$ ， $\dfrac{6}{26}$ ； （2） $\dfrac{1}{\ln 2}$ ， $\dfrac{1}{2\ln 3}$ ， $\dfrac{1}{3\ln 4}$ ， $\dfrac{1}{4\ln 5}$ ， $\dfrac{1}{5\ln 6}$ ；

（3） $\dfrac{1!}{1^1}$ ， $\dfrac{2!}{2^2}$ ， $\dfrac{3!}{3^3}$ ， $\dfrac{4!}{4^4}$ ， $\dfrac{5!}{5^5}$ ； （4） $\dfrac{1}{2}$ ， $\dfrac{1 \cdot 3}{2 \cdot 4}$ ， $\dfrac{1 \cdot 3 \cdot 5}{2 \cdot 4 \cdot 6}$ ， $\dfrac{1 \cdot 3 \cdot 5 \cdot 7}{2 \cdot 4 \cdot 6 \cdot 8}$ ， $\dfrac{1 \cdot 3 \cdot 5 \cdot 7 \cdot 9}{2 \cdot 4 \cdot 6 \cdot 8 \cdot 10}$ ．

3. （1） 收敛； （2） 发散．

4. （1） 发散； （2） 收敛； （3） 发散； （4） 发散； （5） 收敛； （6） 收敛．

习题 11–2

1. （1） 发散； （2） 收敛； （3） $p > 4$ ， $3 < p \leqslant 4$ ， $p \leqslant 3$ ； （4） 绝对收敛；

（5） $\dfrac{\sqrt{2}}{2}$ ； （6） $\dfrac{1}{2}$ ．

2. （1） D； （2） B； （3） B； （4） D； （5） A．

3. （1） 发散； （2） 收敛； （3） 收敛； （4） 收敛； （5） 收敛；

（6） $0 < a \leqslant 1$ 时发散， $a > 1$ 时收敛．

4. （1） 发散； （2） 发散；

（3） $0 < a < 1$ 时收敛， $a > 1$ 时发散， $a = 1$ ， $k > 1$ 时收敛， $a = 1$ ， $k \leqslant 1$ 时发散；

（4） 收敛； （5） 发散； （6） 收敛．

5. （1） 绝对收敛； （2） 发散； （3） 绝对收敛； （4） 条件收敛； （5） 条件收敛；

（6） 绝对收敛； （7） 绝对收敛； （8） 条件收敛； （9） 条件收敛．

习题 11-3

1. (1) B; (2) D; (3) A.

2. (1) $\dfrac{\sqrt{2}}{2}$; (2) 2; (3) $(-2,4)$.

3. (1) $R=1$, $[-1,1]$; (2) $R=3$, $[-3,3)$; (3) $R=+\infty$, $(-\infty,+\infty)$;

(4) $R=1$, $[1,3]$; (5) $R=1$, $[4,6)$; (6) $R=2$, $(-2,2)$;

(7) $R=\mathrm{e}$, $(-\mathrm{e},\mathrm{e})$; (8) $R=\sqrt{2}$, $(-\sqrt{2},\sqrt{2})$; (9) $R=1$, $[1,3]$.

4. (1) $\dfrac{1}{(1-x)^2}$ $(-1<x<1)$; (2) $\dfrac{1}{2}\ln\dfrac{1+x}{1-x}$ $(-1<x<1)$;

(3) $\dfrac{1}{2}\arctan x - x + \dfrac{1}{4}\ln\dfrac{1+x}{1-x}$ $(-1<x<1)$.

5. $\dfrac{2+x^2}{(2-x^2)^2}$ $(-\sqrt{2}<x<\sqrt{2})$, 6.

习题 11-4

1. (1) $2\ln 2 + \displaystyle\sum_{n=1}^{\infty}(-1)^n\dfrac{x^n}{n\cdot 4^n}$ $(-4<x\leqslant 4)$;

(2) $\displaystyle\sum_{n=1}^{\infty}(-1)^{n+1}\dfrac{2^{2n-1}}{(2n)!}x^{2n}$ $(-\infty<x<+\infty)$;

(3) $\displaystyle\sum_{n=1}^{\infty}(-1)^n\dfrac{x^n}{4^{n+1}}$ $(-4<x<4)$;

(4) $\displaystyle\sum_{n=0}^{\infty}(-1)^n\dfrac{x^{2n+1}}{n!}$ $(-\infty<x<+\infty)$;

(5) $\dfrac{1}{3}\displaystyle\sum_{n=0}^{\infty}[2^n+(-1)^{n+1}]x^n$ $\left(-\dfrac{1}{2}<x<\dfrac{1}{2}\right)$.

2. $\ln 3 + \displaystyle\sum_{n=1}^{\infty}(-1)^{n-1}\dfrac{(x-2)^n}{n\cdot 3^n}$ $(-1<x\leqslant 5)$.

3. $\dfrac{1}{2}\displaystyle\sum_{n=0}^{\infty}(-1)^n\left[\dfrac{\left(x+\dfrac{\pi}{3}\right)^{2n}}{(2n)!}+\sqrt{3}\dfrac{\left(x+\dfrac{\pi}{3}\right)^{2n+1}}{(2n+1)!}\right]$ $(-\infty<x<+\infty)$.

4. $\displaystyle\sum_{n=0}^{\infty}\left[1-\dfrac{1}{2^{n+1}}\right](x+4)^n$ $(-5<x<-3)$.

5. $\ln 2 + \displaystyle\sum_{n=1}^{\infty}\left[(-1)^{n-1}-\dfrac{1}{2^n}\right]\dfrac{(x-1)^n}{n}$ $(0<x\leqslant 2)$.

6. $\dfrac{2}{\sqrt{\pi}}\displaystyle\sum_{n=0}^{\infty}(-1)^n\dfrac{x^{2n+1}}{(2n+1)\cdot n!}$ $(-\infty<x<+\infty)$; $f\left(\dfrac{1}{2}\right)\approx 0.520\,5$.

习题 11-5

1. $f(x)=\dfrac{1}{2}+\dfrac{2}{\pi}\displaystyle\sum_{k=1}^{\infty}\dfrac{\sin(2k-1)x}{2k-1}$ $(-\infty<x<+\infty, x\neq 0, \pm\pi, \pm 2\pi, \cdots)$.

2. $f(x) = -\dfrac{\pi}{4} + \dfrac{2}{\pi}\sum\limits_{n=1}^{\infty}\dfrac{\cos(2n-1)x}{(2n-1)^2} + \sum\limits_{n=1}^{\infty}\dfrac{(-1)^{n+1}}{n}\sin nx$ $(-\infty < x < +\infty, x \neq \pm\pi,$
$\pm 3\pi, \cdots).$

3. (1) $f(x) = \dfrac{\pi}{2} - \dfrac{4}{\pi}\sum\limits_{n=1}^{\infty}\dfrac{\cos(2n-1)x}{(2n-1)^2}$ $(-\infty < x < +\infty);$

   (2) $f(x) = \dfrac{18\sqrt{3}}{\pi}\sum\limits_{n=1}^{\infty}\dfrac{\cos(2k-1)x}{9n^2-1} + \sum\limits_{n=1}^{\infty}\dfrac{(-1)^{n+1}}{n}\sin nx$ $(-\infty < x < +\infty, x \neq \pm\pi,$
   $\pm 3\pi, \cdots).$

4. (1) $f(x) = -\dfrac{\pi}{4} + \left(\dfrac{2}{\pi}\cos x + \sin x\right) - \dfrac{1}{2}\sin 2x + \left(\dfrac{2}{3^2\pi}\cos 3x + \dfrac{1}{3}\sin 3x\right) - \dfrac{1}{4}\sin 4x +$
   $\left(\dfrac{2}{5^2\pi}\cos 5x + \dfrac{1}{5}\sin 5x\right) - \cdots$ $(-\infty < x < +\infty, x \neq \pm\pi, \pm 3\pi, \cdots);$

   (2) $f(x) = 2\sum\limits_{n=1}^{\infty}\dfrac{(-1)^{n+1}}{n}\sin nx$ $(-\infty < x < +\infty, x \neq \pm\pi, \pm 3\pi, \cdots);$

   (3) $f(x) = \pi^2 + 1 + 12\sum\limits_{n=1}^{\infty}\dfrac{(-1)^n}{n^2}\cos nx$ $(-\infty < x < +\infty).$

5. $f(x) = \dfrac{\pi}{4} + \sum\limits_{n=1}^{\infty}\left[\dfrac{(-1)^n-1}{n^2\pi}\cos nx + \dfrac{(-1)^n}{n}3\sin nx\right]$ $(-\pi < x < \pi, x \neq 0);$

   当 $x = 0$ 时,该级数收敛于 0.

6. $f(x) = \dfrac{2}{\pi} + \dfrac{4}{\pi}\sum\limits_{n=1}^{\infty}\dfrac{(-1)^{n-1}}{4n^2-1}\cos nx$ $(-\pi \leqslant x \leqslant \pi).$

7. $f(x) = \sum\limits_{n=1}^{\infty}\dfrac{1}{n}\sin nx$ $(0 < x \leqslant \pi).$

8. $f(x) = \pi + 3 - \dfrac{8}{\pi}\sum\limits_{n=1}^{\infty}\dfrac{1}{(2n-1)^2}\cos(2n-1)x$ $(0 \leqslant x \leqslant \pi).$

9. 正弦级数: $2x^2 = \dfrac{4}{\pi}\sum\limits_{n=1}^{\infty}\left[-\dfrac{2}{n^3} + (-1)^n\left(\dfrac{2}{n^3} - \dfrac{\pi^2}{n}\right)\right]\sin nx$ $(0 \leqslant x < \pi);$

   余弦级数: $2x^2 = \dfrac{2}{3}\pi^2 + 8\sum\limits_{n=1}^{\infty}\dfrac{(-1)^n}{n^2}\cos nx$ $(0 \leqslant x \leqslant \pi).$

习题 11-6

1. $f(x) = \dfrac{11}{12} + \dfrac{1}{\pi^2}\sum\limits_{n=1}^{\infty}\dfrac{(-1)^{n+1}}{n^2}\cos 2n\pi x$ $(-\infty < x < +\infty).$

2. $-\dfrac{1}{2} + \sum\limits_{n=1}^{\infty}\left\{\dfrac{6}{n^2\pi^2}[1-(-1)^n]\cos\dfrac{n\pi x}{3} + \dfrac{6}{n\pi}(-1)^{n+1}\sin\dfrac{n\pi x}{3}\right\}\cos 2n\pi x$
   $(x \neq 3(2k+1), k = 0, \pm 1, \pm 2, \cdots)$

3. $f(x) = 1 + \dfrac{4}{\pi}\sum\limits_{n=1}^{\infty}\dfrac{1}{2n-1}\sin\dfrac{(2n-1)\pi}{l}x$ $(0 < |x| < l).$

4. $f(x) = -\dfrac{8}{\pi^2}\sum\limits_{n=1}^{\infty}\dfrac{1}{2n-1}\cos\dfrac{(2n-1)\pi}{2}x$ $(0 \leqslant x \leqslant 2).$

5. 正弦级数: $f(x) = \dfrac{8}{\pi^2}\sum\limits_{n=1}^{\infty}(-1)^{n-1}\dfrac{1}{(2n-1)^2}\sin\dfrac{(2n-1)\pi x}{2}$ $(0 \leqslant x \leqslant 2);$

余弦级数：$f(x) = \dfrac{1}{2} - \dfrac{4}{\pi^2}\sum\limits_{n=1}^{\infty}(-1)^{n-1}\dfrac{1}{(2n-1)^2}\sin(2n-1)\pi x \quad (0 \leqslant x \leqslant 2).$

习题 11-7

1.（1）条件收敛；（2）发散；（3）条件收敛.

3. 5.

4. $x \leqslant -1$ 或 $x > -\dfrac{1}{3}$.

5. $\left(\dfrac{x^2}{4} + \dfrac{x}{2} + 1\right)e^{\frac{x}{2}} \quad (-\infty < x < +\infty)$，3e.

6. $\dfrac{5}{8} - \dfrac{3}{4}\ln 2.$

8.（1）$\dfrac{\sqrt{3}}{4}b^2\sum\limits_{n=0}^{\infty}\left(\dfrac{3}{4}\right)^n$；（2）$\sqrt{3}b^2$；（3）否.

参考文献

［1］张顺燕:《数学的源与流》,高等教育出版社,2000 年.

［2］同济大学应用数学系:《微积分(上、下)》,高等教育出版社,1999 年.

［3］同济大学应用数学系:《高等数学(上、下)》(第五版),高等教育出版社,2002 年.

［4］宣立新,等:《微积分(上、下)》,高等教育出版社,2008 年.

［5］吴建成,等:《高等数学》,高等教育出版社,2008 年.

［6］James Stewart. *Calculus (6th Edition)*. Thomson Learning, Inc. , 2008.

［7］George B. Thomas. *Thomas' Calculus (11th Edition)*. Pearson Education, Inc. , 2005.

［8］吴健荣,等:《高等数学学习指导书》,苏州大学出版社,2001 年.